全国大学生数学建模竞赛试题研究

（第4册）

王积建　著

国防工业出版社
·北京·

内容简介

2019—2023年，全国大学生数学建模竞赛专科组试题一共有10个，每年有D、E两题。本书针对每个赛题，按照竞赛要求完成了研究，以竞赛论文的形式呈现，包含题目、摘要、关键词、问题重述、问题分析、符号说明、模型假设、模型的建立与求解、灵敏度分析、稳健性分析、进一步研究、模型的评价和推广、参考文献等内容。

本书可作为全国大学生数学建模竞赛指导教师、广大科研人员、企业管理人员、学者，在教育教学、科学研究、技术研发、成果应用中的参考用书。

图书在版编目(CIP)数据

全国大学生数学建模竞赛试题研究．第4册 / 王积建著．-- 北京：国防工业出版社，2025．6．-- ISBN 978-7-118-13795-8

Ⅰ．O141.4-44

中国国家版本馆CIP数据核字第2025W2D193号

※

国防工業出版社出版发行

（北京市海淀区紫竹院南路23号　邮政编码100048）

河北文盛印刷有限公司印刷

新华书店经售

*

开本 787×1092　1/16　**印张** 17　**字数** 403千字

2025年6月第1版第1次印刷　**印数** 1—3000册　**定价** 78.00元

国防书店：(010)88540777　　书店传真：(010)88540776

发行业务：(010)88540717　　发行传真：(010)88540762

前　言

全国大学生数学建模竞赛是由中国工业与应用数学学会(全国大学生数学建模竞赛组委会)举办的,目前已成为全国高校规模最大的基础性学科竞赛,也是世界上规模最大的数学建模竞赛,其宗旨是培养大学生的创新意识和团队精神。2018 年,赛事正式成为(中国高等教育学会)首批列入"高校学科竞赛排行榜"的 19 项竞赛之一。它创办于 1992 年,每年一届,截至 2024 年,已经举办了 33 届。2024 年,有来自全国及美国、英国、澳大利亚、新加坡、马来西亚的 1788 所院校/校区、65761 队(本科 59278 队、专科 6483 队)、近 20 万人报名参赛。

中国科学院院士李大潜教授在数学建模竞赛 20 周年庆典上指出:"今天,应用数学正处于迅速地从传统的应用数学进入现代应用数学的发展阶段,数学的应用范围空前扩展,从传统的力学、物理等领域拓展到化学、生物、经济、金融、信息、材料、环境、能源等各个学科及种种高科技甚至社会领域。由于很多新领域的规律还在探索之中,有关的数学建模并非轻而易举,而是具有实质性的困难,至今仍是我们面临的严峻挑战。因此,数学建模不仅进一步凸现了它的重要性,而且已成为现代应用数学的一个重要组成部分,并为应用数学乃至整个数学科学的发展提供了进一步的机遇和广阔的前景。"全国大学生数学建模竞赛第七届组委会主任陈叔平教授在 2017 年颁奖会上指出:"数学是人类文明的结晶,是接受现代教育必备的素养,是解决科技、经济、社会发展中许多问题不可或缺的利器,而数学建模则是这些价值的重要体现。为此我们坚信不疑,从不动摇,并一直把覆盖面广、适应面广、受益面广作为这项活动的宗旨和目标。"中国科学院院士、中国工业与应用数学学会理事长张平文教授在数学建模竞赛 30 周年庆典上指出:"数学建模竞赛不仅为大学生提供了一个展示风采的舞台,也为他们培养理论联系实际的学风、增强团队精神和竞争意识、提升创新能力和综合素质,提供了一个重要的平台。经过数学建模竞赛历练的学生,在各行各业中表现优异,为竞赛在高校和社会各界赢得了广泛的声誉,凸显了这项赛事在人才培养与选拔方面的重要价值。同时,竞赛有力地推动了数学学科的教育教学改革,许多学校开展了将数学建模思想和方法融入数学主干课程的研究与实践,涌现出一大批优秀的教学成果、教学名师,特别是青年骨干教师。"

好的赛题是竞赛成功的关键。每个赛题都要在全国范围内征集,再经过组委会的精心遴选和充分论证才能形成。由于竞赛毕竟才 3 天时间,即使是获得"高教社杯"的优秀论文,也存在很多不足和缺憾,有的甚至有明显的错误,使得赛题研究成果不能直接用于实际。另外,从竞赛组织方来说,这种状况使得数学建模竞赛有虎头蛇尾之嫌,留下一些遗憾。为此,从 2012 年开始,竞赛组委会倡导广大竞赛指导教师开展"赛后继续研究",即作者撰写本书的初衷。

从教育部网站可查得,截至 2023 年底,职业本科与职业专科学校总数达到 1580 所,普通本科学校 1242 所(含独立学院 164 所)。2023 年全国普通、职业本专科共招生 1042.22 万人,其中职业本专科招生 564.06 万人,占招生总数的 54%。由于参赛学生是层层培训筛选而来,因此可以估计,参加数学建模普及教育的职业本专科生也占 10%。换句话说,占大学生总数 54%的职业本专科生,接受数学建模课程教育的学生仅有 10%,比例严重失调!

可见,在数学建模课程受益面上,职业院校和普通高校的差距很大。造成这种状况的原因之一是,在数学建模教学或培训中,职业院校普遍缺乏针对竞赛试题解答的范本,即正确无误的、完整无缺的、符合竞赛规范的研究论文,使得职业院校学生普遍欠缺驾驭真实问题的能力,即研究解答竞赛试题的能力,于是当参赛学生面对真实赛题的时候屡屡失败而放弃比赛,严重挫伤了学生的自信心和积极性。因此,作者将专科组赛题作为研究对象。

从 1999 年开始,全国大学生数学建模竞赛将本科组和专科组分开进行,专科组赛题每年有 2 个。1999—2013 年的 30 个赛题的研究成果已分上、下册出版,2014—2018 年的 10 个赛题的研究成果以第 3 册出版。本书作为系列研究的第 4 册,是针对 2019—2023 年的 10 个赛题的研究成果。本书具有以下特点:

(1) 系统而全面。包含了 2019—2023 年的所有专科组赛题。

(2) 竞赛论文写作的范本。每篇论文都按照竞赛论文的写作要求,包含题目、摘要、关键词、问题重述、问题分析、模型假设、符号说明、模型的建立与求解、灵敏度分析、稳健性分析、进一步研究、模型的评价和推广、参考文献等内容。

(3) 研究过程和结果无差错。每一个赛题的研究水平高于全国获奖的优秀论文。事实上,全国获奖的优秀论文或多或少存在不足或错误之处。

(4) 博采众长。每一个赛题的研究过程参考借鉴了同一个题目的所有公开发表的论文。

(5) 方法简单。适合职业本专科院校教师和学生在数学建模竞赛活动中参考。

以上特点也是作者在研究过程中努力追求的目标。在赛题研究起步阶段,得到了第七届组委会主任陈叔平教授、第八届组委会副主任谢金星教授的鼓励,也得到了组委会专家叶其孝教授、鲁习文教授、吴孟达教授的鼓励和指导,特别是吴孟达教授亲自指导作者开展赛题研究,在此一并表示衷心的感谢。

没有最好,只有更好!在赛题研究过程中,作者深切感到,随着研究和思考的不断深入,需要进一步研究探索的问题越来越多,希望本研究能够起到抛砖引玉的作用,也希望越来越多的同行们加入到数学建模竞赛的后续研究队伍中来。

本书出版得到浙江省高职教育“十四五”第一批教学改革项目“基于高职数学 CMP-CDIO 教学模式的应用型数字化案例开发”(jg20230258)的基金资助,同时感谢浙江工贸职业技术学院教务处、科研处的大力支持。

由于作者水平和能力有限,书中难免存在不足甚至错误之处,欢迎广大读者不吝指正,作者电子邮箱是:wang-jijian@163.com。

作者

2025 年 3 月

目　录

第1章　2019D 空气质量数据的校准

摘　　要

本文针对空气质量数据的校准问题进行了研究。

针对问题(1),在探索性分析之前,使用 Shepard 方法,按照“反距离加权平均”的原则,把自建点的分钟级数据整合成小时级数据,再和国控点数据一一对应起来,一共有4136 条记录(没有重复记录)。接着开始作探索性分析,①画时序图以观察数据的趋势性和离群点分布。②作描述分析以确定数据的集中趋势、离散趋势和离群点情况。③计算频率分布以确定数据是否服从正态分布。④作相关分析以确定数据之间的相关方向和程度。⑤作单因素方差分析以确定国控点与自建点数据之间的均值差异显著性等。通过探索性分析发现:国控点与自建点数据均存在离群点,有的数据离散趋势还很大;所有数据均不服从正态分布;国控点与自建点的污染物浓度数据之间均存在不同程度的相关性;国控点与自建点的污染物浓度数据的均值均存在显著的差异。

针对问题(2),在因素分析之前,剔除了离群点。根据假设(3),国控点与自建点污染物浓度的差异,与“两尘四气”和 5 种气象因素有关(一共 11 个),而与其他因素(如日期、时间、噪声等)无关。使用多元线性逐步回归模型选择显著因素,分别计算自建点与国控点“两尘四气”6 种数据的差异值,并依次作为因变量,以 11 个因素为自变量,建立了 6 个逐步回归模型,结果显示:影响 PM2.5、PM10、CO、NO_2、SO_2、O_3浓度数据出现差异的显著因素分别有 10、9、9、7、9、9 个,如果加上自身因素,那么分别有 11、10、10、8、10、10 个。

针对问题(3),在建立数据校准模型之前,也要剔除离群点。由于“两尘四气”6 种污染物浓度数据、5 种气象数据之间存在一定程度的相关性,所以不能建立普通的线性回归模型,于是建立偏最小二乘回归模型。依次以国控点“两尘四气”浓度数据作为因变量,以因素分析中遴选出来的显著因素为自变量,建立 6 个偏最小二乘回归模型,使用 90%的数据量拟合回归系数,留下 10%的数据量评估模型的预测精度。数据校准结果显示,校准后的模拟精度和预测精度都有大幅度提高。

灵敏度分析表明,各个自变量的微小变化对校准值几乎没有影响。

稳健性分析表明,离群点的不同定义对因素分析的结果影响较小。

本文还借用“等维新陈代谢”思想,建立了动态偏最小二乘回归模型,达到了动态建模、滚动校准的目的。误差分析结果显示,动态建模法的校准效果好于静态建模法。

本文模型优点是建立了偏最小二乘回归模型,自变量个数少,校准精度高,并且升级为动态偏最小二乘回归模型,使得校准精度更高。缺点是在动态建模法过程中需要搜索“最优维度”,这需要花费较长的时间(超过 6h)。

本文所建立的数据校准模型可以推广到各种智能数据采集仪器的自动化校准、遥感成像参数的校准等领域中。“等维新陈代谢”思想可以推广到与时间序列有关的预测领域,如猪肉价格预测等。

关键词:多元线性逐步回归模型;偏最小二乘回归模型;动态建模法;Shepard 方法

1.1 问题重述

空气污染对生态环境和人类健康危害巨大,通过对“两尘四气”(PM2.5、PM10、CO、NO_2、SO_2、O_3)浓度的实时监测可以及时掌握空气质量。国家监测控制站点(以下简称“国控点”)对“两尘四气”有监测且较为准确,但国控点的布控较少,数据发布时间滞后较长且花费较大,无法给出实时空气质量的监测和预报。某公司自主研发的微型空气质量检测仪花费小,可对某一地区空气质量进行实时网格化监控站点(以下简称“自建点”),并同时监测温度、湿度、风速、气压、降水 5 种气象参数,但长时间使用后所测量的数据与国控点存在一定的差异,需要利用国控点数据对自建点数据进行校准。

请建立数学模型研究下列问题:

(1) 对自建点数据与国控点数据进行探索性分析。

(2) 对导致自建点与国控点数据出现差异的因素进行分析。

(3) 利用国控点数据,建立数学模型对自建点数据进行校准。

1.2 问题分析

1.2.1 研究现状综述

学生优秀论文 D001[1-2],针对问题(1),分别对国控点和自建点的“两尘四气”浓度数据进行描述分析,包括最小值、最大值、均值、中位数、标准差、偏度、峰度、频率分布;再对国控点“两尘四气”浓度数据进行相关分析,对自建点的“两尘四气”浓度数据和 5 种气象数据共 11 种数据进行相关分析。针对问题(2),以国控点中的时间点(小时)为准,把自建点中处于 0~59min 之间的数据求平均,得到对应数据,在此基础上分别求出国控点与自建点的“两尘四气”浓度数据的差异值,作为因素分析的基础。在作因素分析时,分别使用关联度分析和多元线性回归分析,着重考查 11 种因素对 6 种差异值的影响。针对问题(3),以国控点中的数据为准,使用分段线性插值方法得出自建点的数据。总体来说,该文对问题(1)和问题(2)的解决是成功的,但对问题(3)的解决值得商榷,理由如下:一是选错了数据校准的对象。题目要求对自建点的数据进行校准,通过建立数学模型,把自建点数据代入模型,获得精度较高的结果以实时发布。二是国控点的数据在时间上是滞后的,故校准后的结果也滞后,导致其无法实时发布而缺乏使用价值。

学生优秀论文 D005[1,3],针对问题(1),分别对国控点和自建点的“两尘四气”浓度数据进行描述分析,包括全距、最小值、最大值、均值、标准差、方差、偏度、峰度、频率分布;再从国控点“两尘四气”浓度数据中随机抽取 1 天的数据画折线图,观察它们在 24h 内的变化规律。针对问题(2),首先,将国控点中的时间点(h)和自建点中的时间点(min)合并,再删除重复值,获得统一的时间点(一共231253个)。接下来使用三次样条插值方法,将国控点数据扩充为231253×7的矩阵,将自建点的数据扩充为231253×12的矩阵,将二者作差得到差异值。其次,使用灰色关联分析,得到差异值与5个气象因素的关联度。针对问题(3),分别使用加权修正模型、RBF神经网络模型和逐步回归模型对自建点数据进行校准,其中,加权修正模型是把自建点数据和国控点数据分别赋权0.3、0.7进行加权求和得到,是欠合理的;RBF神经网络模型是把加权修正模型的误差值作为因变量,把5个气象因素作为自变量,获得预测值后再加到自建点上得到校准值,但有些误差较大;逐步回归模型是从自建点11种影响因素中选择8种作为自变量,分别以自建点"两尘四气"6个浓度数据作为因变量,误差较小。总体来说,该文对问题(1)的解决是成功的,但对问题(2)和问题(3)的解决值得商榷。

学生优秀论文D013[1,4],针对问题(1),对国控点的"两尘四气"浓度数据从箱线图、相关性、频率分布三方面进行分析;对自建点的11种数据从折线图、相关性、频率分布三方面进行分析;将自建点0~59min的数据求平均得到小时级数据后,再与国控点数据进行比较,比较方法是画时间序列折线图。针对问题(2),以国控点与自建点的数据差异值为因变量,分别作两次回归分析,一是把污染物及其交叉项引入自变量;二是把气象因素作为自变量。针对问题(3),建立了以国控点和自建点中的数据为自变量的多元函数,因变量是校准后的数据。总体来说,该文对问题(1)和问题(2)的解决是成功的,但对问题(3)的解决值得商榷。

学生优秀论文D048[1,5],针对问题(1),分别对国控点和自建点的数据按照日平均和周平均,再画折线图进行对比分析二者的差异。针对问题(2),分别计算国控点中的6种数据与自建点中的11种数据的相关系数、自建点"两尘四气"6种数据与5种气象数据的相关系数来寻找造成差异的影响因素。针对问题(3),使用BP神经网络模型,以国控点中的数据为输出目标值,以自建点中11种数据作为输入向量,最优隐含层的个数通过误差的大小来确定,在预测时采用20次输出的平均值作为最终预测值。总体来说,该文对问题(1)和问题(2)的解决不是很圆满,但对问题(3)的解决很成功。

崔恒建教授给出了基本的解题思路,包括相关性分析、多元线性回归模型和前馈神经网络模型等,并对评阅过程中出现的问题进行了评述[6]。

多数学者使用多元线性回归模型对自建点数据进行校准[7-12],还有使用偏最小二乘回归模型进行校准的[13]。

总之,现有文献大多使用全因素线性回归模型对自建点数据进行校准,但由于自变量之间存在多重共线性,甚至有的自变量之间的共线性还非常严重,这就会对模型的拟合带来非常严重的影响。此外,多数文献将3个问题独立解决,没有注意到彼此之间的逻辑关系。

1.2.2 本文研究思路

本文一共有3个小题,这3个小题具有内在的逻辑关系。问题(1)是问题(2)和问题(3)的基础,问题(2)又是问题(3)的基础。具体来说,只有对原始数据进行探索性分析,发现数据的特征和规律,才能为因素分析找到切入口;进一步地,只有通过因素分析找到影响二者差异的因素后,才能建立简练的模型(而不是全因素模型)进行数据校准。

数据清洗。首先,把自建点的分钟级数据按照加权平均方法整合成小时级数据,再把国控点数据与自建点数据一一对应起来,形成两个行数相等的矩阵。

针对问题(1),①对国控点中的6种数据、自建点中的11种数据进行描述分析,包括均值、标准差、极差、频率分布、正态性等指标;②对国控点中的6种数据、对自建点中的11种数据进行相关分析;③对国控点与自建点之间的数据进行相关分析;④对国控点与自建点中"两尘四气"6种浓度数据作单因素方差分析,以检验二者差异的显著性。

针对问题(2),根据探索性分析的结果,专门针对国控点与自建点中的"两尘四气"6种浓度数据中具有显著差异性的数据作因素分析。分别求出国控点与自建点的"两尘四气"浓度数据的差异值,作为因素分析的基础。在作因素分析时,使用逐步回归分析,遴选引起二者差异的显著因素,从而剔除那些无关因素。

针对问题(3),根据因素分析的结果,在建立数据校准模型时,将引起国控点与自建点差异的显著因素作为自变量,将国控点中的数据作为因变量,由于各个自变量之间存在多重共线性,所以建立偏最小二乘回归模型。在建模时使用90%的数据,而留下10%的数据用来评估预测精度。使用平均相对误差、均方误来评估校准模型的精度,并与校准前的误差进行对比。

在模型优化部分,根据"等维新陈代谢"思想建立动态建模算法,即每次预测时,去掉一个老数据,放入一个新数据,重新建立模型进行数据校准,不断循环,滚动预测。

本文研究路径如图1-1所示。

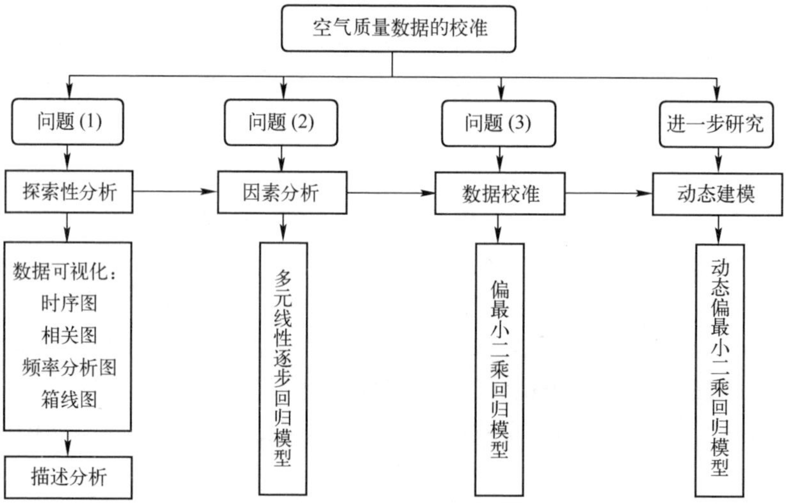

图1-1 研究路径

1.3 符号说明

x_1——自建点PM2.5的浓度(μg/m^3);

y_1——国控点PM2.5的浓度(μg/m^3);

x_2——自建点PM10的浓度(μg/m^3);

y_2——国控点PM10的浓度(μg/m^3);

x_3——自建点 CO 的浓度(mg/m^3)；

x_4——自建点 NO_2的浓度(μg/m^3)；

x_5——自建点 SO_2的浓度(μg/m^3)；

x_6——自建点 O_3的浓度(μg/m^3)；

x_7——自建点风速(m/s)；

x_8——自建点气压(hPa)；

x_9——自建点降水量(mm/m^2)；

y_3——国控点 CO 的浓度(mg/m^3)；

y_4——国控点 NO_2的浓度(μg/m^3)；

y_5——国控点 SO_2的浓度(μg/m^3)；

y_6——国控点 O_3的浓度(μg/m^3)；

x_{10}——自建点温度(℃)；

x_{11}——自建点湿度(rh%)。

其余符号在文中给出。

1.4 模型假设

为了简化问题,作如下假设:

(1) 国控点发布的污染物浓度数据是准确的。

(2) 自建点发布的污染物浓度数据和气象数据是不准确的。这是因为微型空气质量检测仪长时间使用后会产生一定的零点漂移和量程漂移,非常规气态污染物(气)浓度变化对检测仪存在交叉干扰,以及天气因素对传感器有影响。

(3) 国控点与自建点污染物浓度的差异,与“两尘四气”和 5 种气象因素有关,而与其他因素(如日期、时间、噪声等)无关。

1.5 模型建立与求解

1.5.1 问题(1)——对自建点数据与国控点数据进行探索性数据分析

探索性分析的目的是发现数据的特征和规律,为下一步因素分析和数据校准寻找切入口。探索性分析包括:画时序图以观察数据的趋势性;作描述分析(均值、标准差、极差等)以确定数据的集中趋势、离散趋势和离群点数量;计算频率分布以确定数据是否服从正态分布;作相关分析以确定数据之间的相关方向和程度;作单因素方差分析以确定国控点与自建点数据之间的均值差异显著性;等等。

1.5.1.1 数据整理

把自建点的分钟级数据整合成小时级数据,整合的原则是“反距离加权平均”,即 Shepard 方法,距离某整点越近的时刻对该整点的影响越大;相反,距离某整点越远的时刻对该整点的影响越小,如图 1-2 所示。

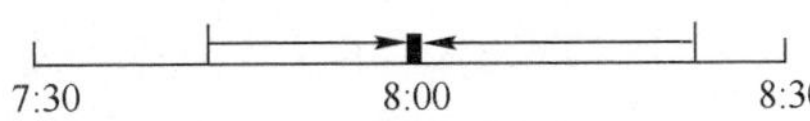

图 1-2 “反距离加权平均”示例

令 $s_i=|t_i-t_0|$ 表示时刻 t_i 到整点时刻 t_0 的距离,其中 $t_i \in [t_0-0.5, t_0+0.5]$,$i=1,2,\cdots,n$,$n$ 是数据个数,x_i 是时刻 t_i 所检测的分钟级数据,y_0 是整点时刻 t_0 所对应的小时级数据,则

$$y_0=\begin{cases} x_i, & \exists s_i=0 \\ \dfrac{\sum\limits_{i=1}^{n} \dfrac{x_i}{s_i^2}}{\sum\limits_{i=1}^{n} \dfrac{1}{s_i^2}}, & \text{其他} \end{cases} \tag{1-1}$$

整合前,自建点分钟级数据从 2018 年 11 月 14 日 10:02 至 2019 年 6 月 11 日 16:32,一共有 234717 条记录。整合后,自建点小时级数据从 2018 年 11 月 14 日 11 时至 2019 年 6 月 11 日 16 时,一共有 4895 条记录(没有重复记录)。

以国控点时间点为准,把国控点数据与自建点数据一一对应起来,形成两个行数相等的矩阵。经检查,国控点小时级数据从 2018 年 11 月 14 日 10 时至 2019 年 6 月 11 日 15 时,一共有 4200 条记录(没有重复记录)。经过一一对应之后,国控点与自建点都是 4136 条记录(没有重复记录)。

1.5.1.2 对国控点数据与自建点数据进行探索性分析

1. 画时序图以观察数据的趋势性

为了观察每一种数据的变化趋势,需要画出时间序列图。画出国控点 6 种数据的时序图,如图 1-3 所示。

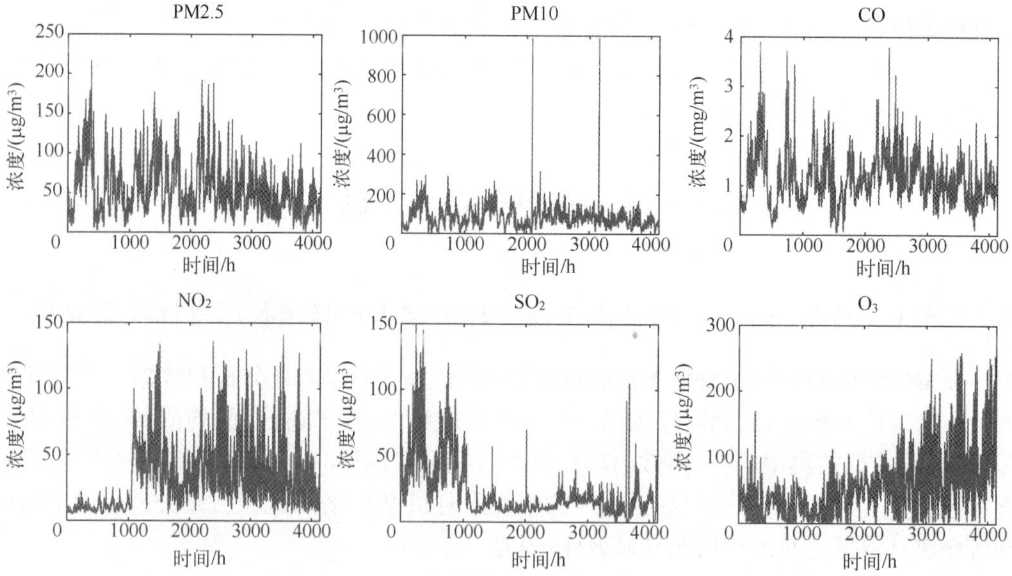

图 1-3 国控点 6 种数据的时序变化

从图 1-3 可知:

(1) 国控点 PM2.5、PM10、CO 数据比较稳定,但 NO_2、SO_2、O_3 数据不稳定,其中 NO_2、SO_2 数据在第 1000 个时间点之后发生了明显变化,O_3 数据有逐渐增加趋势。

(2) 国控点 6 种数据均存在离群点,PM10 的离群点尤其明显。

画出自建点“两尘四气”6 种数据的时序图，如图 1-4 所示。

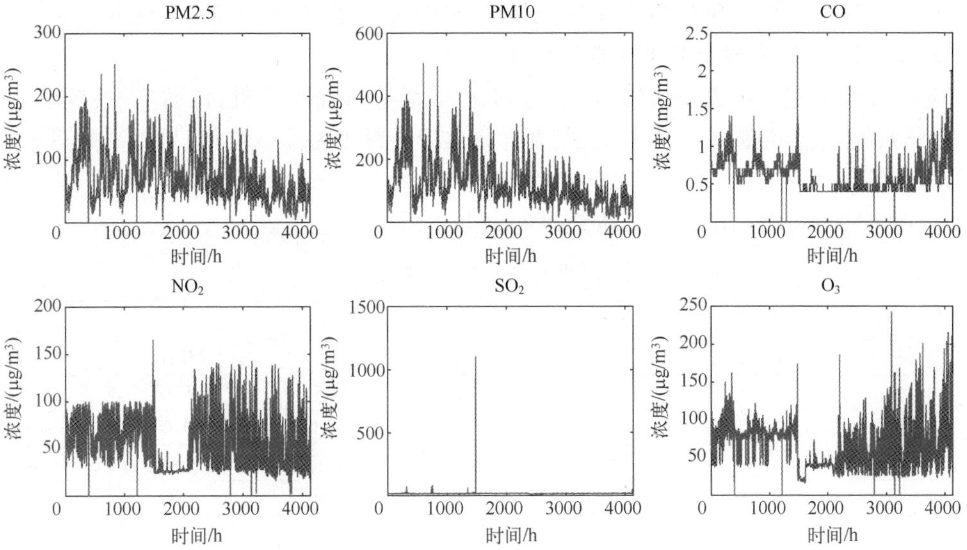

图 1-4　自建点“两尘四气”6 种数据的时序变化

从图 1-4 可知：

（1）自建点 PM2.5、PM10 数据比较稳定，离散趋势逐步缩小；CO 数据不稳定，有增大趋势；NO_2数据比较稳定，但离散趋势逐步增大；SO_2数据存在特大离群点；O_3数据的均值和标准差均有逐渐增加趋势。

（2）自建点 6 种数据均存在离群点，其中 CO、SO_2、O_3的离群点尤其明显。

画出自建点 5 种气象数据的时序图，如图 1-5 所示。

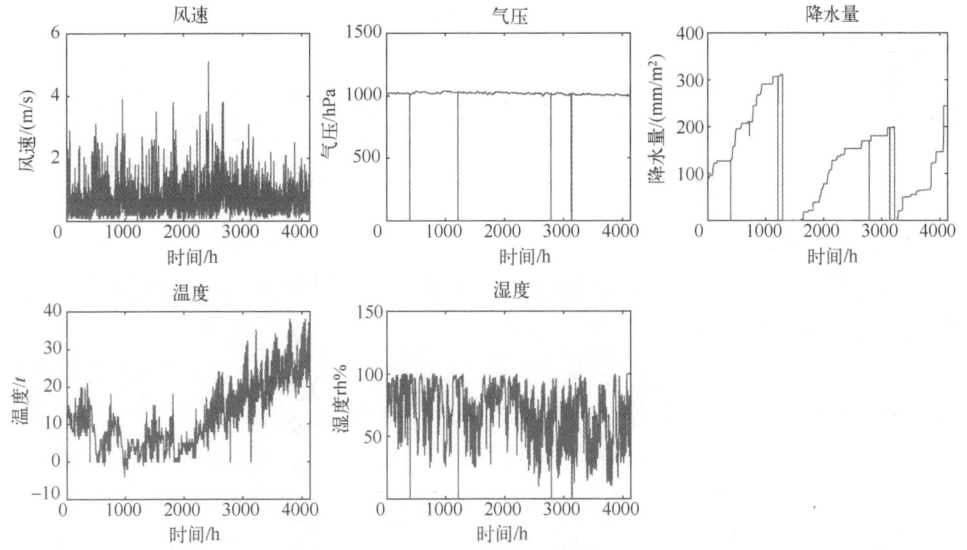

图 1-5　自建点 5 种气象数据的时序变化

从图 1-5 可知：

（1）自建点风速和气压的数据比较稳定；降水量数据有阶跃现象；温度数据有“降

低—平稳—增大”的规律;湿度数据比较稳定。

(2) 自建点 5 种气象数据均存在离群点,其中气压、降水量的离群点尤其明显。

2. 对国控点和自建点数据作描述分析

对国控点中的 6 种数据、自建点中的 11 种数据进行描述分析,包括均值、标准差、极差、变异系数、极差系数等指标。其中,变异系数等于标准差除以均值;极差系数等于极差除以标准差。

国控点中 6 种数据的描述分析结果如表 1-1 所示。

表 1-1 国控点中 6 种数据的描述分析结果

指　　标	PM2.5	PM10	CO	NO_2	SO_2	O_3
均值	55.92	82.86	1.11	32.64	22.32	55.11
标准差	33.48	50.07	0.49	24.35	19.97	48.00
极差	215.00	983.00	3.85	136.00	149.00	258.00
变异系数	0.60	0.60	0.44	0.75	0.89	0.87
极差系数	6.42	19.63	7.86	5.59	7.46	5.37

从表 1-1 可知:

(1) 国控点中 SO_2的变异系数最大,表明其离散程度最大;CO 的变异系数最小,表明其离散程度最小。

(2) PM10 的极差系数最大(即 19.63),其极差中含 19.63 个标准差,表明其两极分化程度最大。NO_2和 O_3的极差系数较小。

自建点“两尘四气”中 6 种数据的描述分析结果如表 1-2 所示。

表 1-2 自建点“两尘四气”中 6 种数据的描述分析结果

指　　标	PM2.5	PM10	CO	NO_2	SO_2	O_3
均值	72.15	121.98	0.61	57.51	16.48	67.91
标准差	39.45	75.36	0.22	27.69	23.60	31.57
极差	251.00	504.00	2.20	165.00	1103.00	242.52
变异系数	0.55	0.62	0.35	0.48	1.43	0.46
极差系数	6.36	6.69	10.22	5.96	46.74	7.68

从表 1-2 可知:

(1) 自建点“两尘四气”中 SO_2的变异系数最大,表明其离散程度最大;CO 的变异系数最小,表明其离散程度最小。

(2) SO_2的极差系数最大(即 46.74),表明其两极分化程度最大。NO_2的极差系数最小。

自建点中 5 种气象数据的描述分析结果如表 1-3 所示。

表 1-3 自建点中 5 种气象数据的描述分析结果

指　　标	风　　速	气　　压	降 水 量	温　　度	湿　　度
均值	0.70	1017.08	131.77	11.86	68.74
标准差	0.48	42.81	87.17	8.61	22.14
极差	5.10	1039.90	312.10	42.00	100.00
变异系数	0.69	0.04	0.66	0.73	0.32
极差系数	10.53	24.29	3.58	4.88	4.52

从表 1-3 可知：

(1) 自建点温度的变异系数最大，表明其离散程度最大；气压的变异系数最小，表明其离散程度最小。

(2) 气压的极差系数最大（即 24.29），表明其两极分化程度最大。降水量的极差系数最小，表明其两极分化程度最小。

3. 分析国控点和自建点数据的频率分布

国控点中“两尘四气”6 种数据的频率分布如图 1-6 所示。

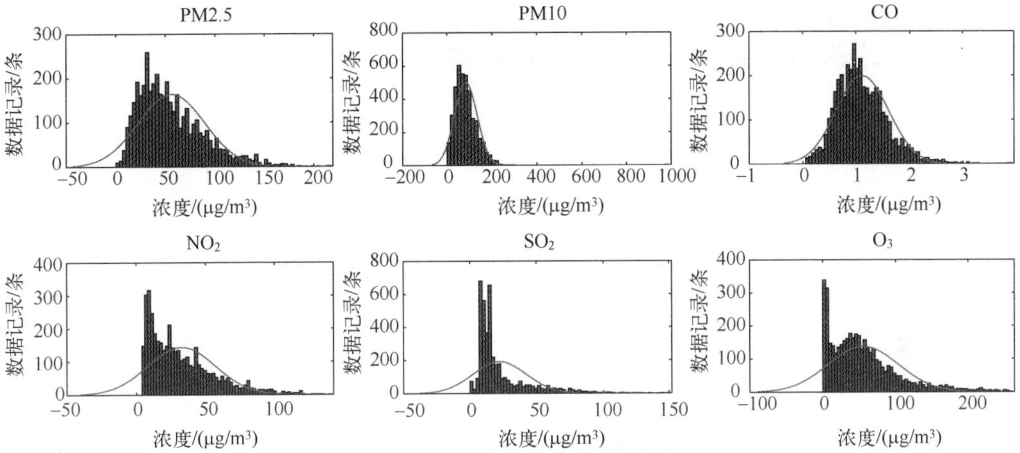

图 1-6　国控点中“两尘四气”6 种数据的频率分布

从图 1-6 可知：国控点“两尘四气”6 种数据均不服从正态分布。

自建点中“两尘四气”6 种数据的频率分布如图 1-7 所示。

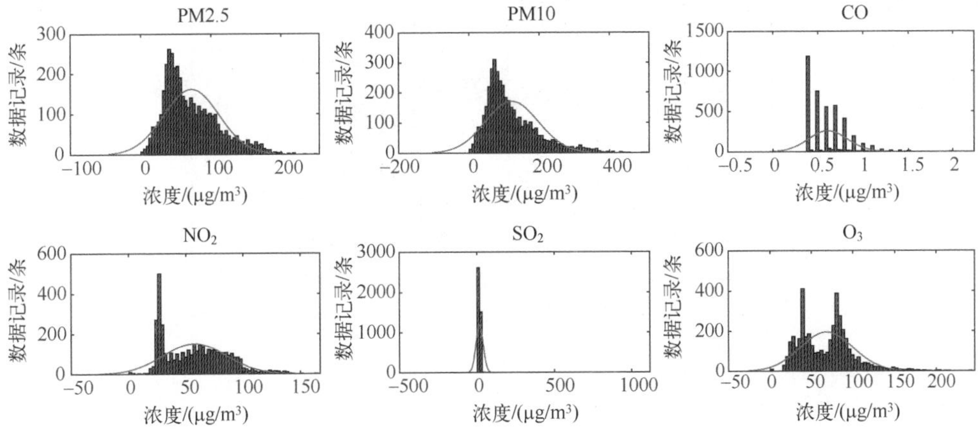

图 1-7　自建点中“两尘四气”6 种数据的频率分布

从图 1-7 可知：自建点“两尘四气”6 种数据均不服从正态分布。

自建点中 5 种气象数据的频率分布如图 1-8 所示。

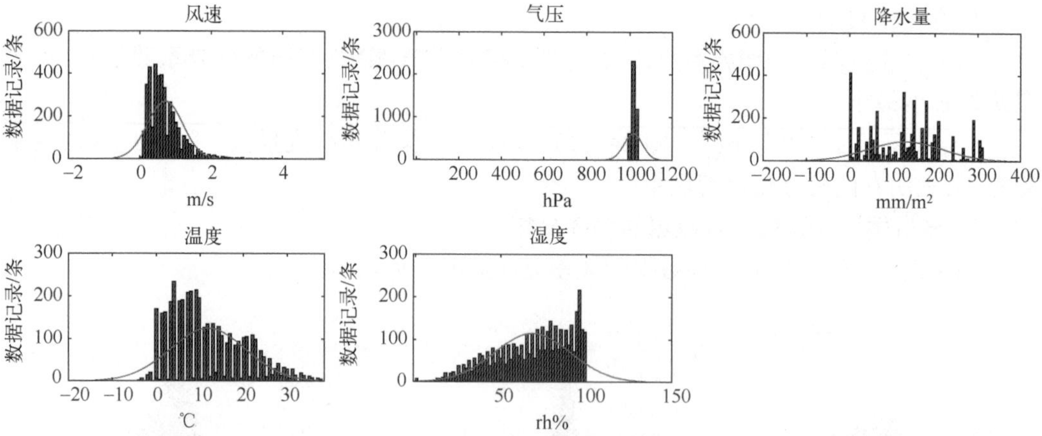

图 1-8　自建点中 5 种气象数据的频率分布

从图 1-8 可知：自建点 5 种气象数据均不服从正态分布。

4. 对国控点、自建点中的数据作相关分析

为了分析国控点中“两尘四气”6 种数据之间的相关性，以及自建点中 11 种数据之间的相关性，计算皮尔逊（Pearson）相关系数，并画出热力图来直观显示。

国控点中“两尘四气”6 种数据之间的相关性如图 1-9 所示。

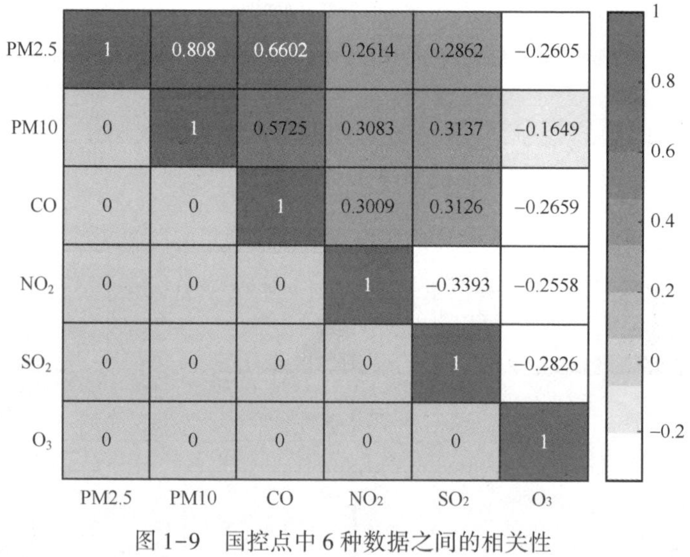

图 1-9　国控点中 6 种数据之间的相关性

从图 1-9 可知：

（1）国控点 PM2.5 与 PM10 之间存在高度正相关关系。

（2）PM2.5 与 CO 之间存在显著正相关关系。

（3）PM10 与 CO 之间存在显著正相关关系。

（4）其余变量之间存在微弱相关关系。

自建点中 11 种数据之间的相关性如图 1-10 所示。

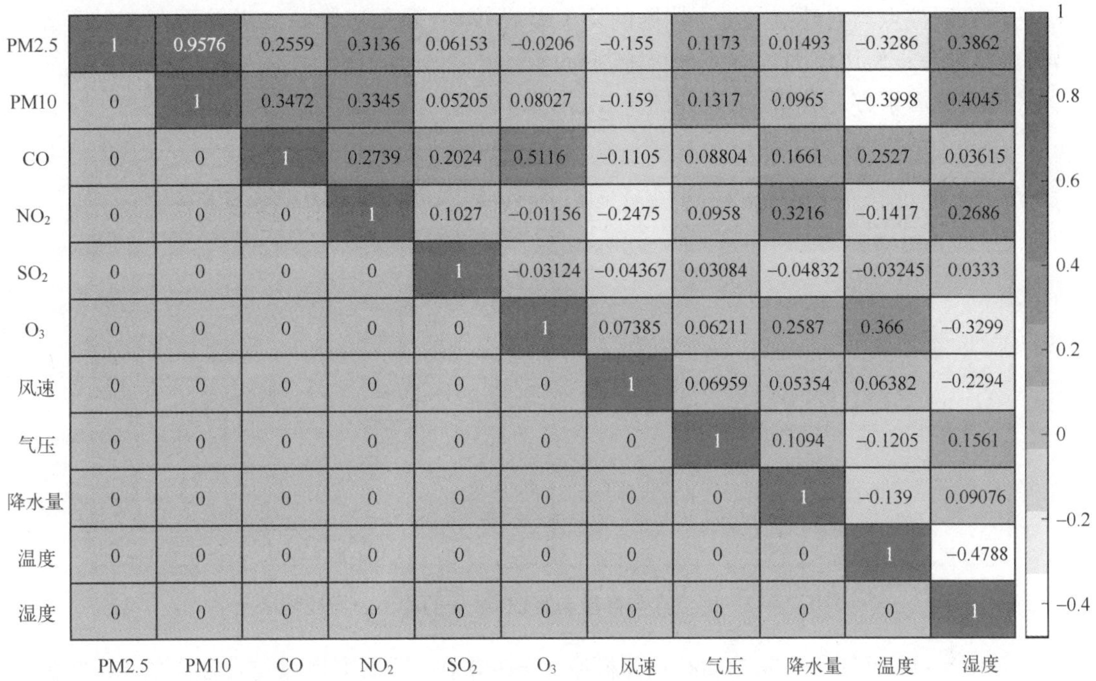

图 1-10　自建点中 11 种数据之间的相关性

从图 1-10 可知：

(1) 自建点 PM2.5 与 PM10 之间存在高度正相关关系。

(2) CO 与 O_3之间存在显著正相关关系。

(3) 温度与湿度存在中等负相关关系。

(4) 其余变量之间存在微弱的相关关系。

5. 国控点与自建点中“两尘四气”6 种数据均值差异性分析

比较国控点与自建点“两尘四气”6 种数据的均值，如图 1-11 所示。

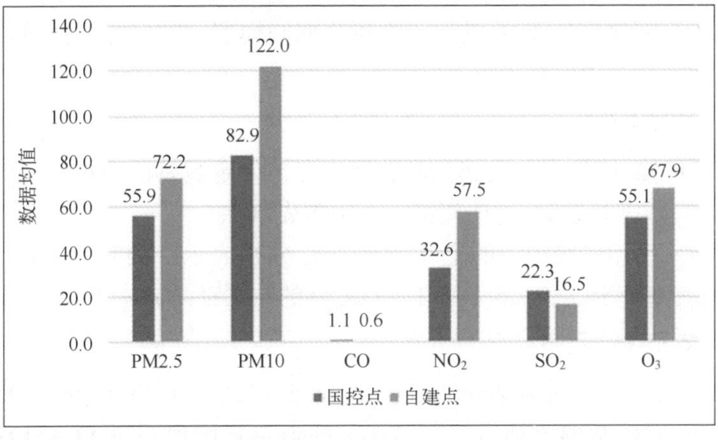

图 1-11　国控点与自建点“两尘四气”6 种数据的均值比较

从图 1-11 可知：

(1) 国控点与自建点的 PM2.5、PM10、NO_2、SO_2、O_3数据的均值存在显著差异。

（2）国控点与自建点的 CO 数据的均值差异较小，但无法判断二者是否存在显著差异，需要进一步使用单因素方差分析来判断。

使用单因素方差分析，结果如图 1-12 所示。

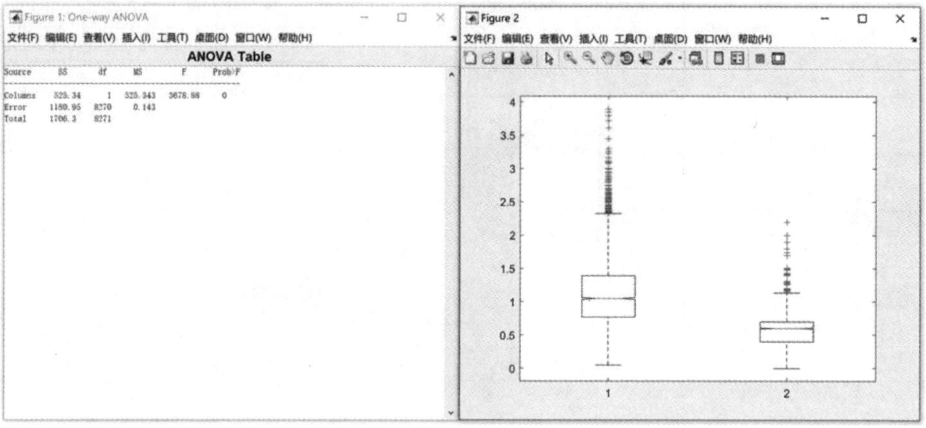

图 1-12　国控点与自建点的 CO 数据的均值差异比较

从图 1-12 可知，$F=3678.88$，相伴概率 $p'=0<0.01$，所以国控点与自建点的 CO 数据均值在 0.01 的显著性水平上存在显著差异。

1.5.2　问题(2)——对导致自建点与国控点数据出现差异的因素进行分析

问题分析：导致自建点与国控点数据出现差异的因素很多，根据假设(3)，全因素包括 PM2.5、PM10、CO、NO_2、SO_2、O_3，以及风速、气压、降水量、温度和湿度，一共 11 个。但从 1.5.1 节的相关分析结果可知，自建点"两尘四气"6 种数据与全因素的相关程度有大有小，因此因素分析的关键是从全因素中找出那些显著因素。这里使用多元线性逐步回归模型选择显著因素。

建模思路：首先，分别计算自建点与国控点"两尘四气"6 种数据的差异值，并依次作为因变量，以 11 个因素为自变量，建立 6 个逐步回归模型；其次，在估计回归系数之前，必须剔除自变量和因变量中的离群点。

1.5.2.1　离群点分析

从 1.5.1 节可知，国控点与自建点的数据均存在一定数量的离群点，在作问题(2)因素分析和问题(3)数据校准时，这些离群点必须事先剔除。

离群点的定义采用箱线图中的定义：设 q_1，q_3 分别表示一列数的下四分位数和上四分位数，$q=q_3-q_1$，则处于$[q_1-1.5q, q_3+1.5q]$之外的数据都是异常值。

1.5.2.2　多元线性回归模型

设 $x_1, x_2, \cdots, x_6, \cdots, x_{11}$ 分别表示自建点 PM2.5、PM10、CO、NO_2、SO_2、O_3浓度，以及风速、气压、降水量、温度和湿度值，$y_1, y_2, \cdots, y_6$ 分别表示国控点 PM2.5、PM10、CO、NO_2、SO_2、O_3浓度，则

$$\Delta_i = x_i - y_i, \quad i=1,2,\cdots,6 \tag{1-2}$$

表示自建点与国控点"两尘四气"6 种数据的差异值。

根据假设(3),建立多元线性回归模型为

$$\Delta_i=\beta_0+\beta_1 x_1+\beta_2 x_2+\cdots+\beta_{i-}x_{i-}+\cdots+\beta_6 x_6+\cdots+\beta_{11}x_{11}+\varepsilon_i,\quad i=1,2,\cdots,6 \tag{1-3}$$

式中:$\beta_j(j=1,2,\cdots,11)$为回归系数;β_0为回归常数;$\varepsilon_i(i=1,2,\cdots,6)$为随机误差,满足$\varepsilon_i\sim N(0,\sigma_i^2)$且互相独立;$x_{i-}$为模型中不含第$i(i=1,2,\cdots,6)$个自变量,这是因为该自变量必然是显著因素,不需要由模型去确定。

1.5.2.3 逐步回归分析

逐步回归分析的主要思路是在全部自变量中按其对因变量的贡献大小,由大到小地逐个引入回归方程,而对那些对因变量贡献不显著的自变量就不会被引入回归方程。另外,先前被引入方程的自变量在引入新的自变量后可能失去重要性,就从方程中剔除出去。每引入一个自变量或者从方程中剔除一个自变量都称为逐步回归的一步,每一步都要进行F检验,以保证在引入新的自变量前方程中只含有对因变量影响显著的自变量,而不显著的自变量已被剔除。

1.5.2.4 自变量的重要性划分

给定显著性水平0.05,根据各自变量显著性检验(t检验)所产生的相伴概率的大小,可制定划分影响因素重要性的标准,如表1-4所示。

表1-4 影响因素重要性划分

因素类型	主要因素	次要因素	无关因素
相伴概率	[0,0.01)	[0.01,0.05)	[0.05,1]

1.5.2.5 自变量的选择结果

多元线性逐步回归分析及自变量重要性结果如表1-5所示。

表1-5 多元线性逐步回归分析及自变量重要性

参数	PM2.5			PM10			CO		
	回归系数	相伴概率	重要性	回归系数	相伴概率	重要性	回归系数	相伴概率	重要性
PM2.5	—	—	—	0.624	0	主	-0.010	0	主
PM10	0.110	0	主	—	—	—	0.003	0	主
CO	-9.849	3.77E-11	主	23.432	0	主	—	—	—
NO_2	-0.054	1.18E-11	主	-0.311	0	主	-0.001	1.62E-09	主
SO_2	-0.331	0.038527	次	-1.448	8.63E-06	主	0.012	0.015939	次
O_3	-0.042	8.68E-07	主	0.189	0	主	0.000	0.623362	无关
风速	3.953	4.4E-13	主	4.354	8.88E-05	主	0.045	0.010492	次
气压	0.476	0	主	1.380	0	主	0.034	0	主
降水量	0.021	1E-15	主	0.056	0	主	0.000	8.11E-05	主
温度	0.473	1.96E-12	主	0.250	0.062149	无关	0.039	0	主
湿度	0.352	0	主	1.216	0	主	0.005	0	主
	$R^2=0.492, F=339.7, p'=0$			$R^2=0.780, F=1429.2, p'=0$			$R^2=0.346, F=210.9, p'=0$		

续表

参　数	NO_2			SO_2			O_3		
	回归系数	相伴概率	重要性	回归系数	相伴概率	重要性	回归系数	相伴概率	重要性
PM2. 5	-0. 236	2. 54E-07	主	0. 011	0. 038477	次	-1. 572	0	主
PM10	0. 124	1. 91E-05	主	-0. 023	0. 093696	无关	1. 007	0	主
CO	47. 122	0	主	-14. 637	0	主	30. 606	2. 5E-14	主
NO_2	—	—	—	-0. 068	0	主	0. 400	0	主
SO_2	0. 312	0. 353222	无关	—	—	—	-1. 624	5. 52E-05	主
O_3	0. 020	0. 281283	无关	-0. 038	6. 74E-08	主	—	—	—
风速	1. 198	0. 279917	无关	-1. 574	0. 000288	主	-16. 672	0	主
气压	0. 804	2. 82E-13	主	-0. 427	0	主	-1. 124	0	主
降水量	0. 099	0	主	-0. 015	9. 71E-13	主	0. 035	2. 33E-08	主
温度	1. 046	1. 8E-14	主	-0. 249	4. 03E-06	主	-2. 163	0	主
湿度	0. 506	0	主	0. 028	0. 007287	主	-0. 019	0. 562526	无关
	$R^2=0.397, F=334.4, p'=0$			$R^2=0.285, F=141.9, p'=0$			$R^2=0.611, F=630.8, p'=0$		

从表 1-5 可知:6 个回归方程全部通过了线性关系检验,只是拟合优度有大有小。另外,还需要对残差的正态性、独立性和方差齐性进行检验,检验结果如图 1-13 所示。

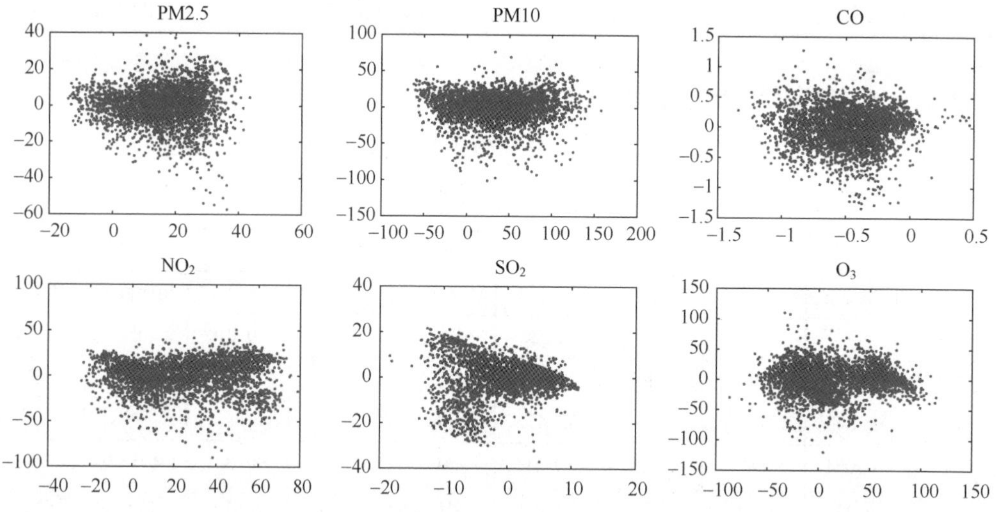

图 1-13　残差检验结果

从图 1-13 可知,6 个回归方程的残差的正态性、独立性和方差齐性检验均获得通过。以 PM2. 5 为例,所有样本点随机分布在 0 附近,没有明显的趋势和规律。

从表 1-5 可知:除了 SO_2 是次要因素之外,其余因素都是影响 PM2. 5 的主要因素,这与有关文献的研究结果一致。其余“两尘四气”浓度的影响因素类似,结果如表 1-6 所示。

表 1-6　影响污染物浓度差异的因素个数

参　　数	PM2.5	PM10	CO	NO_2	SO_2	O_3
逐步回归结果	10	9	9	7	9	9
总计	11	10	10	8	10	10

1.5.3　问题(3)——对自建点数据进行校准

问题分析：根据 1.5.1 节相关性分析结果可知，全因素 PM2.5、PM10、CO、NO_2、SO_2、O_3，以及风速、气压、降水量、温度和湿度之间存在一定程度的相关性，在进行数据校准时，不能建立普通的线性回归模型。由于偏最小二乘回归模型能够克服自变量的相关性，故建立偏最小二乘回归模型进行数据校准。

建模思路：首先，依次以国控点“两尘四气”浓度数据作为因变量，以 1.5.2 节遴选出来的主要因素和次要因素为自变量，建立 6 个偏最小二乘回归模型。其次，在估计回归系数之前，剔除自变量和因变量中的离群点。最后，使用 90%的数据量建模，留下 10%的数据量评估模型的预测精度。

1.5.3.1　偏最小二乘回归模型

1. 模型建立

设 y 表示国控点“两尘四气”中某一种污染物浓度数据，$x_1,x_2,\cdots,x_k$ 表示遴选出来的主要因素、次要因素和自身因素的测量值，根据假设(1)和假设(2)，建立偏最小二乘回归模型为

$$y=\beta_0+\beta_1x_1+\beta_2x_2+\cdots+\beta_kx_k+\varepsilon \tag{1-4}$$

式中：$\beta_j(j=1,2,\cdots,k)$ 为回归系数；β_0 为回归常数；$\varepsilon\sim N(0,\sigma^2)$ 且相互独立。

为了对回归系数进行估计，观测了 n 个样本点，得到原始数据矩阵

$$\boldsymbol{X}=\begin{pmatrix} x_{11} & x_{12} & \cdots & x_{1k} \\ x_{21} & x_{22} & \cdots & x_{2k} \\ \vdots & \vdots & & \vdots \\ x_{n1} & x_{n2} & \cdots & x_{nk} \end{pmatrix},\quad \boldsymbol{Y}=\begin{pmatrix} y_1 \\ y_2 \\ \vdots \\ y_n \end{pmatrix}$$

参数估计的过程比较复杂，详细过程见文献[14]，这里不再赘述．经过参数估计，偏最小二乘回归方程为

$$\hat{y}=\hat{\beta}_0+\hat{\beta}_1x_1+\hat{\beta}_2x_2+\cdots+\hat{\beta}_kx_k \tag{1-5}$$

2. 模型检验

令 $\text{SST}=\sum_{i=1}^{n}(y_i-\bar{y})^2$，称为总离差平方和；$\text{SSR}=\sum_{i=1}^{n}(y_i-\hat{y})^2$，称为残差平方和；$\text{SSE}=\sum_{i=1}^{n}(\hat{y}_i-\bar{y})^2$，称为回归平方和。

(1) 拟合优度检验。

使用判决系数 R^2 来检验回归方程的拟合效果。R^2 的定义为

$$R^2=\frac{\mathrm{SSE}}{\mathrm{SST}} \tag{1-6}$$

$R^2\in[0,1]$。R^2 越接近于 1,拟合效果越好,反之越差。

估计的标准差为

$$s=\sqrt{\frac{\mathrm{SSR}}{n-p-1}} \tag{1-7}$$

式中:s 为对 σ 的近似估计。

R^2 和 s 是从两个不同角度对回归方程的拟合效果进行检验的。

(2) 残差随机性检验。

标准化残差为

$$\hat{r}_i=\frac{r_i}{\sigma},\quad i=1,2,\cdots,n \tag{1-8}$$

若某个样本点的标准化残差落在$\pm 2\sigma$ 之外,则该样本点也被视为离群点。

描点$(\hat{y}_i,r_i)$,若 n 个点随机分布在 0 附近,则可认为 $\varepsilon\sim N(0,\sigma^2)$ 成立;否则,若存在一定的趋势,则不成立。

(3) 预测误差评估。

平均相对误差为

$$\alpha=\frac{1}{n}\sum_{i=1}^{n}\frac{|\hat{y}_i-y_i|}{y_i} \tag{1-9}$$

均方误差为

$$\beta=\frac{1}{n}\sum_{i=1}^{n}(\hat{y}_i-y_i)^2 \tag{1-10}$$

1.5.3.2 偏最小二乘回归模型拟合及检验

在拟合回归系数之前,要剔除离群点。离群点个数及比例如表 1-7 所示。

表 1-7 离群点统计

回归方程	PM2.5	PM10	CO	NO_2	SO_2	O_3
离群点个数	880	584	559	397	802	656
占比	0.213	0.141	0.135	0.096	0.194	0.159

使用 90%的数据作拟合,留下 10%的数据作检验。取主成分的累计贡献率为 85%,偏最小二乘回归模型拟合及检验结果如表 1-8 所示。

表 1-8 偏最小二乘回归模型拟合及检验结果

参数	PM2.5	PM10	CO
	回归系数	回归系数	回归系数
常数	778.640	717.898	29.126
PM2.5	0.543	0.561	0.003
PM10	0.150	0.220	0.002

续表

参　　数	PM2.5	PM10	CO
	回归系数	回归系数	回归系数
CO	-0.966	15.886	0.109
NO_2	0.030	0.276	0.002
SO_2	1.203	0.861	0.038
O_3	-0.025	-0.026	—
风速	-3.541	-7.005	-0.049
气压	-0.750	-0.643	-0.028
降水量	-0.007	-0.052	0.001
温度	-0.314	—	-0.014
湿度	-0.407	-1.060	-0.005
$R^2=0.834, F=1445.8, p'=0$ 7 个主成分, 累计贡献率 87.6%		$R^2=0.751, F=959.7, p'=0$ 7 个主成分, 累计贡献率 85.1%	$R^2=0.413, F=225.7, p'=0$ 7 个主成分, 累计贡献率 87.8%

参　　数	NO_2	SO_2	O_3
	回归系数	回归系数	回归系数
常数	1497.816	-465.274	-1786.881
PM2.5	0.201	-0.004	0.309
PM10	-0.038	—	-0.168
CO	-33.457	21.588	-64.003
NO_2	0.384	0.052	-0.334
SO_2	—	-0.162	0.668
O_3	—	0.028	0.273
风速	—	1.232	19.489
气压	-1.402	0.452	1.777
降水量	-0.037	0.012	-0.021
温度	-1.534	0.317	3.680
湿度	-0.406	0.017	—
$R^2=0.382, F=259.6, p'=0$ 6 个主成分, 累计贡献率 89.6%		$R^2=0.305, F=131.3, p'=0$ 8 个主成分, 累计贡献率 90.3%	$R^2=0.600, F=468.9, p'=0$ 7 个主成分, 累计贡献率 88.7%

从表 1-8 的 F 检验结果可知,所有 6 个回归方程的线性关系都是显著的。

残差的正态性和独立性检验结果如图 1-14 所示。

从图 1-14 可知,每一种回归方程的残差都随机分布在 0 附近,故残差满足正态性和独立性。

校准前后的误差比较如表 1-9 和表 1-10 所示。

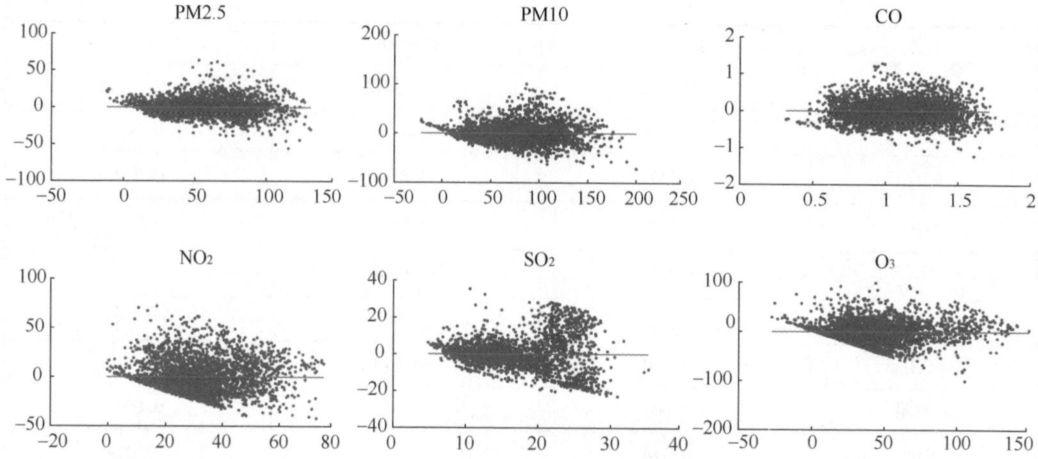

图 1-14　残差的正态性和独立性检验

表 1-9　平均相对误差的比较

回归方程	PM2.5	PM10	CO	NO_2	SO_2	O_3
校准前误差	0.489	0.969	0.492	2.247	3.978	4.336
校准后的模拟误差	0.201	0.261	0.322	0.667	0.531	1.320
校准后的预测误差	0.328	0.377	0.482	0.489	1.258	0.564

表 1-10　均方误差的比较

回归方程	PM2.5	PM10	CO	NO_2	SO_2	O_3
校准前误差	530.332	3592.054	0.428	1485.580	2618.450	1987.726
校准后的模拟误差	123.623	385.932	0.099	276.313	73.950	485.604
校准后的预测误差	93.148	462.195	0.124	258.025	82.825	1137.692

从表 1-9 和表 1-10 可知，与数据校准前相比，校准后的模拟精度和预测精度都有大幅度提高。

根据表 1-8 可得，"两尘四气"浓度数据的偏最小二乘回归方程为

$$y_1=778.640+0.543x_1+0.150x_2-0.966x_3+0.030x_4+1.203x_5-0.025x_6-3.541x_7-0.750x_8-0.007x_9-0.314x_{10}-0.407x_{11} \tag{1-11}$$

$$y_2=717.898+0.561x_1+0.220x_2+15.886x_3+0.276x_4+0.861x_5-0.026x_6-7.005x_7-0.643x_8-0.052x_9-1.060x_{11} \tag{1-12}$$

$$y_3=29.126+0.003x_1+0.002x_2+0.109x_3+0.002x_4+0.038x_5-0.049x_7-0.028x_8+0.001x_9-0.014x_{10}-0.005x_{11} \tag{1-13}$$

$$y_4=1497.816+0.210x_1-0.038x_2-33.457x_3+0.384x_4-1.402x_8-0.037x_9-1.534x_{10}-0.406x_{11} \tag{1-14}$$

$$y_5=-465.274-0.004x_1+21.588x_3+0.052x_4-0.162x_5+0.028x_6+1.232x_7+0.452x_8+0.012x_9+0.317x_{10}+0.017x_{11} \tag{1-15}$$

$$y_6=-1786.881+0.309x_1-0.168x_2-64.003x_3-0.334x_4+0.668x_5+0.273x_6+19.489x_7+1.777x_8-0.021x_9+3.680x_{10} \tag{1-16}$$

1.6 灵敏度分析

在 1.5.3 节建立的 6 个数据校准模型中，由于 11 个自变量均是随机变量，所以需要考查其灵敏度。以 PM2.5 校准模型为例，让 11 个自变量均增加 1%、减少 1%，观察模型的误差变化，分析结果如表 1-11 和表 1-12 所示。

表 1-11　PM2.5 校准方程的灵敏度分析结果(平均相对误差)

误　　差	自变量值不变	自变量值增加 10%	自变量值减少 10%
校准前误差	0.489098928041006	0.489098928041006	0.489098928041006
校准后的模拟误差	0.200955144886737	0.200955144886738	0.200955144886746
校准后的预测误差	0.327610578936701	0.327610578936705	0.327610578936744
注：为了扩大影响，自变量增加 10%、减少 10%			

表 1-12　PM2.5 校准方程的灵敏度分析结果(均方误差)

误　　差	自变量值不变	自变量值增加 1%	自变量值减少 1%
校准前误差	530.332	540.992	519.778
校准后的模拟误差	123.623	126.108	121.163
校准后的预测误差	93.148	95.021	91.295

从表 1-11 和表 1-12 可知，各个自变量的微小变化对 PM2.5 校准值几乎没有影响。

1.7 稳健性分析

在 1.5.2 节作因素分析之前，需要剔除离群点，而离群点的定义区间是 $[q_1-1.5q, q_3+1.5q]$，处于该区间之外的数据都是异常值，这里的常数 1.5 是通常情况下的取值。离群点的定义不但会影响因素分析的结果，而且会影响数据校准的结果，因此需要考查离群点在其他定义条件下对因素分析的影响大小。

以 PM2.5 的因素分析为例，令离群点的定义区间为 $[q_1-eq, q_3+eq]$，考查 e 分别取 1，1.1，1.2，…，2 时因素分析的结果，如表 1-13 所示。

表 1-13 稳健性分析结果

参数	$e=1$		$e=1.1$		$e=1.2$		$e=1.3$		$e=1.4$		$e=1.5$	
	相伴概率	重要性	相伴概率	重要性	相伴概率	重要性	相伴概率	重要性	相伴概率	重要性	相伴概率	重要性
PM2. 5	—	—	—	—	—	—	—	—	—	—	—	—
PM10	0	主	0	主	0	主	0	主	0	主	0	主
CO	2E-10	主	1E-13	主	4E-14	主	3E-13	主	5E-11	主	3. 77E-11	主
NO_2	3E-05	主	1E-06	主	8E-10	主	8E-11	主	1E-11	主	1. 18E-11	主
SO_2	0. 088	无关	0. 229	无关	0. 127	无关	0. 094	无关	0. 016	次	0. 038527	次
O_3	0. 002	主	0. 002	主	0. 001	主	4E-04	主	4E-06	主	8. 68E-07	主
风速	2E-09	主	1E-09	主	1E-10	主	4E-10	主	7E-12	主	4. 40E-13	主
气压	0	主	0	主	0	主	0	主	0	主	0	主
降水量	0	主	0	主	0	主	0	主	2E-15	主	1. 00E-15	主
温度	1E-09	主	7E-13	主	1E-13	主	1E-12	主	7E-13	主	1. 96E-12	主
湿度	0	主	0	主	0	主	0	主	0	主	0	主

参数	$e=1.6$		$e=1.7$		$e=1.8$		$e=1.9$		$e=2$		
	相伴概率	重要性	相伴概率	重要性	相伴概率	重要性	相伴概率	重要性	相伴概率	重要性	
PM2. 5	—	—	—	—	—	—	—	—	—	—	
PM10	0	主	0	主	0	主	0	主	0	主	
CO	4E-14	主	5E-13	主	1E-12	主	2E-12	主	3E-12	主	
NO_2	2E-12	主	3E-13	主	3E-13	主	1E-13	主	3E-13	主	
SO_2	0. 058	无关	0. 069	无关	0. 406	无关	0. 568	无关	0. 513	无关	
O_3	3E-07	主	6E-07	主	1E-06	主	5E-07	主	2E-06	主	
风速	7E-13	主	3E-13	主	3E-11	主	4E-11	主	7E-11	主	
气压	0	主	0	主	2E-14	主	8E-14	主	4E-13	主	
降水量	0	主	0	主	0	主	0	主	0	主	
温度	2E-13	主	1E-11	主	2E-08	主	7E-08	主	4E-07	主	
湿度	0	主	0	主	0	主	0	主	0	主	

从表 1-13 可知,影响 PM2. 5 浓度的因素,随着 e 的取值变化,只有 SO_2 有所变化(从次要变量成为无关变量),其余 9 个因素的重要性没有发生变化,可见,因素分析结果的稳健性较强。

1.8 进一步研究

从 1. 5. 1 节所画的时序图可以看出,有的数据是平稳的,但有的数据不是平稳的。因此,如果放弃早期的老数据,仅使用近期的新数据建立数据校准模型,那么数据校准模型的误差可能更小。基于这样的认识,本节借用“等维新陈代谢”思想,仅使用近期国控点

和自建点 k 个数据建立回归方程,然后对自建点第 $k+1$ 个数据进行预测(校准),之后去掉国控点和自建点第 1 个老数据,加入国控点和自建点第 $k+1$ 个新数据,保持数据维度不变,重新建立回归方程,然后对自建点第 $k+2$ 个数据进行预测(校准),以此类推,不断循环下去,就达到了动态建模、滚动校准的目的。

1.8.1 确定最优维度

使用搜索法确定最优维度,算法如下:

第 1 步,令 $j=1,2,\cdots,6$(分别对 PM2.5、PM10、CO、NO_2、SO_2、O_3进行数据校准),计算数据总长度 n_j。

第 2 步,令 $k=3000,2501,\cdots,3500$(搜索误差最小的数据维度 k^*)。

第 3 步,使用第 $1\sim k$ 个数据建立偏最小二乘回归模型(留下 n_j-k 个数据评估预测误差),并预测第 $k+1$ 个数据,然后剔除第 1 个数据,加入第 $k+1$ 个数据重新建立偏最小二乘回归模型,并预测第 $k+2$ 个数据,以此类推,直到把留下的 n_j-k 个数据全部预测完为止。

第 4 步,计算 n_j-k 个预测数据的平均相对误差和均方误差,以及校准前的平均相对误差和均方误差,返回第 2 步。

第 5 步,根据最优值 k^* 的选择条件选出 k^*:①校准后的平均相对误差小于校准前的平均相对误差;②校准后的均方误差小于校准前的均方误差;③校准后的平均相对误差最小。返回第 1 步。

第 6 步,输出 k^*,及其对应的校准前后的平均相对误差和均方误差,结束。

使用 MATLAB 软件编程,程序执行约 6.6h 后结束。搜索结果如表 1-14 所示。

表 1-14 动态建模法的最优维度

回归方程		PM2.5	PM10	CO	NO_2	SO_2	O_3
k^*		3319	3500	3496	3010	3324	3312
平均相对误差	校准前	0.2202	0.3645	0.1234	0.9399	5.6860	0.4926
	校准后预测误差	0.2198	0.0807	0.0947	0.4170	0.4113	0.3905
均方误差	校准前	92.088	361.406	0.021	857.552	8328.417	5278.653
	校准后预测误差	40.010	18.695	0.012	182.242	44.843	3129.382

为了比较动态建模法与静态建模法的优劣,以功效系数来表征。

平均相对误差的功效系数为

$$\hat{\alpha}_j=\frac{\alpha_{j2}}{\alpha_{j1}},\quad j=1,2,\cdots,6 \tag{1-17}$$

式中:α_{j1}、α_{j2}分别为第 j 种污染物在静态建模、动态建模时数据校准后预测值的平均相对误差;$\hat{\alpha}_j$ 为第 j 种污染物从平均相对误差角度反映的动态建模法的功效系数,$\hat{\alpha}_j<1$,表示动态建模法的校准效果好于静态建模法;$\hat{\alpha}_j>1$,表示动态建模法的校准效果劣于静态建模法。

6 种污染物平均相对误差功效系数的平均值为

$$\hat{\alpha} = \frac{1}{6}\sum_{j=1}^{6}\hat{\alpha}_j \tag{1-18}$$

均方误差的功效系数为

$$\hat{\beta}_j = \frac{\beta_{j2}}{\beta_{j1}},\quad j=1,2,\cdots,6 \tag{1-19}$$

式中:β_{j1}、β_{j2}分别为第 j 个污染物在静态建模、动态建模时数据校准后预测值的均方误差;$\hat{\beta}$为从均方误差角度反映的动态建模法的功效系数,$\hat{\beta}<1$,表示动态建模法的校准效果好于静态建模法;相反,$\hat{\beta}>1$,表示动态建模法的校准效果劣于静态建模法。

6 种污染物均方误差功效系数的平均值为

$$\hat{\beta} = \frac{1}{6}\sum_{j=1}^{6}\hat{\beta}_j \tag{1-20}$$

动态建模法的功效系数如表 1-15 所示。

表 1-15 动态建模法的功效系数

回归方程		PM2.5	PM10	CO	NO_2	SO_2	O_3	功效系数均值
平均相对误差	静态建模预测误差	0.328	0.377	0.482	0.489	1.258	0.564	—
	动态建模预测误差	0.220	0.081	0.095	0.417	0.411	0.391	—
	功效系数	0.670	0.214	0.196	0.853	0.327	0.692	0.492
均方误差	静态建模预测误差	93.148	462.195	0.124	258.025	82.825	1137.692	—
	动态建模预测误差	40.010	18.695	0.012	182.242	44.843	3129.382	—
	功效系数	0.430	0.040	0.097	0.706	0.541	2.751	0.761

从表 1-15 可知,$\hat{\alpha}=0.492<1$,$\hat{\beta}=0.761<1$,表明动态建模法的校准效果好于静态建模法。

1.8.2 建立动态偏最小二乘回归模型

有了最优维度 k^* 之后,就可以截取近期的 k^* 个新数据,并拟合偏最小二乘回归系数,获得数据校准方程,然后对自建点的分钟级数据进行校准并发布。例如,国控点在 2019 年 6 月 11 日 15 时的数据为最新数据,那么在 15:00—15:59 期间,对自建点所检测的数据进行校准的回归系数,如表 1-16 所示。

表 1-16 动态建模法在 15:00—15:59 期间的数据校准方程的回归系数

	PM2.5	PM10	CO	NO_2	SO_2	O_3
常数	717.6853	572.1524	25.2676	1052.8147	-451.2206	-1805.0638
PM2.5	0.5484	0.5542	0.0030	-0.0102	0.0025	0.4207

续表

	PM2.5	PM10	CO	NO_2	SO_2	O_3
PM10	0.1532	0.2344	0.0018	0.0914	—	-0.2600
CO	-1.6263	6.3937	0.0093	-6.2074	18.6705	-43.2386
NO_2	0.0407	0.3219	0.0022	0.3936	0.0763	-0.3591
SO_2	0.7538	0.4315	0.0222	—	-0.1070	1.4846
O_3	-0.0205	-0.0148	—	—	0.0334	0.3067
风速	-4.1521	-6.6851	-0.0509	—	1.2196	19.6680
气压	-0.6850	-0.4954	-0.0243	-0.9867	0.4398	1.7707
降水量	-0.0128	-0.0624	0.0005	-0.0428	0.0060	-0.0123
温度	-0.2892	—	-0.0141	-1.0901	0.2357	3.8746
湿度	-0.3843	-1.0185	-0.0036	-0.3072	-0.0003	—
拟合优度	0.8346	0.7446	0.3908	0.4074	0.2914	0.6103
F 值	1517.32	1017.39	223.55	257.85	136.22	517.00
相伴概率	0.0000	0.0000	0.0000	0.0000	0.0000	0.0000

根据表 1-16,可以写出自建点各个污染物浓度的分钟级数据校准方程。以 PM2.5 为例,自建点 PM2.5 浓度在 15:00—15:59 期间的分钟级数据校准方程为

$$y_1 = 717.6853+0.5484x_1+0.1532x_2-1.6263x_3+0.0407x_4+0.7538x_5-0.0205x_6-4.1521x_7-0.6850x_8-0.0128x_9-0.2892x_{10}-0.3843x_{11} \tag{1-21}$$

1.9 模型的评价和推广

1.9.1 模型优点

(1) 把自建点的分钟级数据整合成小时级数据,使用 Shepard 方法,即"反距离加权平均",结果更精确。

(2) 在探索性分析中,使用时序图、相关图、频率分布图、箱线图等数据可视化方法,数据特征一目了然,便于发现数据是否存在某种趋势、是否服从正态分布、是否存在离群点、是否存在相关性、数据之间的均值是否相等。

(3) 在因素分析中,通过剔除离群点,并使用逐步回归方法,从全部因素中遴选出主要因素和次要因素,为下一步建立校准模型打好基础。

(4) 在建立校准模型时,选择了偏最小二乘回归模型,有助于克服自变量之间的相关性。误差分析结果表明,所建立的数据校准模型精度比较理想。

(5) 所建立的偏最小二乘回归模型,各个自变量的微小变化对数据校准值几乎没有

影响。

(6) 针对离群点定义中的不同阈值进行考查,发现不同阈值对因素分析的结果影响较小,进一步地对数据校准模型的影响也较小。

(7) 借用"等维新陈代谢"思想,把原来的静态数据校准模型(偏最小二乘回归模型)升级为动态模型,达到了动态建模、滚动预测的目的,校准结果更加精确。

1.9.2 模型缺点

在建立动态校准模型时,需要通过搜索方式找到数据的最优长度,这需要花费较长的时间。一旦找到该最优长度,就可以快速地进行数据校准。

1.9.3 模型推广

本文所建立的多元线性逐步回归模型可以推广到影响因素的甄别和遴选中;所建立的数据校准模型(偏最小二乘回归模型)可以推广到各种智能数据采集仪器的自动化校准、遥感成像参数的校准等领域中。"等维新陈代谢"思想可以推广到与时间序列有关的预测领域,如猪肉价格预测等。

1.10 参考文献

[1] 中国大学生在线. 2019 全国大学生数学建模竞赛论文展示[C/OL]. (2020-1-17)[2023-10-10]. http://dxs.moe.gov.cn/zx/qkt/sxjm/lw/.

[2] 魏轩,侯旭瑞,李雪. 空气质量数据的校准[J]. 工程数学学报,2019,36(增刊1):173-182.

[3] 胡旭东,段忠云,刘思铭. 空气质量数据的校准[J]. 工程数学学报,2019,36(增刊1):183-189.

[4] 李峰,唐盛赐,王红霞. 空气质量数据的校准[J]. 工程数学学报,2019,36(增刊1):190-198.

[5] 冯家杰,谈华富,潘泔桦. 空气质量数据的校准[J]. 工程数学学报,2019,36(增刊1):199-204.

[6] 崔恒建,田万. 空气质量数据校准的统计学习与建模[J]. 数学建模及其应用,2020,9(1):57-66,封3.

[7] 杨国颖. 多元线性回归分析建立空气质量数据校准发布的数学模型[J]. 中国建材科技,2020(1):21-23.

[8] 孙静茹. 基于多元线性回归模型的空气质量数据校准:2019 年大学生数学建模竞赛 D 题解析[J]. 黑龙江科学,2019,10(24):18-20.

[9] 崔敏,宋建毅. 空气质量数据的探索性分析与校准:2019 年全国大学生数学建模竞赛 D 题解析[J]. 济南职业学院学报,2020(2):64-66,69.

[10] 纪张伟. 空气质量数据的校准研究[J]. 太原师范学院学报(自然科学版),2020,19(1):44-48.

[11] 崔娜. 空气质量数据校准的多元回归模型[J]. 晋城职业技术学院学报,2020

(4):85-86,92.
[12] 高万学. 自建点空气质量数据校准的一种数学模型[J]. 湖北职业技术学院学报,2019,22(4):100-105.
[13] 丁学利,任鹏. 基于偏最小二乘回归的空气质量数据校准研究[J]. 廊坊师范学院学报(自然科学版),2020,20(1):9-14.
[14] 司守奎,孙兆亮. 数学建模算法与应用[M]. 2版. 北京:国防工业出版社,2015:311-314.

第 2 章　2019E “薄利多销”分析

摘　要

本文针对零售商“薄利多销”问题进行了研究。

针对问题(1),为了计算每天的营业额和利润率,步骤如下:①建立了门店价与成本价的回归方程,对缺失的成本价进行了估计;②假设营业额中只包含销售收入,于是营业额就是销售额,销售额=销售数量×销售价,再把当天所有销售记录的销售额汇总,得到当天的销售额;③假设仅考虑商品成本而不考虑其他成本,于是,成本=销售数量×成本价,再把当天所有销售记录的成本汇总,得到当天的成本;④假设利润是指纯利润,利润率是指成本利润率,成本利润率=利润/成本,就计算出当天的利润率。

针对问题(2),以折扣率来测度打折力度,折扣率=1-销售额/预售额,预售额=销售数量×门店价,就可以计算出每天的折扣率。

针对问题(3),为了研究打折力度与商品销售额以及利润率之间的关系,步骤如下:①以折扣率为自变量,以销售额(万元)为因变量,建立双对数回归模型,使用最小二乘法对参数进行估计,得到回归方程 $\ln y=5.2583+2.0396\ln x$,销售额关于折扣率的弹性 2.0396>1,是富有弹性的,这表明如果折扣率增加 1%,那么销售额就增加 2.0396%。可见,加大打折力度会显著增加销售额,“薄利多销”真实有效。②以折扣率为自变量,以利润率为因变量,建立线性回归模型,使用最小二乘法对参数进行估计,得到回归方程 $y=0.2354-0.7531x$,利润率的边际-0.7531<0,这表明如果折扣率增加 1 个单位(百分点),那么利润率就减少 0.7531 个单位(百分点)。这是“打折让利”的现象,符合常理。还计算了折扣率与利润率的相关系数 $r=-0.8611$,表明折扣率与利润率是高度负相关关系,可见,加大打折力度会显著降低利润率。③将以上得到的两个回归方程联立(销售额的单位是百万元),消去 y,得到折扣率的平衡点 $x^*\approx 0.2084$,就是最优折扣率,它表示当折扣率等于 20.84%时,销售额(百万元)与利润率可同时达到满意。

针对问题(4),针对商品大类研究打折力度与商品销售额以及利润率的关系,步骤如下:① 从 29 个一级类目商品中选择 10 类热门商品,建立了打折力度与销售额的双对数回归方程,发现只有“粮油副食”类是正富有弹性,只有“酒水饮料”类是负缺乏弹性,其余 8 类商品均是正缺乏弹性。建立了打折力度与利润率的线性回归方程,发现 10 类商品的边际值均是负的,“肉品”类的边际值最小。②从“粮油副食”类商品中选择了 8 类二级类目的热门商品,从“食用油”类商品中选择了 8 类三级类目的热门商品,从弹性和边际的角度进行了研究。

灵敏度分析表明,顾客购买数量的微小变化对于弹性值的大小没有影响。

通过稳健性分析,以折扣率为因变量,以销售额和利润率为自变量,建立了多元线性回归模型,所得到的结论相同。

本文还以一级大类为例,对折扣率与购买数量的关系进行了进一步研究,与问题(4)的结论相同。

本文模型优点是使用双对数回归模型对弹性分析带来了方便;使用线性回归模型对边际分析带来了方便。缺点是没有按照不同的时段进行分段研究。

本文所建立的双对数回归模型和线性回归模型应用于弹性分析、边际分析的方法,不但能够应用到大型零售商场或电商平台,还可以应用到小型商业企业或生产型企业中。

关键词:双对数回归模型;线性回归模型;弹性分析;边际分析;薄利多销

2.1 问题重述

"薄利多销"是指通过降低单位商品的利润来增加销售数量,通过销售数量的增多来取得更多利益。在已知 2016 年 11 月 30 日至 2019 年 1 月 2 日销售记录、折扣信息和商品信息的情况下,请建立数学模型完成以下任务:

(1) 计算商场每天的营业额和利润率。

(2) 建立一个合适的指标来衡量并计算商场每天的打折力度。

(3) 研究打折力度与商品销售额以及利润率之间的关系。

(4) 按照商品大类建立打折力度与销售额、利润率的关系。

2.2 问题分析

2.2.1 研究现状综述

学生优秀论文 E003[1-2],针对问题(1)和问题(2),均建立了正确的营业额、利润率和打折力度的定义式,并给出了计算结果;针对问题(3),分别建立了两个抛物线回归方程,得出打折力度与营业额是增函数关系,打折力度与利润率是先增后降的关系;针对问题(4),按照划分商品的一级大类,重复问题(1)~(3)的步骤,画出办公用品类、宠物用品类、纺织用品类的散点图,来说明销售额与降价率、利润率与降价率的关系。

学生优秀论文 E008[1,3],首先对数据进行了清洗,包括无效数据、异常数据和缺失数据的处理。针对问题(1),建立了正确的营业额、销售利润率的定义式,并给出了计算结果;针对问题(2),以折扣率指标来测度打折力度,但将不同商品的门店价相加作为当日的总门店价,将不同商品的成本价相加作为当日的总成本价,是没有意义的;针对问题(3),以折扣率为因变量,以利润率和销售额为自变量,建立了线性回归方程;针对问题(4),按照划分商品的一级大类,选择日配冷藏类商品,重复问题(1)~(3)的步骤,建立了线性回归方程,回归系数的符号符合实际。

学生优秀论文 E026[1,4],针对问题(1),建立了正确的营业额、成本利润率的定义式,并给出了计算结果;针对问题(2),以折扣率指标来测度打折力度,但将不同商品的门店价相加作为当日的总门店价,将不同商品的成本价相加作为当日的总成本价,是没有意义的;针对问题(3),以折扣率为自变量,以销售额为因变量,分4个时间段建立了抛物线回归方程。再以折扣率为自变量,以利润率为因变量,建立了线性回归方程;针对问题(4),按照划分商品的一级大类,选择食品类、进口类、日用家居类商品,分别建立了一次、二次或三次多项式回归方程。

学生优秀论文 E038[1,5],针对问题(1),建立了正确的营业额、成本利润率的定义式,并给出了计算结果;针对问题(2),以打折率、利润率、限购数量、销售数量的函数来定义打折力度,有创意!针对问题(3),以打折力度为自变量,以销售额取对数为因变量,建立了回归方程。再以打折力度为自变量,以利润率为因变量,建立了线性回归方程;针对问题(4),将商品的一级大类再次合并为两大类:弹性>1 和弹性<1,然后分别研究打折力度与销售额、打折力度与利润率的相关关系,但没有建立函数关系。

邓明华教授给出了简单的解题思路,并对评阅过程中出现的问题进行了评述[6]。

总之,现有文献主要使用回归分析或相关分析来研究打折力度与销售额、利润率的关系,对于问题(4)的解决不够全面和彻底,特别是没有针对二级大类商品、三级大类商品的分析。

2.2.2 本文研究思路

本文以回归分析、相关分析为工具,从弹性和边际的角度,从全部商品、一级大类商品、二级大类商品、三级大类商品这4个层面,研究打折力度与销售额、利润率的关系,为商场定价提供决策支持。

本文研究所依据的数据信息比较庞大,其中销售记录表有超过100万条的记录,因此需要使用数据库技术,把几个数据信息表建立关联,实现数据的查询、清洗和分析。

针对问题(1),首先对缺失的成本价进行补充,通过对未缺失成本价的商品的门店价与成本价的信息,建立门店价与成本价的回归方程,然后根据缺失成本价商品的门店价反推出成本价。建立某一天商场营业额和成本利润率的定义式,根据数据表计算出每一天的营业额和利润率。

针对问题(2),定义折扣率为利润与预售额之比,用折扣率来测度打折力度。根据数据表计算出每一天的折扣率。

针对问题(3),研究打折力度与销售额、利润率的关系,选择回归分析和相关分析为工具。以折扣率为自变量,分别以商品销售额、利润率为因变量,建立一元回归方程,便可以确定二者的函数关系。考虑到本文意在研究“薄利多销”问题,于是在回归分析的基础上从弹性和边际的角度分析更好,因此,对于销售额和折扣率的关系,可建立双对数回归模型;对于利润率和折扣率的关系,可建立线性回归模型。在回归方程建立之后,顺其自然地进一步研究“最优折扣率”问题,即寻找一个最优折扣率,使得销售额和利润率同时达到最优。

针对问题(4),从29个一级类目中选择几个热门商品来分析,重复前面的分析方法即可;接着,从某个二级类目中选择几个热门商品,从某个三级类目中选择几个热门商品来进行分析。

本文研究路径如图2-1所示。

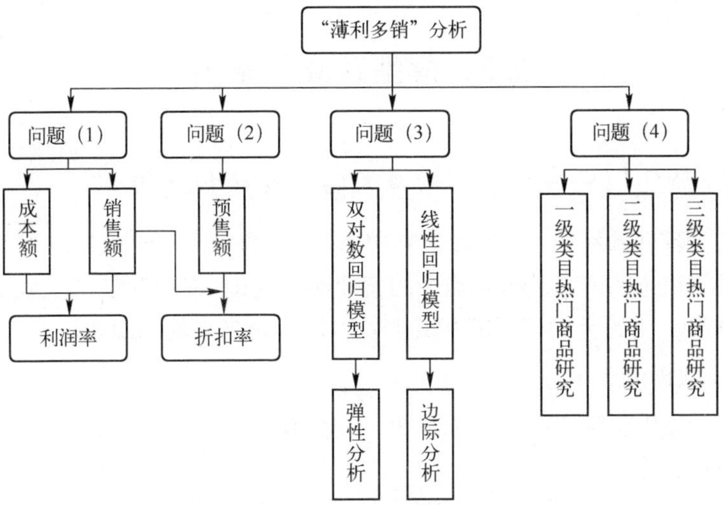

图 2-1　研究路径

2.3　符号说明

c——成本价（元/个）；

p_1——门店价（元/个）；

p_2——销售价（元/个）；

n——销售数量（个）；

a——营业额（元）；

b——成本（元）；

m——某天销售记录数量（个）；

d——预售额（元）；

λ——利润率；

γ——折扣率。

r——相关系数；

其余符号在文中给出。

2.4　模型假设

为了简化问题，作如下假设：

（1）该商场提供的数据具有代表性，且不存在系统误差和登记误差。

（2）在计算营业额时仅考虑商品销售收入，而不考虑补贴等其他收入，即营业额就是销售额。

（3）在计算成本时仅考虑商品的成本，而不考虑税金、管理费用等其他成本。

（4）利润是指纯利润，利润率是指成本利润率而不是销售利润率，成本利润率的定义：

$$利润率=\frac{收入-成本}{成本}\times 100\%$$

2.5 模型建立与求解

2.5.1 问题(1)——计算商场每天的营业额和利润率

建模思路:根据假设(2),营业额就是销售额,销售额=销售数量×销售价,将当天每一条销售记录的销售额汇总就得到当天的营业额。同理,根据假设(3),可得到当天的成本。根据假设(4),由当天的营业额和成本就可以得到当天的利润率。

2.5.1.1 数据清洗

在销售记录表中选定 2016 年 11 月 30 日至 2019 年 1 月 2 日的销售流水记录,并把未完成的记录剔除掉。

由于未知原因,非打折商品的成本价是缺失的,以 0 计。为了估计它们的真实成本价,根据成本价与门店价的关系,即

$$门店价=(1+利润率)\times成本价 \tag{2-1}$$

列出成本价与门店价的关系式为

$$p_1=(1+\lambda)c \tag{2-2}$$

利用非缺失成本价的商品记录(含成本价与门店价),对利润率 λ 进行估计。使用最小二乘法,使用 MATLAB 软件,给定显著性水平 0.05,估计结果如表 2-1 所示。

表 2-1 参数估计及其检验结果

$1+\lambda$	95%置信区间下限	95%置信区间上限
1.2716	1.2599	1.2833

从表 2-1 可知,参数的 95%置信区间不包含 0,故参数检验通过。

拟合优度 $R^2=0.8740$,表明拟合精度很高;F 检验的相伴概率 $p'=0.0000<0.05$,表明成本价与门店价的线性关系显著成立。于是有

$$p_1=1.2716c \tag{2-3}$$

拟合效果如图 2-2 所示。

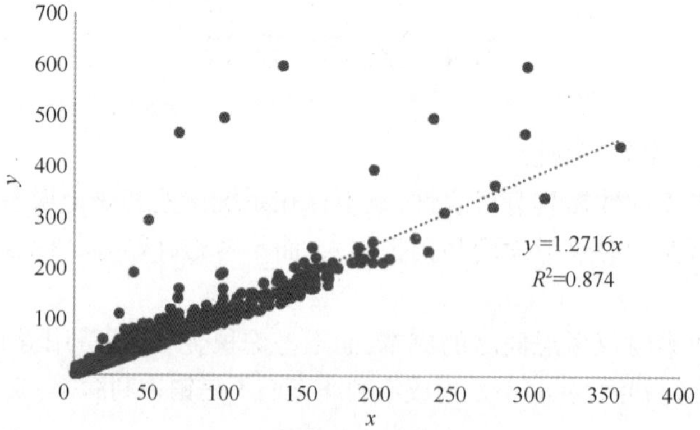

图 2-2 成本价与门店价的关系

一般情况下,零售商的利润率为 20%~40%,说明 $\lambda=0.2716$ 是可信的。
根据式(2-3)得

$$c=\frac{p_1}{1.2716} \tag{2-4}$$

利用式(2-4)可以计算出非打折商品的成本价。
清洗后的数据如表 2-2 所示。

表 2-2　销售流水记录表(部分)

创建时间	销售数量/个	门店价/元	销售价/元	成本价/元
2016/11/30	1	8.8	8.8	6.92
2016/11/30	1	7.5	7.5	5.90
2016/11/30	1	5	5	3.93
2016/11/30	2	9.8	9.8	7.71
2016/11/30	5	5.6	5.6	4.40
…	…	…	…	…
2019/1/2	2	36.8	36.8	28.94
2019/1/2	2	28.8	28.8	22.65
2019/1/2	1	19.8	19.8	15.57
2019/1/2	1	11.3	11.3	8.89
2019/1/2	1	15	15	11.80

根据表 2-2,就可以计算商场每天的营业额和利润率。

2.5.1.2　商场每天的营业额和利润率

设某天第 i 个商品销售记录的销售数量、销售价和成本价分别为 n_i、p_{2i}、c_i、m 为该天销售记录的个数,则该天的营业额为

$$a=\sum_{i=1}^{m} n_i p_{2i} \tag{2-5}$$

该天的成本为

$$b=\sum_{i=1}^{m} n_i c_i \tag{2-6}$$

该天的成本利润率为

$$\lambda=\frac{a}{b}-1 \tag{2-7}$$

利润率 $\lambda\in[0,+\infty)$。
计算结果如表 2-3 所示。

表 2-3　商场每天的营业额和利润率

创建时间	成本/元	营业额/元	利润率
2016/11/30	2557.48	2833.70	0.1080
2016/12/1	1976.53	2346.20	0.1870

续表

创建时间	成本/元	营业额/元	利润率
2016/12/2	2013.52	2338.30	0.1613
2016/12/3	2848.76	3270.40	0.1480
2016/12/4	3389.00	3881.68	0.1454
…	…	…	…
2018/12/29	52783.40	60221.94	0.1409
2018/12/30	131570.60	150241.90	0.1419
2018/12/31	119928.40	138330.9	0.1534
2019/1/1	57060.72	65065.00	0.1403
2019/1/2	27624.48	31072.58	0.1248

根据表 2-3,可以计算出该商场平均利润率为 14.76%。

2.5.2 问题(2)——商场每天的打折力度

问题分析:销售价代表了打折后的实际售价,销售额代表了打折后的实际收入,将销售额与预售额比较,就可以体现出打折力度。

建模思路:定义折扣率为利润与预售额之比,用折扣率来测度打折力度,然后根据数据表可以计算出每一天的折扣率。

设某天第 i 个商品销售记录的销售数量、门店价分别为 n_i、p_{1i},m 为该天销售记录的个数,则该天的预售额为

$$d = \sum_{i=1}^{m} n_i p_{1i} \tag{2-8}$$

该天的折扣率为

$$\gamma = 1 - \frac{a}{d} \tag{2-9}$$

折扣率 $\gamma \in (0,1)$,折扣率越大,打折力度越大;相反,折扣率越小,打折力度越小。可见,折扣率是打折力度的一个测度指标。

计算结果如表 2-4 所示。

表 2-4　商场每天的折扣率

创建时间	预售额/元	销售额/元	折扣率
2016/11/30	3306.30	2833.70	0.1429
2016/12/1	2564.00	2346.20	0.0849
2016/12/2	2594.90	2338.30	0.0989
2016/12/3	3692.60	3270.40	0.1143
2016/12/4	4319.18	3881.68	0.1013
…	…	…	…
2018/12/29	68383.44	60221.94	0.1193

续表

创建时间	预售额/元	销售额/元	折扣率
2018/12/30	172531.12	150241.92	0.1292
2018/12/31	157399.35	138330.88	0.1211
2019/1/1	73697.88	65065.00	0.1171
2019/1/2	35702.38	31072.58	0.1297

根据表 2-4,计算出平均折扣率为 11.79%。

2.5.3 问题(3)——建立打折力度与商品销售额以及利润率之间的关系

问题分析:由于打折力度是商场的促销手段,其测度指标是折扣率,而销售额和利润率是商场的经营目标,故以折扣率为自变量,分别以商品销售额、利润率为因变量,建立一元函数关系。

建模思路:对于销售额,使用双对数回归模型;对于利润率,使用线性回归模型。

2.5.3.1 建立折扣率与销售额的函数关系

1. 一元双对数回归模型及弹性

因变量 y 和自变量 x 的双对数回归模型为[7]

$$\begin{cases}\ln y=\beta_0+\beta_1\ln x+\varepsilon \\ \varepsilon\sim N(0,\sigma^2), \quad \varepsilon_i \text{ 相互独立}\end{cases} \tag{2-10}$$

式中:$\beta_j(j=0,1)$ 和 σ^2 为待估常数。

假设估计的双对数回归方程为

$$\ln y=\hat{\beta}_0+\hat{\beta}_1\ln x \tag{2-11}$$

则 $y=\mathrm{e}^{\hat{\beta}_0+\hat{\beta}_1\ln x}$,因变量关于自变量的弹性为

$$\begin{aligned}\frac{Ey}{Ex}&=\frac{\mathrm{d}y}{\mathrm{d}x}\times\frac{x}{y}\\ &=\mathrm{e}^{\hat{\beta}_0+\hat{\beta}_1\ln x}\frac{\hat{\beta}_1}{x}\times\frac{x}{y}\\ &=\hat{\beta}_1\end{aligned}$$

可见,回归系数$\hat{\beta}_1$ 的实际意义就是弹性,其经济意义是:如果 x 变化 1%,那么 y 变化$\hat{\beta}_1$%。

当$|\hat{\beta}_1|>1$ 时,称为富有弹性;当$|\hat{\beta}_1|=1$ 时,称为单位弹性;当$|\hat{\beta}_1|<1$ 时,称为缺乏弹性。

2. 建立折扣率与销售额的双对数回归模型

根据表 2-4 的数据,将营业额转化为以"万元"为单位,以折扣率为横坐标,以销售额为纵坐标,画散点图,如图 2-3 所示。

从图 2-3 中可以看出,存在一些奇异点,于是根据 3σ 原则,将$[\mu-3\sigma,\mu+3\sigma]$之外的折扣率或销售额剔除,再画散点图,如图 2-4 所示。

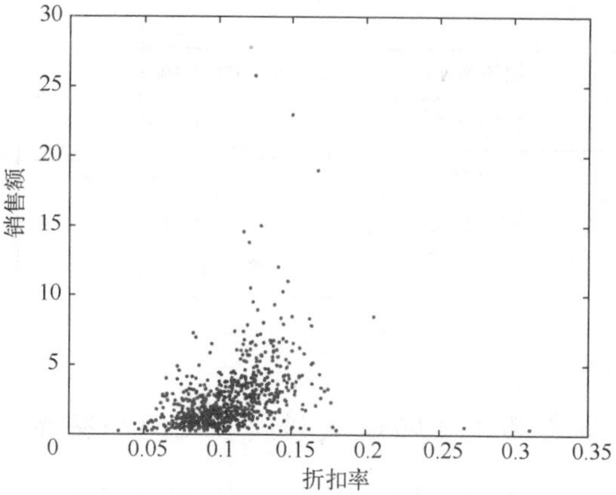

图 2-3　折扣率与销售额的散点图

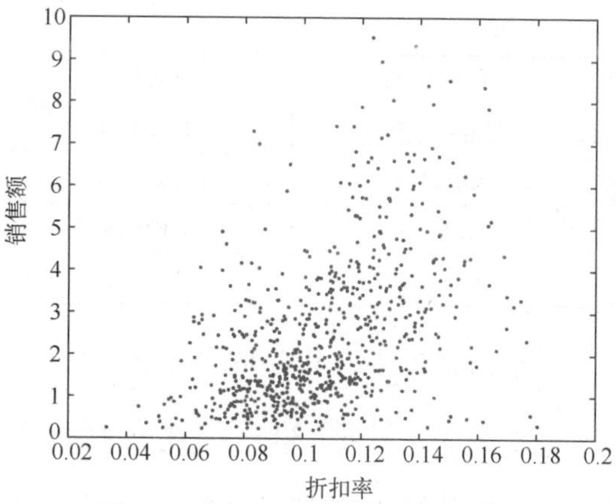

图 2-4　剔除奇异点后的散点图

从图 2-4 可以看出，销售额与折扣率呈现线性正相关关系，并且随着折扣率的增大，销售额呈现快速增大的现象，故考虑建立一元线性双对数回归模型。另外，这些点比较分散，这是由于在节假日、促销日举办了促销活动所致，因此以 7 天为周期，分别对折扣率和营业额作移动平均处理，在此基础上进行参数估计。

使用 MATLAB 软件，给定显著性水平 0.05，使用最小二乘法进行参数估计，结果如表 2-5 所示。

表 2-5　参数估计及其检验结果

系　　数	估　计　值	95%置信区间下限	95%置信区间上限
β_0	5.2583	4.7221	5.7945
β_1	2.0396	1.8023	2.2770
$R^2=0.2775, p'=0.0000, s=0.3341$			

从表 2-5 可知，参数的 95%置信区间不包含 0，故参数检验通过。拟合优度 $R^2=0.2775$，表明拟合精度较低；F 检验的相伴概率 $p'=0.0000<0.05$，表明 $\ln y$ 与 $\ln x$ 的线性关系显著成立。于是有

$$\ln y=5.2583+2.0396\ln x,\quad x\in(0,1) \tag{2-12}$$

3. 销售额关于折扣率的弹性分析

薄利多销是指用低利低价卖出去商品来增加总收益的销售策略。只有需求富有弹性的商品才能“薄利多销”。实行薄利多销的商品，必须满足需求价格弹性大于 1[8]。

根据式(2-12)，销售额关于折扣率的弹性等于 2.0396>1，表明销售额关于折扣率是富有弹性的，具体来说，当折扣率增加 1%，销售额就增加 2.0396%。可见，加大打折力度会显著增加销售额，说明“薄利多销”真实有效。

2.5.3.2　建立折扣率与利润率的函数关系

1. 一元线性回归模型及相关性分析

因变量 y 和自变量 x 的线性回归模型为[7]

$$\begin{cases} y=\beta_0+\beta_1 x+\varepsilon \\ \varepsilon\sim N(0,\sigma^2),\quad \varepsilon_i\ 相互独立 \end{cases}$$

式中:$\beta_j(j=0,1)$和 σ^2 为待估常数。

估计的回归方程为

$$y=\hat{\beta}_0+\hat{\beta}_1 x \tag{2-13}$$

因变量关于自变量的边际($\Delta x=1$)为

$$\Delta y \approx \hat{\beta}_1$$

回归系数$\hat{\beta}_1$ 的经济意义:如果 x 变化 1 个单位,那么 y 变化 $\hat{\beta}_1$ 个单位。

两组序列 x_i, y_i 的相关系数计算公式[7]为

$$r=\frac{\sum_{i=1}^{n}(x_i-\bar{x})(y_i-\bar{y})}{\sqrt{\sum_{i=1}^{n}(x_i-\bar{x})^2\sum_{i=1}^{n}(y_i-\bar{y})^2}} \tag{2-14}$$

其中, $\bar{x}=\frac{1}{n}\sum_{i=1}^{n}x_i, \bar{y}=\frac{1}{n}\sum_{i=1}^{n}y_i$。

$r\in[0,1]$, 当 $r>0$ 时,为正相关;当 $r<0$ 时,为负相关。

(1) 当 $r=0$ 时,为不相关;

(2) 当 $0<|r|<0.3$ 时,为微弱相关;

(3) 当 $0.3\leqslant|r|<0.5$ 时,为低度相关;

(4) 当 $0.5\leqslant|r|<0.8$ 时,为显著相关;

(5) 当 $0.8\leqslant|r|<1$ 时,为高度相关;

(6) 当 $|r|=1$ 时,为完全相关。

2. 建立折扣率与利润率的回归模型

根据表 2-3 和表 2-4 的数据,以折扣率为横坐标,以利润率为纵坐标,画散点图,如图 2-5 所示。

从图 2-5 可以看出,存在一些奇异点,于是根据 3σ 原则,将$[\mu-3\sigma,\mu+3\sigma]$之外的折扣率或销售额剔除,再画散点图,如图 2-6 所示。

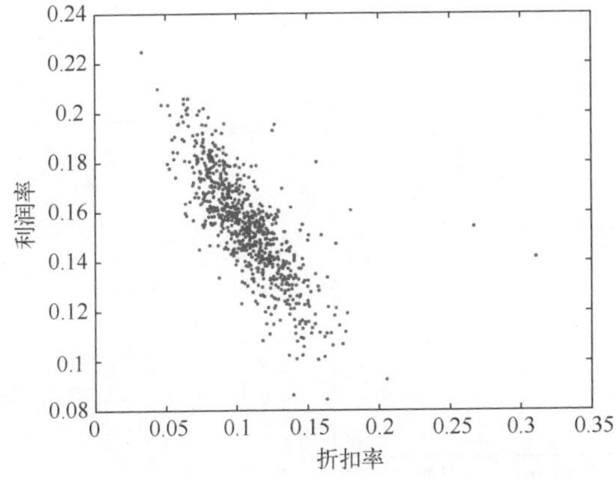

图 2-5　折扣率与利润率的散点图

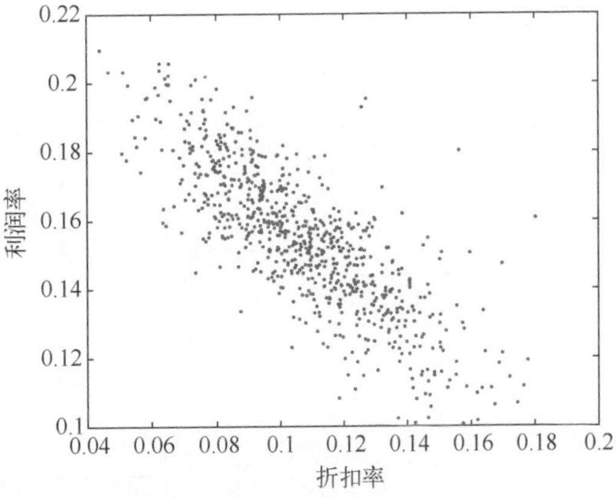

图 2-6　剔除奇异点后的散点图

从图 2-6 可以看出,这些点比较集中,可以进行参数估计。

使用 MATLAB 软件,给定显著性水平 0.05,使用最小二乘法进行参数估计,结果如表 2-6 所示。

表 2-6　参数估计及其检验结果

系　数	估 计 值	95%置信区间下限	95%置信区间上限
β_0	0.2354	0.2319	0.2388
β_1	-0.7531	-0.7849	-0.7212
$R^2=0.7416, p'=0.0000, s=0.0001$			

从表 2-6 可知,参数的 95%置信区间不包含 0,故参数检验通过。拟合优度 $R^2=0.7416$,表明拟合精度较高;F 检验的相伴概率 $p'=0.0000<0.05$,表明 y 与 x 的线性关系显著成立。于是有

$$y=0.2354-0.7531x,\quad x\in(0,1) \tag{2-15}$$

3. 销售额与折扣率的边际分析和相关分析

根据式(2-15)可知,利润率的边际为-0.7531<0,它表示,如果折扣率提高 1 个单位(百分点),那么利润率下降 0.7531 个单位(百分点)。这是"打折让利"的现象,符合常理。

计算折扣率与利润率的相关系数 $r=-0.8611$,表明折扣率与利润率是高度负相关关系,可见,加大打折力度会显著降低利润率。

2.5.3.3　最优折扣率

根据式(2-12)和式(2-15),设 y_1 表示销售额(百万元),y_2 表示利润率,则

$$\begin{cases} y_1=\dfrac{1}{100}e^{5.2583+2.0396\ln x}, & x\in(0,1) \\ y_2=0.2354-0.7531x, & x\in(0,1) \end{cases} \tag{2-16}$$

画图,如图 2-7 所示。

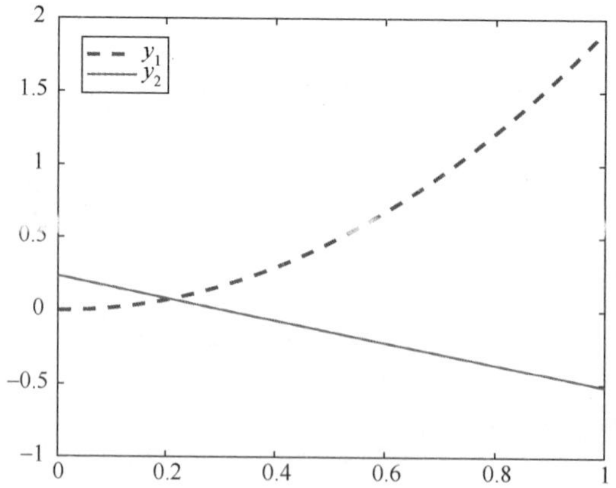

图 2-7　销售额和利润率的走势图

从图 2-7 可知，销售额与利润率是互相矛盾的两个指标，不可能同时达到最优，但存在一个平衡点 x^*，使得销售额与利润率同时达到一个折中值。令

$$y_1 = y_2$$

解得，$x^* \approx 0.2084$，它表示当折扣率等于 20.84%时，销售额（百万元）与利润率可同时达到满意。

一般情况下，可以在销售额和利润率中给定其中一个指标的阈值来获得折扣率，该折扣率也能够使得另一个指标取得最优值。

设销售额（百万元）、利润率的阈值分别为 ε_1，ε_2，则解方程

$$y_1 = \varepsilon_1 \text{ 或 } y_2 = \varepsilon_2$$

即可得到满意解$\hat{x}_1$ 或$\hat{x}_2$。当 $x = \hat{x}_1$ 时，$y_1 \geqslant \varepsilon_1$ 且 y_2 达到最大；当 $x = \hat{x}_2$ 时，$y_2 \geqslant \varepsilon_2$ 且 y_1 达到最大。

2.5.4 问题（4）——按照商品大类建立打折力度与销售额、利润率的关系

问题分析：商品分类的一级类目有 29 类，如果把每类商品都作分析，显然工作量太大，也没有必要，只要选择那些热门商品类目作分析，才有实际意义，所以根据商品销售记录表，统计出每一类商品的销售记录总数，然后选择最多的几类作分析即可。

建模思路：根据统计结果，选择 10 类热门商品，分别建立打折力度与销售额的函数关系、以及打折力度与利润率的函数关系。

2.5.4.1 热门商品筛选

将商品信息表与销售流水记录表建立关联，分别统计 29 个一级类目的销售记录数量，然后选择销售记录数量最多的 10 个类目，如表 2-7 所示。

表 2-7 销售记录数量最多的 10 个类目

编号	一级类目	一级类目号	商品数量	记录数量	编号	一级类目	一级类目号	商品数量	记录数量
1	日配/冷藏	20386	964	29834	6	肉品	20248	140	12952
2	水果/蔬菜	20307	492	20132	7	个洗清洁	21232	663	10828
3	日化用品	20987	535	20039	8	酒水饮料	20640	404	3871
4	粮油副食	20392	1040	18837	9	进口商品	21549	391	1854
5	休闲食品	20514	992	13649	10	水产	20292	142	1396

2.5.4.2 建立热门商品折扣率与销售额的函数关系

使用双对数回归模型，给定显著性水平 0.05，参数估计与显著性检验结果如表 2-8 所示。

表 2-8 双对数回归模型的参数估计与显著性检验结果

序号	一级类目	系数	估计值	95%置信区间下限	95%置信区间上限	是否通过
1	日配/冷藏	常数	0.7160	0.3202	1.1118	是
		斜率	0.6343	0.4550	0.8137	是

续表

序号	一级类目	系　数	估 计 值	95%置信区间下限	95%置信区间上限	是否通过
2	水果/蔬菜	常数	-0.7785	-0.8384	-0.7185	是
		斜率	0.2163	0.2062	0.2264	是
3	日化用品	常数	-0.7840	-1.1207	-0.4473	是
		斜率	0.5515	0.3579	0.7451	是
4	粮油副食	常数	2.4164	2.0792	2.7536	是
		斜率	1.4029	1.2615	1.5443	是
5	休闲食品	常数	-1.1826	-1.6240	-0.7413	是
		斜率	0.3818	0.1946	0.5690	是
6	肉品	常数	-1.1646	-1.2643	-1.0649	是
		斜率	0.2449	0.2215	0.2683	是
7	个洗清洁	常数	-1.6799	-1.9525	-1.4074	是
		斜率	0.4063	0.2567	0.5558	是
8	酒水饮料	常数	-4.4164	-4.6868	-4.1460	是
		斜率	-0.9889	-1.0963	-0.8815	是
9	进口商品	常数	-1.5783	-1.8685	-1.2881	是
		斜率	0.4454	0.3321	0.5586	是
10	水产	常数	-2.6430	-2.7118	-2.5742	是
		斜率	0.2135	0.2018	0.2252	是

从表 2-8 可知,所有参数检验获得通过。线性关系检验结果如表 2-9 所示。

表 2-9　双对数回归模型的线性关系检验结果

序　号	一级类目	拟合优度	F 值	相伴概率	是否通过
1	日配/冷藏	0.0610	48.20	0.0000	是
2	水果/蔬菜	0.7048	1759.32	0.0000	是
3	日化用品	0.0400	31.27	0.0000	是
4	粮油副食	0.3383	379.39	0.0000	是
5	休闲食品	0.0214	16.03	0.0001	是
6	肉品	0.3629	421.99	0.0000	是
7	个洗清洁	0.0369	28.45	0.0000	是
8	酒水饮料	0.3108	326.95	0.0000	是
9	进口商品	0.0750	59.55	0.0000	是
10	水产	0.6476	1282.60	0.0000	是

从表 2-9 可知,所有热门商品的双对数回归模型的线性关系检验获得通过,回归方程成立。不过,有些商品的拟合优度较低。

根据表 2-8 中各个热门商品的斜率值,即可得出销售额关于折扣率的弹性,如表 2-10 所示。

表 2-10　热门商品的弹性分析结果

序　号	一级类目	弹性值	弹　性	加大折扣力度对销售额的作用
1	日配/冷藏	0.6343	缺乏	正
2	水果/蔬菜	0.2163	缺乏	正
3	日化用品	0.5515	缺乏	正
4	粮油副食	1.4029	富有	正
5	休闲食品	0.3818	缺乏	正
6	肉品	0.2449	缺乏	正
7	个洗清洁	0.4063	缺乏	正
8	酒水饮料	-0.9889	缺乏	负
9	进口商品	0.4454	缺乏	正
10	水产	0.2135	缺乏	正

从表 2-10 可得出以下结论：

（1）只有“粮油副食”类商品是正富有弹性，这表明，销售额对折扣率很敏感，加大打折力度，会显著增加销售额。这是由于粮油副食是刚性需求商品，一旦遇到商场打折促销，顾客就不管是否当前需要都会购买的。简言之，不打折要买，打折了更要买。

（2）只有“酒水饮料”类商品是负缺乏弹性，这表明，加大打折力度，虽然会降低销售额，但不是很敏感；这是由于酒水饮料的保质期比较短，商场打折促销意味着该商品即将过期，顾客反而不会购买了。

（3）对于其余 8 类商品，均是正缺乏弹性，这表明，加大打折力度虽然会增加销售额，但不是很敏感。

2.5.4.3　建立热门商品折扣率与利润率的函数关系

使用线性回归模型，给定显著性水平 0.05，参数估计与显著性检验结果如表 2-11 所示。

表 2-11　线性回归模型的参数估计与显著性检验结果

序号	一级类目	系　数	估计值	95%置信区间下限	95%置信区间上限	是否通过
1	日配/冷藏	常数	0.2210	0.2155	0.2264	是
		斜率	-0.6698	-0.7147	-0.6249	是
2	水果/蔬菜	常数	0.2670	0.2659	0.2681	是
		斜率	-0.8057	-0.8269	-0.7844	是
3	日化用品	常数	0.2439	0.2395	0.2482	是
		斜率	-0.7437	-0.7665	-0.7209	是
4	粮油副食	常数	0.2256	0.2213	0.2298	是
		斜率	-0.8014	-0.8430	-0.7599	是
5	休闲食品	常数	0.2168	0.2097	0.2239	是
		斜率	-0.8095	-0.8800	-0.7391	是

续表

序号	一级类目	系数	估计值	95%置信区间下限	95%置信区间上限	是否通过
6	肉品	常数	0.2747	0.2725	0.2769	是
		斜率	-1.4230	-1.4737	-1.3722	是
7	个洗清洁	常数	0.2542	0.2495	0.2589	是
		斜率	-0.7679	-0.7939	-0.7419	是
8	酒水饮料	常数	0.2220	0.2169	0.2271	是
		斜率	-0.7925	-0.8457	-0.7393	是
9	进口商品	常数	0.2399	0.2363	0.2434	是
		斜率	-0.8558	-0.8935	-0.8180	是
10	水产	常数	0.2700	0.2684	0.2717	是
		斜率	-1.2730	-1.3018	-1.2442	是

从表 2-11 可知,所有参数的检验获得通过。线性关系检验结果如表 2-12 所示。

表 2-12 线性回归模型的线性关系检验结果

序号	一级类目	拟合优度	*F* 值	相伴概率	是否通过
1	日配/冷藏	0.5332	857.89	0.0000	是
2	水果/蔬菜	0.8826	5547.08	0.0000	是
3	日化用品	0.8447	4095.85	0.0000	是
4	粮油副食	0.6558	1436.28	0.0000	是
5	休闲食品	0.4087	509.35	0.0000	是
6	肉品	0.8020	3026.42	0.0000	是
7	个洗清洁	0.8169	3354.78	0.0000	是
8	酒水饮料	0.5380	855.99	0.0000	是
9	进口商品	0.7270	1981.07	0.0000	是
10	水产	0.9139	7548.8	0.0000	是

从表 2-12 可知,所有热门商品线性回归模型的线性关系检验获得通过,回归方程成立。

根据表 2-11 中各个热门商品的斜率值,即可得出利润率关于折扣率的边际值,如表 2-13 所示。

表 2-13 热门商品的边际值分析

序号	一级类目	边际值	加大折扣力度对利润率的作用
1	日配/冷藏	-0.6698	负
2	水果/蔬菜	-0.8057	负
3	日化用品	-0.7437	负
4	粮油副食	-0.8014	负
5	休闲食品	-0.8095	负

续表

序　号	一 级 类 目	边 际 值	加大折扣力度对利润率的作用
6	肉品	-1. 4230	负
7	个洗清洁	-0. 7679	负
8	酒水饮料	-0. 7925	负
9	进口商品	-0. 8558	负
10	水产	-1. 2730	负

从表 2-13 可得出以下结论：

(1) 所有一级类目的商品的边际值均是负的，这表明，如果折扣率增加，那么利润率就会下降。

(2) “肉品”类商品的边际值最小，是-1. 4230，这表明，如果折扣率增加 1 个单位(百分点)，那么利润率就会下降 1. 4230 个单位(百分点)。

折扣率与利润率的相关系数计算结果如表 2-14 所示。

表 2-14　热门商品折扣率与利润率的相关系数

序　号	1	2	3	4	5	6	7	8	9	10
一级类目	日配/冷藏	水果/蔬菜	日化用品	粮油副食	休闲食品	肉品	个洗清洁	酒水饮料	进口商品	水产
相关系数	-0. 7302	-0. 9395	-0. 9191	-0. 8098	-0. 6393	-0. 8956	-0. 9038	-0. 7335	-0. 8526	-0. 9560
相关程度	显著	高度	高度	高度	显著	高度	高度	显著	高度	高度

从表 2-14 可得出以下结论：

(1) 对于任何一种热门商品，折扣率与利润率均呈现显著甚至高度的负相关关系，表明加大折扣力度会显著降低利润率。

(2) “水产”类商品的相关程度最大；“休闲食品”类商品的相关程度最小。

2. 5. 5　针对二级类目的弹性分析

从 2. 5. 4. 3 节分析得知，“粮油副食”类商品的弹性属于正富有弹性，销售额对折扣率的变化很敏感，因此有必要进一步研究在二级类目下各种商品的弹性。

首先，把“粮油副食”类商品中的热门商品筛选出来，如表 2-15 所示。

表 2-15　销售记录数量最多的 8 个二级类目

序　号	二级类目号	二级类目名称	商　品　数	记　录　数
1	20647	调味品	187	39970
2	20533	米	67	36673
3	20823	食用油	101	18779
4	20949	方便面	72	13169
5	20509	酱油	46	8429
6	20458	挂面/米粉	37	7475
7	20810	调鲜品	23	6965
8	23001	火腿肠	45	6963

然后，建立双对数回归模型，给定显著性水平 0.05，参数估计与显著性检验结果如表 2-16 所示。

表 2-16　双对数回归模型的参数估计与显著性检验结果

序号	二级类目	系数	估计值	95%置信区间下限	95%置信区间上限	是否通过
1	调味品	常数	-2.7751	-3.0095	-2.5407	是
		斜率	0.1804	0.0811	0.2797	是
2	米	常数	-0.8073	-0.9014	-0.7131	是
		斜率	0.3689	0.3400	0.3979	是
3	食用油	常数	-1.3608	-1.5441	-1.1774	是
		斜率	0.3332	0.2718	0.3946	是
4	方便面	常数	-3.8829	-3.9889	-3.7769	是
		斜率	0.0703	0.0433	0.0973	是
5	酱油	常数	-4.0027	-4.0872	-3.9181	是
		斜率	0.2114	0.1747	0.2482	是
6	挂面/米粉	常数	-4.4911	-4.5721	-4.4102	是
		斜率	0.1437	0.1277	0.1596	是
7	调鲜品	常数	-5.8714	-5.9257	-5.8172	是
		斜率	-0.0051	-0.0200	0.0098	否
8	火腿肠	常数	-4.8885	-4.9765	-4.8004	是
		斜率	0.0220	-0.0044	0.0484	否

从表 2-16 可知，只有调鲜品和火腿肠的斜率的置信区间包含 0，检验未通过，其余参数的检验获得通过。

线性关系检验结果如表 2-17 所示。

表 2-17　双对数回归模型的线性关系检验结果

序号	二级类目	拟合优度	F 值	相伴概率	是否通过
1	调味品	0.0171	12.73	0.0004	是
2	米	0.4578	626.38	0.0000	是
3	食用油	0.1334	113.44	0.0000	是
4	方便面	0.0348	26.18	0.0000	是
5	酱油	0.1508	127.37	0.0000	是
6	挂面/米粉	0.3059	312.93	0.0000	是
7	调鲜品	0.0006	0.46	0.4993	否
8	火腿肠	0.0037	2.67	0.1030	否

从表 2-17 可知，只有调鲜品和火腿肠的检验未通过，其余商品的双对数回归模型的线性关系检验获得通过，回归方程成立。

根据表 2-16 中各个热门商品的斜率值，即可得出销售额关于折扣率的弹性，如表 2-18 所示。

表 2-18　热门商品的弹性分析结果

序　　号	二级类目	弹性值	弹　　性	加大折扣力度对销售额的作用
1	调味品	0.1804	缺乏	正
2	米	0.3689	缺乏	正
3	食用油	0.3332	缺乏	正
4	方便面	0.0703	缺乏	正
5	酱油	0.2114	缺乏	正
6	挂面/米粉	0.1437	缺乏	正

从表 2-18 可得出以下结论：

(1) 这 6 类商品均属于正缺乏弹性，这表明，销售额对折扣率不敏感，加大打折力度，虽然会增加销售额，但不够敏感。

(2) 米的弹性最大，食用油次之，方便面的弹性最小。

针对三级类目的弹性分析

从 2.5.4.4 节分析得知，“米”类商品的弹性最大。查询“米”类商品的三级类目，发现只有“国产大米”一个三级小类，换句话说，二级类目“米”就是三级类目“国产大米”，于是关于“米”的弹性分析结论就是“国产大米”的结论。

由于“食用油”的弹性值从大到小排名第二，而且“食用油”下的三级类目有 10 种，故选择“食用油”作弹性分析。

首先，把“食用油”类商品中的热门商品罗列出来，如表 2-19 所示。

表 2-19　“食用油”类包含的热门商品

序　　号	三级类目号	三级类目名称	商品数
1	20824	菜籽油	23
2	20831	玉米胚芽油	16
3	20829	葵花籽油	15
4	20832	调和油	15
5	20828	花生油	10
6	20830	其他烹饪油	9
7	20827	橄榄油	6
8	20826	大豆油	4

然后，建立双对数回归模型，给定显著性水平 0.05，参数估计与显著性检验结果如表 2-20 所示。

表 2-20 双对数回归模型的参数估计与显著性检验结果

序号	三级类目	系数	估计值	95%置信区间下限	95%置信区间上限	是否通过
1	菜籽油	常数	-2. 6871	-2. 7986	-2. 5756	是
		斜率	0. 0576	0. 0377	0. 0775	是
2	玉米胚芽油	常数	-3. 8047	-3. 8684	-3. 7410	是
		斜率	0. 0769	0. 0640	0. 0899	是
3	葵花籽油	常数	-4. 2241	-4. 3005	-4. 1476	是
		斜率	0. 0811	0. 0563	0. 1060	是
4	调和油	常数	-3. 9552	-4. 0432	-3. 8672	是
		斜率	0. 0611	0. 0445	0. 0776	是
5	花生油	常数	-4. 1120	-4. 1727	-4. 0513	是
		斜率	-0. 0128	-0. 0258	0. 0002	否
6	其他烹饪油	常数	-5. 0441	-5. 1667	-4. 9216	是
		斜率	0. 0397	0. 0091	0. 0703	是
7	橄榄油	常数	-4. 4096	-4. 4985	-4. 3206	是
		斜率	0. 0210	0. 0049	0. 0371	是
8	大豆油	常数	-4. 9224	-5. 0914	-4. 7534	是
		斜率	-0. 0305	-0. 0527	-0. 0084	是

从表 2-20 可知，除了“花生油”的斜率参数，其余参数的检验均获得通过。

线性关系检验结果如表 2-21 所示。

表 2-21 双对数回归模型的线性关系检验结果

序号	三级类目	拟合优度	F值	相伴概率	是否通过
1	菜籽油	0. 0430	32. 29	0. 0000	是
2	玉米胚芽油	0. 1939	136. 35	0. 0000	是
3	葵花籽油	0. 0863	41. 07	0. 0000	是
4	调和油	0. 0747	52. 53	0. 0000	是
5	花生油	0. 0114	3. 75	0. 0536	否
6	其他烹饪油	0. 0358	6. 54	0. 0114	是
7	橄榄油	0. 0378	6. 64	0. 0108	是
8	大豆油	0. 0274	7. 36	0. 0071	是

从表 2-21 可知，只有“花生油”的线性关系检验未获得通过，其余均获得通过，回归方程成立。

根据表 2-20 中各个热门商品的斜率值，即可得出销售额关于折扣率的弹性，如表 2-22 所示。

表 2-22　热门商品的弹性分析结果

序　号	二级类目	弹性值	弹　性	加大折扣力度对销售额的作用
1	菜籽油	0.0576	缺乏	正
2	玉米胚芽油	0.0769	缺乏	正
3	葵花籽油	0.0811	缺乏	正
4	调和油	0.0611	缺乏	正
6	其他烹饪油	0.0397	缺乏	正
7	橄榄油	0.0210	缺乏	正
8	大豆油	-0.0305	缺乏	负

从表 2-22 可得出以下结论：

(1) 除了大豆油，其余 6 类商品均属于正缺乏弹性，这表明，加大打折力度，虽然会增加销售额，但不够敏感。

(2) 大豆油属于负缺乏弹性，这表明，加大打折力度，反而会降低销售额，但不够敏感。

2.6　灵敏度分析

在 2.5.4.2 节针对一级类目商品作弹性分析时，由于顾客的购买数量存在随机因素的影响，由此会影响到折扣率、销售额和利润率的微小变化，这对商品的弹性值是否有显著影响呢？这就需要做灵敏度分析。

灵敏度分析结果如表 2-23 所示。

表 2-23　灵敏度分析结果

序号	一级类目	弹性值	购买数量增加 1%	购买数量减少 1%	弹性值变化率/%	弹性值变化率/%
1	日配/冷藏	0.6343	0.6343	0.6343	0.000295	-0.000301
2	水果/蔬菜	0.2163	0.2163	0.2163	0.000862	-0.000879
3	日化用品	0.5515	0.5515	0.5515	0.000714	-0.000728
4	粮油副食	1.4029	1.4029	1.4029	0.000230	-0.000234
5	休闲食品	0.3818	0.3818	0.3818	0.001193	-0.001217
6	肉品	0.2449	0.2449	0.2449	0.001165	-0.001188
7	个洗清洁	0.4063	0.4063	0.4063	0.001609	-0.001642
8	酒水饮料	-0.9889	-0.9889	-0.9889	0.000787	-0.000803
9	进口商品	0.4454	0.4454	0.4453	0.002018	-0.002059
10	水产	0.2135	0.2135	0.2135	0.005428	-0.005537

从表 2-23 可知，如果购买数量变化 1%，那么弹性值几乎不变，表明购买数量的微小变化不会影响弹性值的大小。

2.7 稳健性分析

2.5.3 节分别建立了折扣率与销售额、利润率的回归方程,如果以折扣率为因变量,以销售额和利润率为自变量,建立多元线性回归模型,结论是否会发生变化呢?

设 y 表示折扣率,x_1 表示销售额,x_2 表示利润率,y 和 x_1,x_2 的回归模型为[7]

$$\begin{cases} y=\beta_0+\beta_1 x_1+\beta_2 x_2+\varepsilon \\ \varepsilon \sim N(0,\sigma^2), \quad \varepsilon_i \text{ 相互独立} \end{cases}$$

式中:$\beta_j(j=0,1,2)$ 和 σ^2 为待估常数。

假设估计的回归方程为

$$y=\hat{\beta}_0+\hat{\beta}_1 x_1+\hat{\beta}_2 x_2 \tag{2-17}$$

则销售额 x_1 关于折扣率 y 的边际($\Delta y=1$)为

$$\Delta x_1 \approx \frac{\mathrm{d}x_1}{\mathrm{d}y}\Delta y=\frac{1}{\hat{\beta}_1}$$

利润率 x_2 关于折扣率 y 的边际($\Delta y=1$)为

$$\Delta x_2 \approx \frac{1}{\hat{\beta}_2}$$

可见,此时讨论销售额或利润率关于折扣率的弹性和边际值均不方便,只能使用相关系数来判定二者的关系了。这就是 2.5.3 节建立 2 个独立的回归模型的原因。

给定显著性水平 0.05,使用 MATLAB 软件,使用最小二乘法进行参数估计,结果如表 2-24 所示。

表 2-24 参数估计及其检验结果

系　数	估 计 值	95%置信区间下限	95%置信区间上限	是 否 通 过
β_0	0.2330	0.2263	0.2397	是
β_1	0.0034	0.0030	0.0039	是
β_2	-0.8665	-0.9066	-0.8264	是
$R^2=0.7961, p'=0.0000, s=0.000068$				

从表 2-24 可知,参数检验全部通过。拟合优度 $R^2=0.7961$,表明拟合精度较高;F 检验的相伴概率 $p'=0.0000<0.05$,表明线性关系显著成立。于是有

$$y=0.2330+0.0034x_1-0.8665x_2 \tag{2-18}$$

进一步计算出 $\Delta x_1 \approx 292.64$,$\Delta x_2 \approx -1.1541$,于是可得出以下结论:

(1) 如果折扣率提高 1 个单位(百分点),那么销售额就增加 292.64 万元。

(2) 如果折扣率提高 1 个单位(百分点),那么利润率就下降 1.1541 个单位(百分点)。

2.8 进一步研究

在“薄利多销”理念的支配下，如果加大打折力度，顾客通常就会增加购买数量，因此本节进一步研究价格需求弹性问题，即折扣率与购买数量的关系。

选择一级大类，建立双对数回归模型，定量分析购买数量（千个）关于折扣率的弹性，给定显著性水平 0.05，参数估计与显著性检验结果如表 2-25 所示。

表 2-25 双对数回归模型的参数估计与显著性检验结果

序号	一级类目	系数	估计值	95%置信区间下限	95%置信区间上限	是否通过
1	日配/冷藏	常数	0.2105	-0.0787	0.4997	否
		斜率	0.4020	0.2710	0.5329	是
2	水果/蔬菜	常数	-0.3213	-0.3817	-0.2608	是
		斜率	0.2238	0.2136	0.2340	是
3	日化用品	常数	-1.1299	-1.4158	-0.8440	是
		斜率	0.5932	0.4287	0.7578	是
4	粮油副食	常数	1.2873	1.0188	1.5557	是
		斜率	1.1349	1.0224	1.2475	是
5	休闲食品	常数	-0.9967	-1.3977	-0.5957	是
		斜率	0.4118	0.2422	0.5814	是
6	肉品	常数	-1.3830	-1.4874	-1.2787	是
		斜率	0.2564	0.2319	0.2808	是
7	个洗清洁	常数	-2.1872	-2.4466	-1.9278	是
		斜率	0.3785	0.2361	0.5208	是
8	酒水饮料	常数	-3.7199	-3.9358	-3.5041	是
		斜率	-0.7790	-0.8648	-0.6932	是
9	进口商品	常数	-2.4694	-2.7002	-2.2386	是
		斜率	0.3332	0.2431	0.4233	是
10	水产	常数	-3.5419	-3.6068	-3.4771	是
		斜率	0.1835	0.1725	0.1945	是

从表 2-25 可知，除了“日配/冷藏”类商品的常数未获得通过，其余参数全部检验通过。

线性关系检验结果如表 2-26 所示。

表 2-26 双对数回归模型的线性关系检验结果

序号	一级类目	拟合优度	*F* 值	相伴概率	是否通过
1	日配/冷藏	0.0473	36.33	0.0000	是
2	水果/蔬菜	0.7162	1857.74	0.0000	是

续表

序　　号	一级类目	拟合优度	F 值	相伴概率	是否通过
3	日化用品	0.0626	50.10	0.0000	是
4	粮油副食	0.3459	391.93	0.0000	是
5	休闲食品	0.0301	22.72	0.0000	是
6	肉品	0.3651	423.76	0.0000	是
7	个洗清洁	0.0354	27.25	0.0000	是
8	酒水饮料	0.3052	317.65	0.0000	是
9	进口商品	0.0671	52.70	0.0000	是
10	水产	0.6044	1066.56	0.0000	是

从表 2-26 可知，所有热门商品的双对数回归模型的线性关系检验获得通过，回归方程成立。

根据表 2-25 中各个热门商品的斜率值，即可得出销售数量关于折扣率的弹性，如表 2-27 所示。

表 2-27　热门商品的弹性分析结果

序　　号	一级类目	弹性值	弹　　性	加大折扣力度对销售额的作用
1	日配/冷藏	0.4020	缺乏	正
2	水果/蔬菜	0.2238	缺乏	正
3	日化用品	0.5932	缺乏	正
4	粮油副食	1.1349	富有	正
5	休闲食品	0.4118	缺乏	正
6	肉品	0.2564	缺乏	正
7	个洗清洁	0.3785	缺乏	正
8	酒水饮料	-0.7790	缺乏	负
9	进口商品	0.3332	缺乏	正
10	水产	0.1835	缺乏	正

从表 2-27 可得出以下结论：

（1）只有“粮油副食”类商品是正富有弹性，这表明，购买数量关于折扣率很敏感，加大打折力度会显著增加购买数量。

（2）只有“酒水饮料”类商品是负缺乏弹性，这表明，加大打折力度虽然会降低购买数量，但不是很敏感。

（3）对于其余 8 类商品，均是正缺乏弹性，这表明，加大打折力度虽然会增加购买数量，但不是很敏感。

2.9 模型的评价和推广

2.9.1 模型优点

(1) 建立了折扣率与销售额的双对数回归方程,对弹性分析带来了方便。

(2) 建立了折扣率与利润率的线性回归方程,对边际分析带来了方便。

(3) 分别对一级类目下的 10 类热门商品进行了弹性分析和边际分析。

(4) 分别对二级类目“粮油副食”下的 8 类热门商品进行了弹性分析和边际分析。

(5) 分别对三级类目“食用油”下的 8 类热门商品进行了弹性分析和边际分析。

2.9.2 模型缺点

由于该商场存在装修期等特殊情况,其销售额、利润率的变化规律在不同的时段有所不同,本文没有区别对待,因此得到的模型和结论不够精确。

2.9.3 模型推广

本文所建立的一元双对数回归模型和一元线性回归模型不但能够应用到大型零售商场或电商平台,还可以应用到小型商业企业或生产型企业中。

2.10 参考文献

[1] 中国大学生在线. 2019 全国大学生数学建模竞赛论文展示[C/OL].(2020-1-17)[2023-10-10]. http://dxs.moe.gov.cn/zx/qkt/sxjm/lw/.

[2] 王利坤,余江,杨普川.“薄利多销”销售策略的模型研究分析[J]. 工程数学学报,2019,36(增刊 1):205-214.

[3] 邹任良,罗文强,傅祺. 基于数据挖掘对“薄利多销”进行分析[J]. 工程数学学报,2019,36(增刊 1):215-225.

[4] 田奥辉,王艺波,王成林.“薄利多销”分析[J]. 工程数学学报,2019,36(增刊 1):226-230.

[5] 蒋梦雅,史晓茜,曾莎. 薄利多销模型第四问的进一步分析[J]. 工程数学学报,2019,36(增刊 1):231-234.

[6] 邓明华.“薄利多销”问题分析[J]. 数学建模及其应用,2019(4):45-47.

[7] 王积建. 全国大学生数学建模竞赛试题研究:第 3 册[M]. 北京:国防工业出版社,2019:140-142.

[8] 高金城. 中小企业“薄利多销”价格策略的风险分析[J]. 价格月刊,2014(7):60-63.

第3章　2020D 接触式轮廓仪的自动标注

摘　　要

本文针对接触式轮廓仪的自动标注问题进行了研究。

针对问题(1)，①对工件Ⅰ的水平轮廓线坐标数据进行整理，包括排序、单值化和平滑。②为了确定关键点的位置，对轮廓线的 Z 坐标实施一阶差分变换和绝对值变换，再使用分段搜索法搜索，并进行了检验，结果表明这些关键点的位置非常准确。③使用最小二乘法拟合圆、斜线段的方程，在此基础上计算了各项参数值。例如，人字形线高度为0.9896。

针对问题(2)，①对倾斜轮廓线的坐标数据进行整理，包括排序、单值化和平滑。②通过拟合基准线方程，得到轮廓线的倾斜角度，再把倾斜轮廓线旋转变成水平轮廓线。③使用问题(1)的方法，计算了各项参数值。例如，人字形线高度为0.9910。④通过比较得出结论：倾斜测量与水平测量相比，轮廓线的各项参数值相差不大，倾斜测量的轮廓线坐标不一定比水平测量的更差。

针对问题(3)，①对工件Ⅱ轮廓线的10次局部测量数据，使用问题(2)的方法，通过旋转、平移和叠加，把10条局部轮廓线拼接成一条水平轮廓线。②由于叠加后的坐标点数量太多，作简约化(排序、单值化、合并和平滑)处理。③画出完整轮廓线，并计算各项参数值。例如，较大圆弧的半径为5.7906，圆弧长度为10.0412。

针对问题(4)，使用问题(3)的方法，把工件Ⅱ重点部位的18条局部轮廓线叠加到完整轮廓线上，再作简约化处理，计算各项参数值。例如，较大圆弧的半径为5.8329，圆弧长度为10.2829。

灵敏度分析表明，测量数据的微小变化不会影响关键点的位置和各项参数值。

通过稳健性分析，考查了在数据平滑过程中移动步长分别取201、301、401时，不会影响关键点的位置和各项参数值。

本文所建立的数据简约化方法，能够在不失真的前提下降低数据的规模，分段搜索方法能够很精准地获得关键点的位置，坐标旋转和平移方法能够把倾斜轮廓线旋转成水平状态并平移到指定位置，轮廓线拼接方法能够把局部轮廓线拼接成完整的轮廓线，轮廓线修正方法能够把轮廓线的重点部位进一步修正。不足之处是在分段搜索关键点时需要人工辅助，大大降低了搜索的速度。

本文所建立的模型和方法可以推广到零件尺寸的标注、江河沿岸尺寸的标注、景观大道两边绿化带的标注等问题中。

关键词：向量旋转；向量平移；分段搜索法；拼接轮廓线；简约化处理

3.1 问题重述

轮廓仪是一种两坐标测量仪器,由工作平台、夹具、被测工件、探针、传感器和伺服驱动等部件组成。接触式轮廓仪的工作原理是,探针接触到被测工件表面并匀速滑行,传感器感受到被测表面的几何变化,在 X 和 Z 方向分别采样,并转换成电信号。该电信号经放大等处理,转换成数字信号存储在数据文件中。在理想状况下,轮廓曲线应该是光滑的,但由于接触式轮廓仪存在探针沾污、探针缺陷、扫描位置不准等问题,检测到的轮廓曲线呈现出粗糙不平的情况,给工件形状的准确标注带来影响。

请建立数学模型,研究下列问题:

(1) 根据工件Ⅰ在水平状态下的测量数据,标注轮廓线的各项参数。

(2) 根据工件Ⅰ在倾斜和位移状态下轮廓线的测量数据,计算该工件的倾斜角度,并作水平校正。在校正后,标注轮廓线的各项参数,并比较两种测量状态下工件Ⅰ各项参数值之间的差异。

(3) 根据工件Ⅱ的10次测量数据,计算工件Ⅱ的倾斜角度,标注轮廓线的各项参数,画出完整轮廓线。

(4) 根据工件Ⅱ关于圆和角的18次局部测量数据,对完整轮廓线作进一步修正。

3.2 问题分析

3.2.1 研究现状综述

如何确定轮廓线上关键点(转折点、极值点等)的位置,既是难点也是关键,而Fisher判别法是比较有特色的方法[1]。关于轮廓线的旋转和平移问题,使用仿射变换是比较有特色的方法[2]。至于如何计算参数值,则是一个简单问题,只要拟合了圆方程和斜线段方程后,就可以建立初等模型予以解决[3-4]。

薛毅教授针对该题给出了详细的分析和解题思路,并对评阅过程中出现的问题进行了评述[5]。

3.2.2 本文研究思路

针对问题(1),要标注工件Ⅰ的各项参数,就必须确定所有关键点(包括起点、转折点、极值点、终点)的位置,在此基础上就能够拟合圆方程和斜线段方程,从而获得圆心坐标和半径、斜线段的倾斜角等参数值。

针对问题(2),要标注倾斜轮廓线的各项参数,必须把倾斜轮廓线旋转成水平状态,再使用问题(1)的方法来解决。

针对问题(3),要标注工件Ⅱ的各项参数,必须把多次测量的局部轮廓线旋转为水平状态,再平移,最后拼接成一条完整的轮廓线,就可以使用问题(1)的方法来解决。

针对问题(4),要对工件Ⅱ轮廓线进一步修正,可以使用问题(3)的方法,把针对圆、角的 18 次局部轮廓线进行旋转和平移,再与问题(3)的拼接轮廓线叠加,就可得到更精确的轮廓线。

本文研究路径如图 3-1 所示。

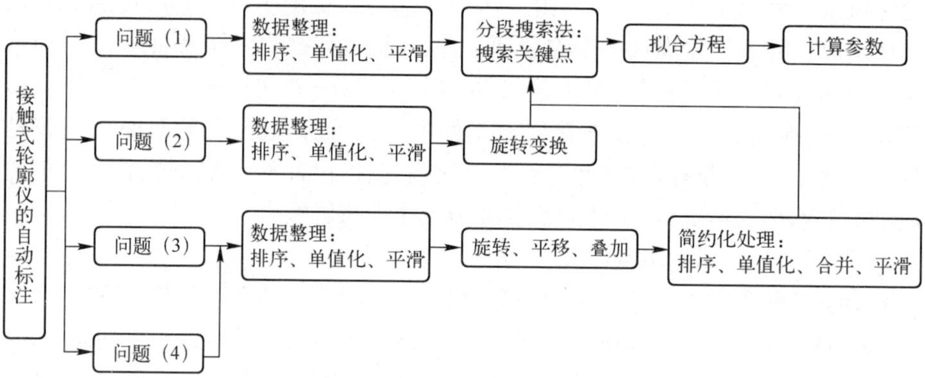

图 3-1 研究路径

3.3 符号说明

r——圆弧半径;

c——圆心距;

d——圆弧长度;

e——槽口宽度(水平线段的长度);

(x,z)——轮廓线上点的坐标;

g——斜线段的长度;

k——斜线方程的斜率;

β——斜线的倾斜角;

θ——斜线与水平线之间的钝角;

h——人字形线的高度;

(a,b)——圆心坐标。

其余符号在文中给出。

3.4 模型假设

为了简化问题,作如下假设:

(1) 所测量的轮廓线坐标数据不存在系统性误差和登记性误差。

(2) 工件Ⅱ的拼接轮廓线由 2 条圆弧、若干条水平直线段、斜线段和竖线段构成。

(3) 工件Ⅱ修正后的轮廓线由 3 条圆弧、若干条水平直线段、斜线段和竖线段构成。

3.5 模型建立与求解

3.5.1 问题(1)——标注工件Ⅰ在水平状态下的参数值

问题分析:要计算工件在水平状态下的参数值,就必须确定关键点(包括起点、转折点、极值点、终点)的位置,根据关键点的位置就可以获得圆弧、斜线段上的样本点,根据样本点就可以拟合圆方程和斜线段方程,根据圆方程就可以获得圆心坐标和半径,根据斜线段方程就可以获得倾斜角。

建模思路:先对轮廓线坐标数据进行整理。依次确定关键点的位置,拟合圆的方程和斜线段方程,计算各项参数值。

3.5.1.1 数据整理

对轮廓线坐标数据进行整理的步骤如下:

第1步,排序。把轮廓线坐标按照 X 坐标从小到大排序,相应地 Z 坐标也跟随变化。

第2步,单值化。例如,某一点的 X 坐标有3个,则保留1个,相应地,把对应的 Z 坐标作平均值处理(这里取中位数),确保与 X 坐标对应的 Z 坐标唯一。

第3步,平滑。由于接触式轮廓仪存在探针沾污、探针缺陷、扫描位置不准等问题,检测到的轮廓曲线呈现出粗糙不平的情况,这给工件形状的准确标注带来不利影响,因此需要对轮廓线的 Z 坐标进行平滑。这里使用移动平均法平滑。

移动平均法就是使用最近 N 期序列值的平均值作为当期的平滑值。举例来说,如果使用3步移动平均法,则以 y_1,y_2,y_3 的平均值作为第2期的平滑值 $\hat{y}_2$,然后再以 y_2,y_3,y_4 的平均值作为第3期的平滑值 $\hat{y}_3$,以此类推。

设数据点的 Z 坐标为 Z,取 $N=301$ 对 Z 坐标进行平滑,平滑后的 Z 坐标记作 z。

3.5.1.2 坐标变换

针对平滑后的 Z 坐标作一阶差分变换,即

$$\hat{z}_i=z_i-z_{i-1},\quad i=2,3,\cdots,n \tag{3-1}$$

式中:z_i 为第 i 个数据点平滑后的 Z 坐标;n 为数据点的个数。

对 $\hat{z}_i$ 作绝对值变换,即

$$z_i'=|\hat{z}_i|,\quad i=2,3,\cdots,n \tag{3-2}$$

3.5.1.3 搜索极值点的位置

把半圆顶点、人字形顶点称为极值点。

工件Ⅰ的极值点有8个(图3-2),如果确定了它们的位置,那么将有助于确定转折点的位置。采用分段处理方法,基本思想是:从原始数据(总体)中提取某极值点前后的若干数据量组成一个小样本,且该样本数据集仅包含一个极值点,通过求最小值或最大值即可找到该极值点的位置。

设总体数据集为 U_0,里面包含所有数据点,每个数据点由序号、X 坐标和 Z 坐标构成。

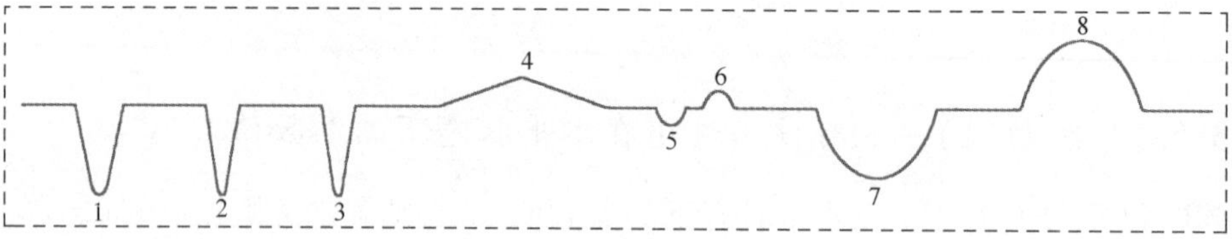

图 3-2　工件 I 的极值点

搜索极值点的流程如下:

第 1 步,从 U_0 中取出前 m 个数据点构成样本数据集 U_1,使得 U_1 中仅包含 1 个极值点 A。

第 2 步,以 U_1 中的数据点的 X 坐标为横坐标,以 Z 坐标为纵坐标,画散点图,观察确定该极值点的极大性或极小性。

第 3 步,根据极值点的极性,计算 U_1 中 Z 坐标的最大值或最小值,该最值对应的数据点就是极值点 A。

第 4 步,从 U_0 中删去极值点 A 之前的所有数据点。

第 5 步,如果 U_0 中存在极值点,则返回第 1 步;否则结束。

以极值点 A_1 为例,此时 U_0 中有 143043 个数据点,搜索步骤如下:

第 1 步,从 U_0 中取出前 11443 个数据点构成样本数据集 U_1,使得 U_1 中仅包含极值点 A_1。

第 2 步,以 U_1 中的数据点的 X 坐标为横坐标,以 Z 坐标为纵坐标,画散点图,如图 3-3 所示,从图中可知,该极值点是极小值点。

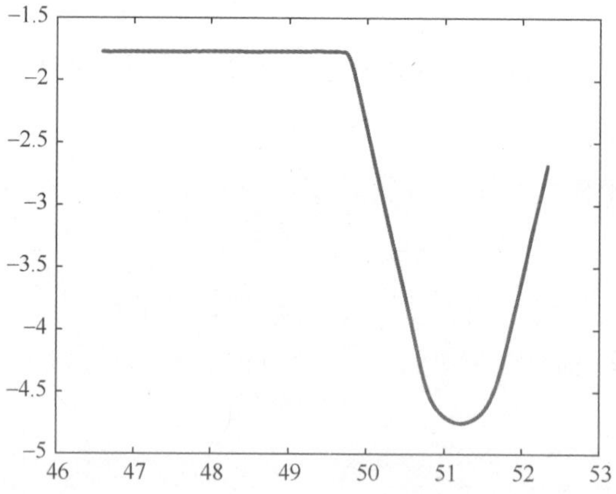

图 3-3　U_1 的散点图

第 3 步,计算 U_1 中 Z 坐标的最小值为-4. 7511,该最小值对应的数据点就是极值点 A_1,其序号为 9168,坐标为(51. 2207,-4. 7511)。

所有 8 个极值点的位置如表 3-1 所示。

表 3-1　极值点的位置

极　值　点	序　　号	X 坐标	Z 坐标
A_1	9168	51.2207	-4.7511
A_2	24116	58.6943	-4.7376
A_3	38285	65.7794	-4.7569
A_4	60398	76.7970	-0.7844
A_5	78208	85.7106	-2.3460
A_6	83813	88.5059	-1.2074
A_7	102670	97.9613	-4.0856
A_8	127404	110.2996	0.5273

3.5.1.4　搜索转折点的位置

把直线段、斜线段、圆弧互相之间的连接点称为转折点。

工件 I 的转折点有 23 个(图 3-4),其中第 14 个转折点也是第 4 个极值点,于是需要确定 22 个转折点的位置。仍然采用分段处理方法,基本思想是:从原始数据(总体)中提取某转折点前后的若干数据量组成一个小样本,且该样本数据集仅包含一个转折点,再使用坐标变换方法对 Z 坐标进行处理,即可找到该转折点的位置。

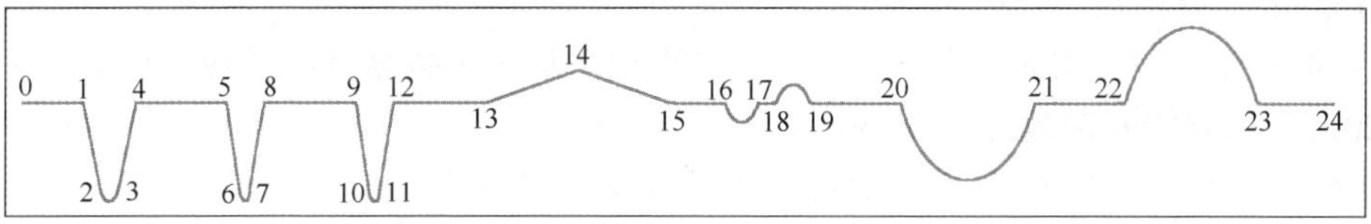

图 3-4　工件 I 的转折点

搜索转折点的流程如下:

第 1 步,从 U_0 中取出前 m 个数据点构成样本数据集 U_1,通过画散点图并反复调整 m 的大小,使得 U_1 中仅包含 1 个转折点 B。

第 2 步,对 U_1 中的 Z 坐标作一阶差分变换,再作绝对值变换,形成数据集 U_2,通过坐标变换使得 U_2 中的数据点被分化成 2 个显著不同的类别,其中一个类别的数据点 Z 坐标大于 0 且在 0 附近,记作 U_{21},而另一个类别的数据点 Z 坐标显著大于 0,记作 U_{22}。

第 3 步,计算 U_{21} 中数据点 Z 坐标的最大值,作为临界值 e,把 U_2 中 Z 坐标大于 e 的数据点删去,形成数据集 U_3。

第 4 步,如果 U_{21} 是前 1 类(位置排序是先 U_{21} 后 U_{22}),那么从 U_3 中取出最后 1 个数据点,该数据点就是转折点 B。如果 U_{21} 是后 1 类(位置排序是先 U_{22} 后 U_{21}),那么从 U_3 中取出第 1 个数据点,该数据点就是转折点 B,结束。

以极值点 B_1 为例,此时 U_0 有 143043 个数据点,搜索步骤如下:

第 1 步,从 U_0 中取出前 7152 个数据点构成样本数据集 U_1,画散点图,如图 3-5 所示,从图中可知,U_1 中仅包含转折点 B_1。

第 2 步,对 U_1 中的 Z 坐标先作一阶差分变换,再作绝对值变换,形成数据集 U_2,有

7151 个数据点，画散点图，如图 3-6 所示，从图中可知，U_2 中的数据点分化成 2 个显著不同的类别 U_{21} 和 U_{22}，其中 U_{21} 的数据点 Z 坐标大于 0 且在 0 附近，而 U_{22} 的数据点 Z 坐标显著大于 0。

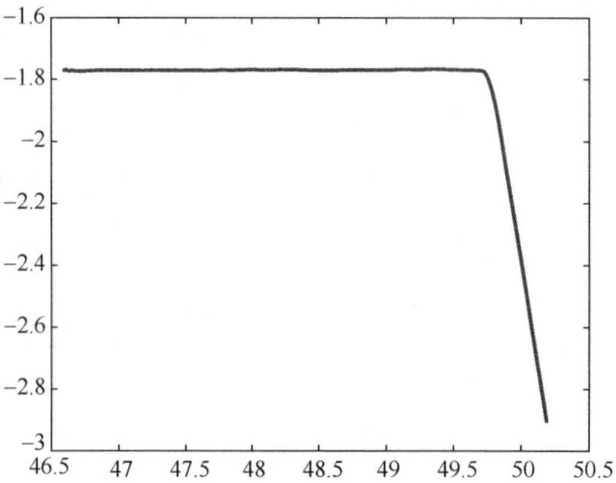

图 3-5　数据集 U_1 的散点图

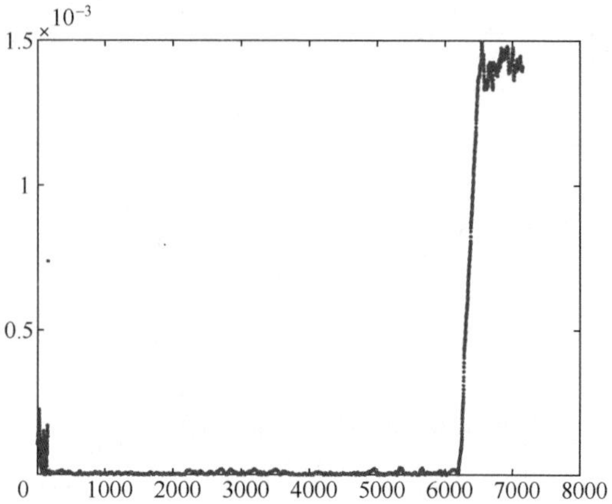

图 3-6　数据集 U_2 的散点图

第 3 步，计算 U_{21} 中数据点 Z 坐标的最大值，取 U_{21} 中第 500~6200 个数据点计算最大值，得临界值 $e=2.9957\times10^{-5}$，把 U_2 中数据点 Z 坐标大于 e 的数据点删去，形成数据集 U_3，有 6083 个数据点。

第 4 步，由于 U_{21} 是前 1 类，所以从 U_3 中取出最后 1 个数据点就是转折点 B_1，其序号是 6201，坐标为(49.7029，-1.7715)。

所有 23 个转折点，以及起点、终点的信息如表 3-2 所示。

表 3-2　起点、终点和转折点的位置

关键点	序号	X 坐标	Z 坐标	转折点	序号	X 坐标	Z 坐标
B_0	1	46.5959	-1.7709	B_{13}	50251	71.7279	-1.7675
B_1	6201	49.7029	-1.7715	B_{14}	60398	76.7970	-0.7844
B_2	8138	50.6976	-4.2998	B_{15}	70262	81.7333	-1.7600
B_3	10269	51.7624	-4.2510	B_{16}	76230	84.7174	-1.7790
B_4	12270	52.7374	-1.7708	B_{17}	80175	86.6899	-1.7746
B_5	21961	57.5828	-1.7710	B_{18}	81706	87.4554	-1.7746
B_6	23404	58.3295	-4.2602	B_{19}	86011	89.6079	-1.7728
B_7	24611	58.9360	-4.4451	B_{20}	95489	94.3470	-1.7834
B_8	26452	59.8283	-1.7644	B_{21}	110302	101.7534	-1.7856
B_9	36098	64.6514	-1.7717	B_{22}	119797	106.5009	-1.7762
B_{10}	37532	65.3933	-4.2485	B_{23}	134993	114.0989	-1.7752
B_{11}	38740	66.0016	-4.5146	B_{24}	143043	118.1240	-1.7865
B_{12}	40629	66.9168	-1.7658	—	—	—	—

3.5.1.5 针对关键点的检验

把转折点、起点、终点、极值点统称为关键点。

在工件Ⅰ上画出关键点的位置，如图 3-7 所示。从该图中可知，所有的极值点的位置是准确的，在水平基线上的转折点的位置也是准确的，6 个切点的位置也是大致准确的，只是 B_2 与 B_3、B_6 与 B_7、B_{10}与 B_{11}（这 6 个点都是圆的切点）的位置不对称，这样的误差不会影响斜线段的拟合精度，但会影响圆方程的拟合精度，因此在拟合圆方程时所选取的数据点要作适当的处理。

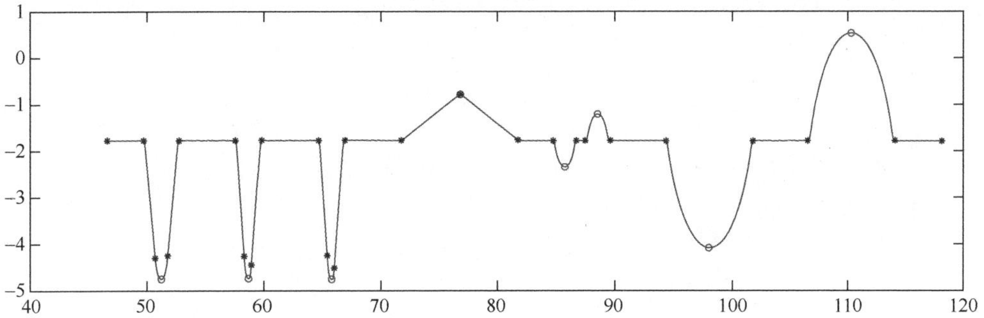

图 3-7　关键点的位置

3.5.1.6 各类参数的计算方法

参数比较多，首先应该拟合圆方程，这样做可以修正切点的位置，为其他参数的计算做好准备。

1. 圆弧半径、圆心距和圆弧长

设圆的方程为

$$(x-a)^2+(z-b)^2=r^2 \tag{3-3}$$

式中：圆心坐标为(a,b)；半径为 r。

圆心坐标和半径通过最小二乘法估计，即

$$\begin{aligned}&\min \quad \sum_{i=1}^{n}[(x_i-a)^2+(z_i-b)^2-r^2]^2\\&\text{s. t.}\begin{cases}a,b\in(-\infty,+\infty)\\r\in(0,+\infty)\end{cases}\end{aligned} \tag{3-4}$$

式中：(x_i,z_i)为圆周上的数据点的坐标；n 为数据点的个数。

圆心距为

$$c=|a_1-a_2| \tag{3-5}$$

式中：a_1,a_2 为两个圆圆心的 X 坐标。

设 O 是某圆的圆心，A,B 是该圆上的两个切点，它们的坐标分别为 $A(a_1,b_1)$、$B(a_2,b_2)$，半径 OA、OB 的夹角为

$$\alpha=2\arcsin\frac{\sqrt{(a_1-a_2)^2+(b_1-b_2)^2}}{2r} \tag{3-6}$$

两个切点间的圆弧长度为

$$d=r\alpha \tag{3-7}$$

2. 槽口宽度和水平线段的长度

由于工件Ⅰ是水平放置的,故槽口宽度(或水平线段的长度)为

$$e=|x_1-x_2| \tag{3-8}$$

式中:x_1,x_2 分别为槽口(或水平线段)的两个端点的 X 坐标。

3. 人字形线的高度

人字形线的高度为

$$h=|z_3-z_0| \tag{3-9}$$

式中:z_3 为人字形线顶点的 Z 坐标,z_0 为水平基线的 Z 坐标。

z_0 的估计公式为

$$z_0=\frac{1}{n}\sum_{i=1}^{n} z_i \tag{3-10}$$

式中:z_i 为水平基线上的数据点的 Z 坐标,n 为数据点的个数。

4. 斜线段的长度

设 C,D 是斜线段的两个端点,它们的坐标分别为 $C(a_4,b_4)$、$D(a_5,b_5)$,斜线段的长度为

$$g=\sqrt{(a_4-a_5)^2+(b_4-b_5)^2} \tag{3-11}$$

5. 斜线与水平线之间的夹角

设斜线的方程为

$$z=kx+p \tag{3-12}$$

斜率 k 和截距 p 通过最小二乘法估计,即

$$\begin{aligned} &\min \quad \sum_{i=1}^{n}(kx_i+p-z_i)^2 \\ &\text{s.t.} \quad k,p\in(-\infty,+\infty) \end{aligned} \tag{3-13}$$

式中:(x_i,z_i) 为斜线段上的数据点的坐标;n 为数据点的个数。

斜线段的倾斜角为

$$\beta=\begin{cases}\arctan k, & k>0\\ \pi+\arctan k, & k<0\end{cases} \tag{3-14}$$

当 $k>0$ 时,β 是锐角;当 $k<0$ 时,β 是钝角。

斜线与水平线之间的钝角为

$$\theta=\begin{cases}\pi-\beta, & \beta\text{ 为锐角}\\ \beta, & \beta\text{ 为钝角}\end{cases} \tag{3-15}$$

3.5.1.7 计算各项参数

工件Ⅰ各项参数的意义如图 3-8 所示。

以转折点 B_2 与转折点 B_3(2 个切点)所在的圆为例,取出两个切点之间的数据点,拟合圆的方程得,半径 $r=0.5088$,拟合效果如图 3-9 所示,从图中可知,两个切点位置都“偏高”。另外,计算切点之间的直线距离为 1.0659,大于直径 1.0176,也说明切点的位置“偏高”。

于是缩小数据点的范围,重新拟合圆的方程,半径 $r=0.4881$,拟合效果如图 3-10 所示,从图中可知,两个切点位置适当。另外,计算切点之间的距离为 0.9263,小于直径

0.9762,也说明切点的位置适当。计算得,两个切点间的圆弧长 $d=1.2198$。

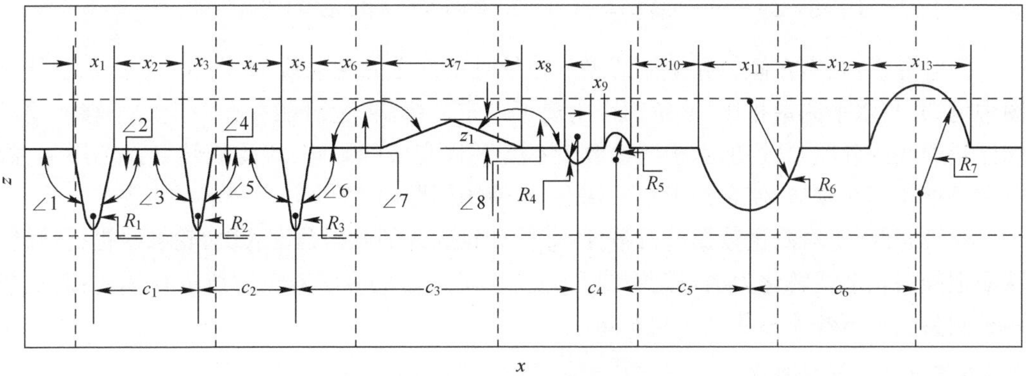

图 3-8　工件 I 各项参数的意义

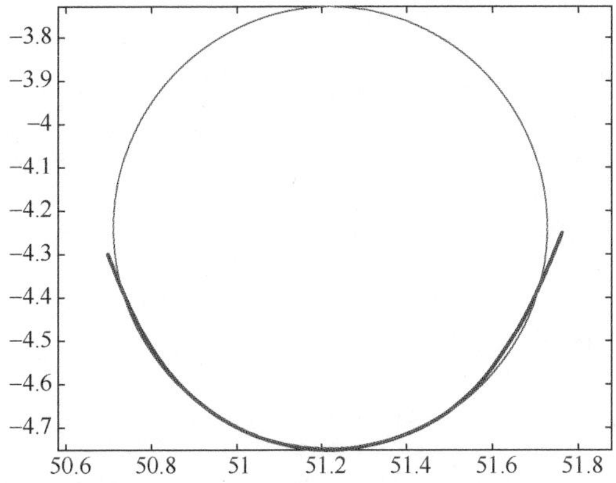

图 3-9　调整前圆方程的拟合效果

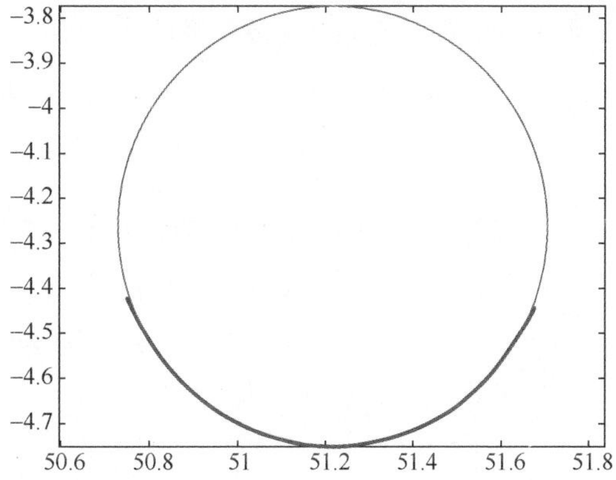

图 3-10　调整后圆方程的拟合效果

再以转折点 B_1、B_2 所在的斜线段为例,取出它们之间的数据点,拟合直线方程得,$z=-2.69x+132.09$,由于斜率 $k=-2.69<0$,故斜线段的倾斜角为钝角,$\beta=110.39°$。

各项参数的计算结果如表 3-3 所示,此外,人字形线高度为 0.9896。

表 3-3　各项参数的计算结果

半径		圆弧长		圆心距		槽口宽度		水平线段长度		斜线段长度		斜线段角度	
符号	数值	符号	数值	符号	数值	符号	数值	符号	数值	符号	数值	符号	数值
R_1	0.4881	d_1	1.2198	c_1	7.4669	x_1	3.0345	x_2	4.8455	g_1	2.8498	∠1	110.39
R_2	0.2398	d_2	0.5806	c_2	7.0750	x_3	2.2455	x_4	4.8231	g_2	2.8760	∠2	110.26
R_3	0.2506	d_3	0.7429	c_3	19.9465	x_5	2.2655	x_6	4.8110	g_3	2.9262	∠3	105.61
R_4	1.0004	d_4	2.2918	c_4	2.8122	x_7	10.0055	x_8	2.9841	g_4	2.9785	∠4	107.35
R_5	1.0189	d_5	2.2129	c_5	9.5325	x_{91}	1.9725	x_9	0.7655	g_5	2.8918	∠5	105.47
R_6	4.0069	d_6	9.1958	c_6	12.2514	x_{92}	2.1525	x_{10}	4.7391	g_6	2.9471	∠6	106.99
R_7	4.0160	d_7	9.4038	—	—	x_{11}	7.4064	x_{12}	4.7475	g_7	5.1636	∠7	168.78
—	—	—	—	—	—	x_{13}	7.5980	—	—	g_8	5.0318	∠8	168.67

注:∠1 对应的斜线段的长度是 g_1,以此类推

3.5.2 问题(2)——标注工件Ⅰ在倾斜和位移后的参数

问题分析:画出在倾斜和平移情况下测量时工件Ⅰ的轮廓线,如图 3-11 所示。从该图中可知,与水平测量相比,该轮廓线出现了一定的倾斜,也可能存在一定的平移。要求标注轮廓线的各项参数,但由于各参数值不受平移变换的影响,仅受旋转变换的影响,故只需要把轮廓线旋转,使它处于水平状态,再使用问题(1)的方法计算各项参数。

建模思路:①对测量数据进行整理;②估计轮廓线的倾斜角度;③对轮廓线进行旋转,从而把倾斜轮廓线转化为水平轮廓线;④使用问题(1)的方法对轮廓线进行标注;⑤比较两种测量状态下各项参数之间的差异。

3.5.2.1 模型建立

首先需要引入基准线的概念。所谓基准线,就是工件在夹具上的滑动线,当轮廓线处于水平状态时,基准线就是水平的[5]。

设坐标系原点是 $O(0,0)$,点 $A(x_A,z_A)$ 是轮廓线上某一点,则向量的坐标

$$\overrightarrow{OA}=(x_A,z_A) \tag{3-16}$$

把向量 $\overrightarrow{OA}$ 顺时针旋转 θ 角度,旋转后的向量为 $\overrightarrow{OB}=(x_B,z_B)$,则

$$\begin{pmatrix} x_B \\ z_B \end{pmatrix}=\begin{pmatrix} \cos\theta & \sin\theta \\ -\sin\theta & \cos\theta \end{pmatrix}\begin{pmatrix} x_A \\ z_A \end{pmatrix} \tag{3-17}$$

如果是逆时针旋转 θ 角度,则

$$\begin{pmatrix} x_B \\ z_B \end{pmatrix}=\begin{pmatrix} \cos\theta & -\sin\theta \\ \sin\theta & \cos\theta \end{pmatrix}\begin{pmatrix} x_A \\ z_A \end{pmatrix} \tag{3-18}$$

3.5.2.2 模型求解

对倾斜轮廓线的坐标数据进行整理,包括排序、单值化和平滑。

1. 估计旋转角度

从轮廓线图形可知,轮廓线上前端部分是基准线的一部分,故取前 6000 个点,画图确认这些点共线,再使用最小二乘法拟合直线方程为

$$y=-0.1299x+7.7394$$

于是斜率 $k=-0.1299$,进一步计算倾斜角,$\theta=-7.4012°$。

画出拟合基准线,如图 3-11 所示,从图中可知,拟合效果很好。

2. 对轮廓线进行旋转

针对倾斜轮廓线上点的坐标,使用逆时针旋转变换,取 $\theta=7.4012°$,就得到水平轮廓线。

画出旋转后的轮廓线,如图 3-12 所示,从图中可知,轮廓线处于水平状态,旋转效果很好。

3. 计算轮廓线的参数

使用问题(1)的方法计算各项参数,计算结果如表 3-4 所示,此外,人字形线高度为 0.9910。

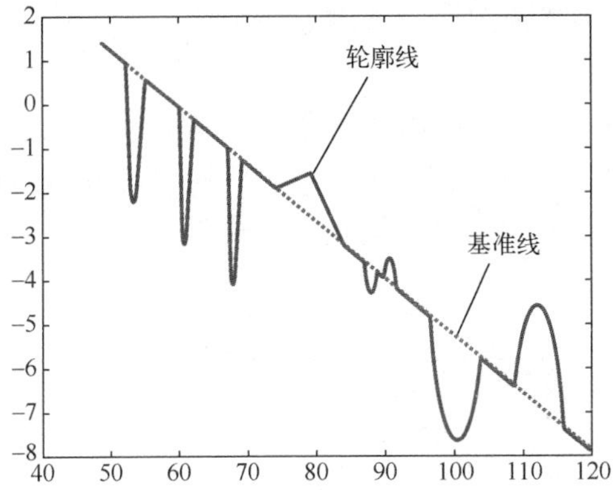

图 3-11　轮廓线与拟合基准线

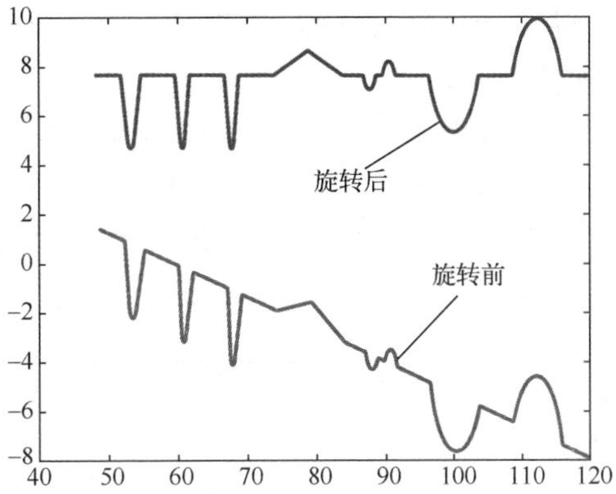

图 3-12　轮廓线的旋转效果

表 3-4　各项参数的计算结果

半径		圆弧长		圆心距		槽口宽度		水平线段长度		斜线段长度		斜线段角度	
符号	数值	符号	数值	符号	数值	符号	数值	符号	数值	符号	数值	符号	数值
R_1	0.4905	d_1	1.2708	c_1	7.4893	x_1	3.0067	x_2	4.8337	g_1	2.8477	∠1	110.51
R_2	0.2878	d_2	0.7971	c_2	7.0666	x_3	2.2810	x_4	4.8305	g_2	2.8163	∠2	110.23
R_3	0.2808	d_3	0.7636	c_3	19.9382	x_5	2.2352	x_6	4.8266	g_3	2.9045	∠3	106.32
R_4	1.0075	d_4	2.2569	c_4	2.8106	x_7	10.0451	x_8	2.9669	g_4	2.8681	∠4	105.74
R_5	1.0158	d_5	2.2545	c_5	9.5341	x_{91}	1.9913	x_9	0.7535	g_5	2.8912	∠5	105.76
R_6	4.0212	d_6	9.4291	c_6	12.2525	x_{92}	2.1740	x_{10}	4.7070	g_6	2.9143	∠6	105.26
R_7	4.0239	d_7	9.5114	—	—	x_{11}	7.4126	x_{12}	4.7510	g_7	5.1814	∠7	168.76
—	—	—	—	—	—	x_{13}	7.6485	—	—	g_8	5.0537	∠8	168.65
注：∠1 对应的斜线段的长度是 g_1，以此类推													

4. 比较两种测量状态下参数的差异

使用相对误差来测度水平测量与倾斜测量的差异。相对误差公式为

$$\varepsilon=\frac{|\varphi_2-\varphi_1|}{\varphi_1}\times100\% \tag{3-19}$$

式中：φ_1、φ_2 分别为水平测量、倾斜测量情况下的某参数值。

误差分析结果如表 3-5 所示，此外，人字形线高度的误差为 0.14%。

表 3-5　水平测量与倾斜测量的误差分析结果

半径		圆弧长		圆心距		槽口宽度		水平线段长度		斜线段长度		斜线段角度	
符号	误差/%	符号	误差/%	符号	误差/%	符号	误差/%	符号	误差/%	符号	误差/%	符号	误差/%
R_1	2.87	d_1	12.91	c_1	0.29	x_1	3.30	x_2	2.88	g_1	2.41	∠1	0.03
R_2	26.47	d_2	35.27	c_2	0.12	x_3	2.02	x_4	0.06	g_2	0.06	∠2	0.67
R_3	17.84	d_3	7.66	c_3	0.04	x_5	0.69	x_6	2.71	g_3	0.64	∠3	0.49
R_4	0.51	d_4	2.56	c_4	0.04	x_7	1.21	x_8	0.93	g_4	2.72	∠4	1.57
R_5	1.06	d_5	1.39	c_5	0.01	x_{91}	1.70	x_9	3.09	g_5	2.20	∠5	0.04
R_6	0.10	d_6	0.05	c_6	0.00	x_{92}	1.54	x_{10}	0.75	g_6	0.19	∠6	1.39
R_7	0.31	d_7	3.05	—	—	x_{11}	0.09	x_{12}	0.69	g_7	2.75	∠7	0.05
—	—	—	—	—	—	x_{13}	0.73	—	—	g_8	0.44	∠8	0.01

从表 3-5 可知,转折点 B_6、B_7(也是切点)所在圆的圆弧长误差较大(35.27%),其余参数的误差较小。

分析转折点 B_6、B_7 所在圆的圆弧长误差来源。分别画出水平测量和倾斜测量情况下转折点 B_6、B_7 所在圆,如图 3-13 和图 3-14 所示。从二图中可知,水平测量所得到的样本点与拟合圆的差异较大,而倾斜测量所得到的样本点与拟合圆的差异较小,这就是误差较大的原因。

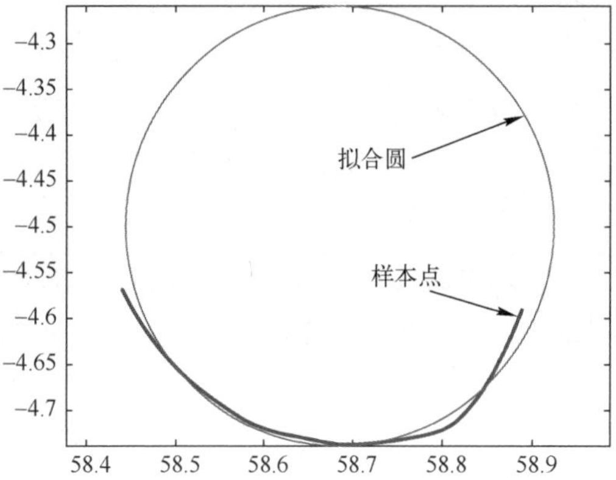

图 3-13 水平测量的拟合效果

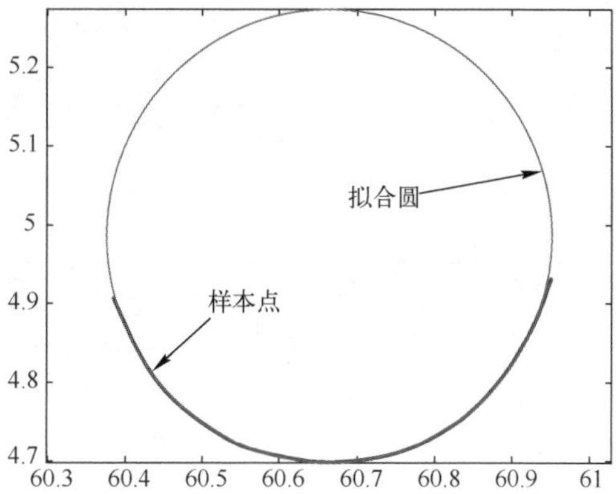

图 3-14 倾斜测量的拟合效果

可见,倾斜测量的轮廓线坐标不一定比水平测量的更差。

3.5.3 问题(3)——标注工件Ⅱ轮廓线的各项参数

问题分析:由于每次测量并不是对整个工件进行的测量,而是对工件的某一部分进行的测量,在把多次测量的局部轮廓线拼接成一个完整的轮廓线(可能有重叠)时,需要对局部轮廓线进行平移,因此需要建立坐标平移公式。

建模思路:①作数据整理;②使用问题(2)的方法把局部轮廓线旋转成水平状态;③把水平状态轮廓线平移,使得这些局部轮廓线在某一关键点上重合;④把多次测量的、且经过旋转和平移的轮廓线进行叠加,叠加后的坐标点数量太多,再作简约化处理;⑤画出拼接后的轮廓线,计算各项参数值。

3.5.3.1 数据整理

对每次测量的数据进行整理,包括排序、单值化和平滑。

3.5.3.2 计算每次测量时的倾斜角

使用问题(2)的方法,计算每次测量的倾斜角。以 2020D 题附件 2 中的表 25-1 为例,画出轮廓线及其拟合基准线,如图 3-15 所示,从图中可知,拟合的基准线与真实基准线吻合得很好,说明拟合基准线的精度很高。

于是计算基准线的倾斜角得,$\theta=25.6929°$。把轮廓线作顺时针旋转,画出旋转后的轮廓线,如图 3-16 所示,从图中可知,轮廓线处于水平状态,旋转效果很好。

全部 10 次测量的倾斜角,如表 3-6 所示。

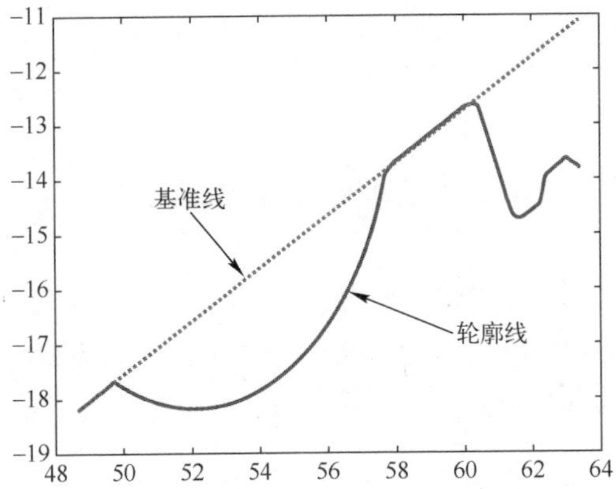

图 3-15　轮廓线与拟合基准线的比较

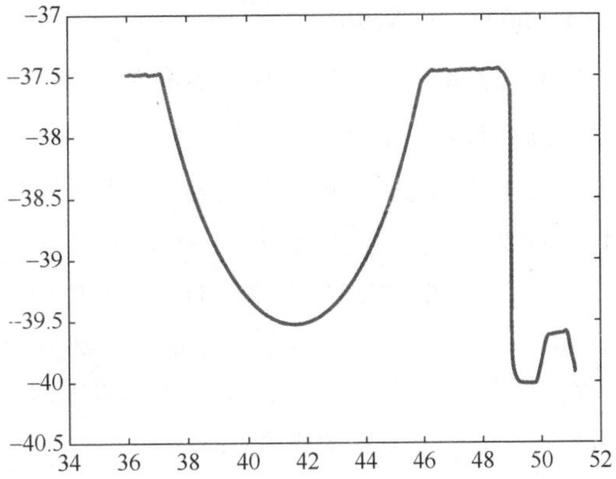

图 3-16　轮廓线的旋转效果

表 3-6　每次测量的倾斜角

序号	1	2	3	4	5	6	7	8	9	10
数据表	25-1	25-2	26-1	26-2	27-1	27-2	28-1	28-2	29-1	29-2
倾斜角/(°)	25.6929	25.9116	26.7273	26.7199	27.7930	27.8535	28.7001	28.6792	29.8980	29.7523

3.5.3.3　对轮廓线进行平移

为了画出工件Ⅱ的完整轮廓线，需要把多次测量并旋转后的水平轮廓线进行拼接，为了实现精准拼接，需要把这些水平轮廓线平移，使得它们共同的关键点要重合，但不要求起点（或终点）重合，因为每次测量的数据点数量不一定相等。

设轮廓线上某点 $A(x_A, z_A)$，把它平移后成为点 $B(x_B, z_B)$，则

$$\begin{cases} x_B = x_A + x_0 \\ z_B = z_A + z_0 \end{cases} \tag{3-20}$$

式中：x_0、z_0 分别为轮廓线上点的 X 坐标、Z 坐标平移的距离。

特别地，如果把轮廓线上点 $A(x_A, z_A)$ 平移到坐标原点，则平移距离为

$$\begin{cases} x_0 = -x_A \\ z_0 = -z_A \end{cases} \tag{3-21}$$

考查多次测量的轮廓线，发现半圆是它们共同的部分，于是分别把水平轮廓线半圆顶点的坐标找出来，结果如表 3-7 所示。

表 3-7　半圆顶点的坐标

序号	1	2	3	4	5	6	7	8	9	10
数据表	25-1	25-2	26-1	26-2	27-1	27-2	28-1	28-2	29-1	29-2
X 坐标	41.6044	41.4536	41.1931	41.1975	39.0610	39.0282	36.4342	36.4502	37.7633	37.8617
Z 坐标	-39.5296	-39.6880	-37.0034	-36.9981	-35.8214	-35.8626	-35.8677	-35.8544	-38.5086	-38.4126

把坐标原点(0,0)作为平移目标点，把旋转后的水平轮廓线平移，于是多次测量的轮廓线半圆顶点互相重合到坐标原点(0,0)。以 2020D 题附件 2 中的表 25-1 为例，其轮廓线半圆顶点坐标是(41.6044，-39.5296)，平移到原点(0,0)，平移距离(x_0, z_0)=

(−41.6044,39.5296)。

3.5.3.4　画出工件Ⅱ的完整轮廓线

画出完整轮廓线的步骤如下：

第1步，把多次测量并旋转、平移后的轮廓线上所有点的坐标混合，形成2列的矩阵 $\boldsymbol{A}$，其中第1列是 X 坐标，第2列是 Z 坐标。

第2步，根据矩阵 $\boldsymbol{A}$，使用描点法画出拼接后的轮廓线，如图3-17所示。从该图可知，拼接后的轮廓线是完整的，但末尾部分有分叉现象。由于末尾这一段有“折回”现象，不符合工件“沿着基准线向前延伸”的规律，所以推测这一段是多余的，可删去，形成2列的矩阵 $\boldsymbol{B}$，轮廓线如图3-18所示。

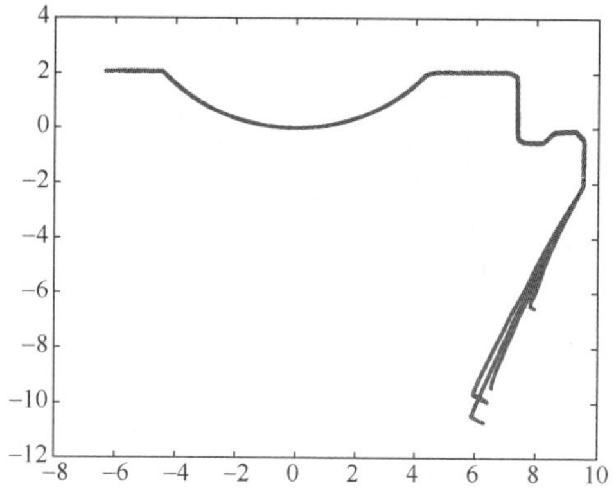

图3-17　拼接后的轮廓线

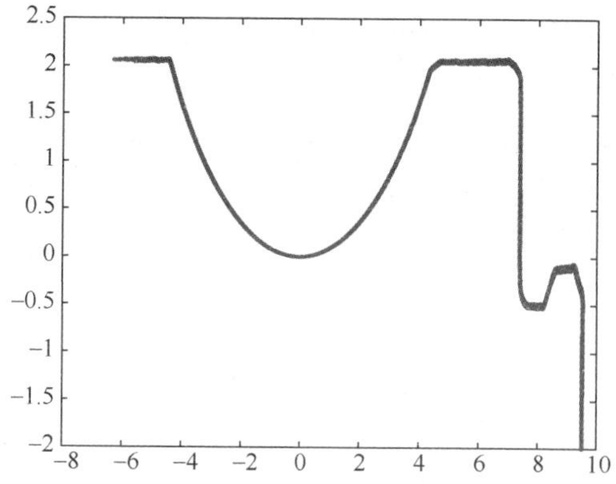

图3-18　删去分叉的轮廓线

此时，数据点的数量很大，将会降低后续计算的效率，因此需要在保证轮廓线精度的前提下作简约化处理（第3~6步）。

第3步，排序。把矩阵 $\boldsymbol{B}$ 按照第1列（X 坐标）从小到大排序，相应地第2列也跟随变化，形成矩阵 $\boldsymbol{C}$。

第4步，单值化。如果有一个点的 X 坐标对应了若干个 Z 坐标，则把这些 Z 坐标取中位数，使得 Z 坐标唯一。把矩阵 $\boldsymbol{C}$ 单值化，形成矩阵 $\boldsymbol{D}$。

第5步，合并。把矩阵 $\boldsymbol{D}$ 中每5个点的 X 坐标、Z 坐标分别取平均值，变成1个点，形成矩阵 $\boldsymbol{E}$。

第6步，此时，轮廓线的 Z 坐标再次出现毛刺，需要平滑。把矩阵 $\boldsymbol{E}$ 的 Z 坐标使用移动平均法平滑，取步长301，形成矩阵 $\boldsymbol{F}$。

第7步，此时，轮廓线尾部的竖线外出现了多余毛刺，删除之后，形成矩阵 $\boldsymbol{G}$。

第8步，此时，半圆顶点可能发生了偏移，需要矫正。把半圆顶点平移到坐标原点（0,0），形成矩阵 $\boldsymbol{H}$，结束。

画出完整轮廓线，如图3-19所示，从图中可得出以下结论：

（1）从转折点 B_1 到转折点 B_2、转折点 B_6 到转折点 B_7 的轮廓线是圆弧。

（2）从转折点 B_2 到转折点 B_3、转折点 B_4 到转折点 B_5、转折点 B_8 到转折点 B_9、转折点 B_{10} 到转折点 B_{11} 的轮廓线是斜线段。

（3）从转折点 B_5 到转折点 B_6、转折点 B_{11} 到终点是竖线段。

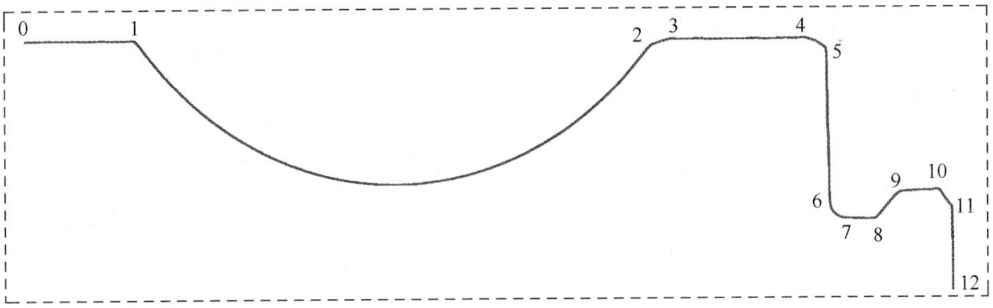

图 3-19　完整轮廓线

于是假设：工件Ⅱ的轮廓线由 2 条圆弧、若干条水平直线段、斜线段和竖线段构成。

3.5.3.5　计算轮廓线的各项参数值

使用问题(1)的方法，确定所有关键点(起点、极值点、转折点、终点)的位置，如表 3-8 所示。从该表中可知，转折点 5 和转折点 6 的 X 坐标近似相等(相差 0.0568)，转折点 11 和终点的 X 坐标近似相等(相差 0.0135)，说明这 2 段近似是竖线段。

表 3-8　关键点的位置

关　键　点	序　　号	X 坐标	Z 坐标
起点	1	−6.3270	2.0610
半圆顶点	54934	0	0
B_1	8059	−4.4683	2.0613
B_2	86095	4.3608	1.9643
B_3	89526	4.7821	2.0500
B_4	109946	7.0438	2.0423
B_5	113259	7.3441	1.8963
B_6	123276	7.4009	−0.2647
B_7	125733	7.5802	−0.4916
B_8	131441	8.2055	−0.5031
B_9	133251	8.5689	−0.1619
B_{10}	139130	9.2494	−0.1035
B_{11}	142422	9.4937	−0.3558
终点	142768	9.5072	−1.5275

对关键点的位置进行检验，如图 3-20 所示。从该图中可知，所有关键点的位置是准确的。

仿照工件Ⅰ轮廓线上各项参数的标注意义，在工件Ⅱ的轮廓线上也标注各项参数的意义，如图 3-21 所示。

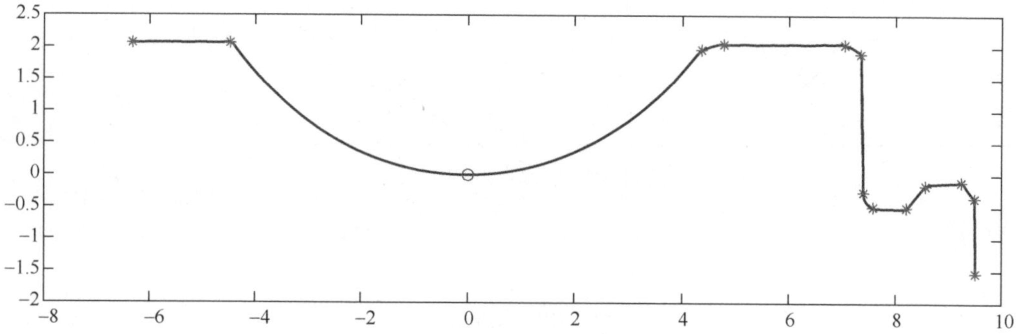

图 3-20　轮廓线上关键点的位置

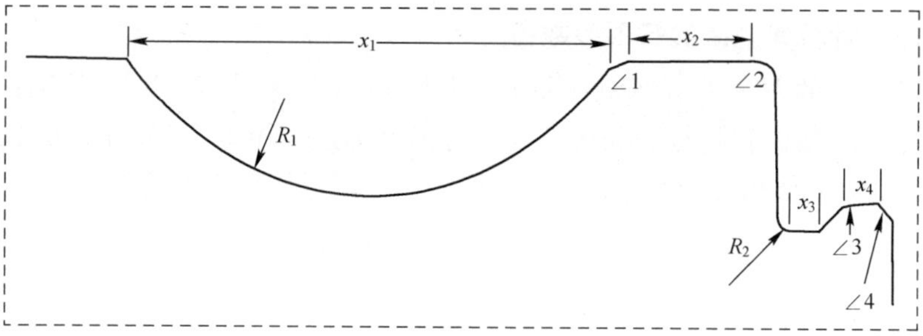

图 3-21　轮廓线上各项参数的意义

使用问题(1)的方法,计算各项参数值,如表 3-9 所示。此外,圆心距为 7.6448。

表 3-9　工件Ⅱ各项参数值

半径		圆弧长		槽口宽度		水平线段长度		斜线段长度		斜线段角度	
符号	数值	符号	数值	符号	数值	符号	数值	符号	数值	符号	数值
R_1	5.7906	d_1	10.0412	x_1	8.8291	x_2	2.2616	g_1	0.4300	∠1	167.92
R_2	0.2374	d_2	0.3109	—	—	x_3	0.6253	g_2	0.3339	∠2	155.92
—	—	—	—	—	—	x_4	0.6805	g_3	0.4985	∠3	135.60
—	—	—	—	—	—	—	—	g_4	0.3512	∠4	131.63
注:∠1 对应的斜线段的长度是 g_1,以此类推											

3.5.4　问题(4)——进一步修正工件Ⅱ的轮廓线

问题分析:为了更准确地标注工件Ⅱ的各项参数,针对圆和角分别测量了 9 次,获得了局部数据,目的是进一步修正轮廓线。继续使用问题(3)的方法,分别把针对圆、角的 9 次局部轮廓线进行旋转和平移,再与问题(3)完整轮廓线叠加,就可对轮廓线进行进一步修正。

建模思路:①数据整理;②把针对圆的 9 次局部轮廓线进行旋转和平移;③把针对角的 9 次局部轮廓线进行旋转和平移;④把这 18 条局部轮廓线与问题(3)的完整轮廓线叠加,并作简约化处理;⑤画出完整轮廓线,并计算各项参数。

3.5.4.1 数据整理

把 18 次测量的数据进行整理，包括排序、单值化和平滑。

3.5.4.2 (圆)局部轮廓线的旋转和平移

把 9 条(圆)局部测量的轮廓线旋转，旋转角度如表 3-10 所示。再确定其半圆顶点的坐标，如表 3-10 所示。

表 3-10 (圆)局部轮廓线的旋转角度及旋转后的半圆顶点坐标

序 号	(圆)局部线代号	倾斜角/(°)	X 坐标	Z 坐标
1	121	9.0365	41.9716	0.8048
2	122	9.0186	41.9733	0.8171
3	123	8.9903	41.9851	0.8384
4	221	9.0474	41.4076	−3.2517
5	222	9.0893	41.3980	−3.2821
6	223	9.1098	41.4016	−3.2974
7	321	9.0312	41.4175	−2.9128
8	322	8.9895	41.4191	−2.8829
9	323	8.9579	41.4235	−2.8601

以(圆)局部轮廓线 121 为例，画出旋转前的局部轮廓线及其基准线，如图 3-22 所示。从该图中可知，基准线的拟合效果较好，意味着旋转角度估计得比较准确。

把旋转后的 9 条(圆)局部轮廓线进行平移，再把它们叠加，如图 3-23 所示。从该图中可知，9 条(圆)局部轮廓线吻合得很好，顶点也在原点，但在基准线的两端吻合得不够理想，在后续与完整轮廓线叠加时需要处理。

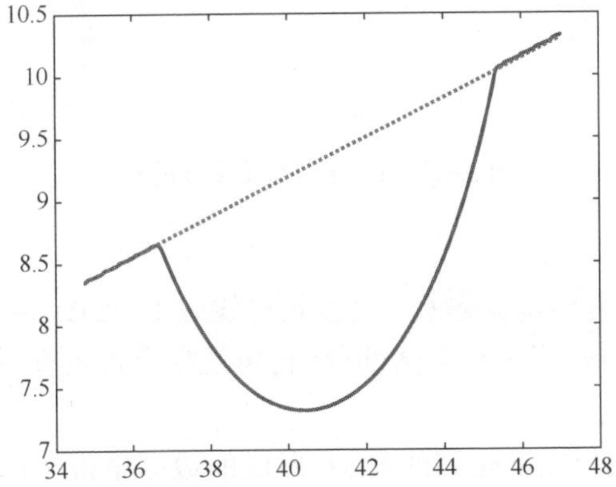

图 3-22 (圆)局部轮廓线 121 及其基准线

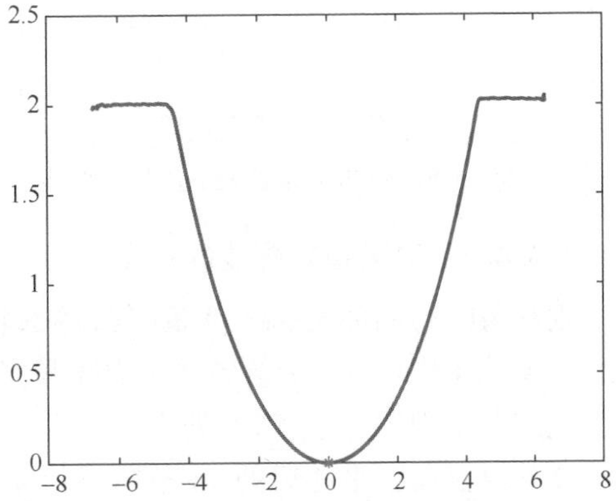

图 3-23 9 条(圆)局部轮廓线的叠加

3.5.4.3 (角)局部轮廓线的旋转和平移

把 9 条(角)局部轮廓线旋转，再确定转折点 8 的坐标，如表 3-11 所示。

表 3-11 (角)局部轮廓线旋转角度及转折点 8 的坐标

序　　号	(角)局部线代号	倾斜角/(°)	X 坐标	Z 坐标
1	131	9.7525	50.2411	-0.3071
2	132	9.2286	50.2019	0.1412
3	133	9.2013	50.2002	0.1649
4	231	9.3551	49.5437	-4.0582
5	232	9.0858	49.5606	-3.8252
6	233	9.1602	49.5599	-3.8896
7	331	10.3787	49.5424	-4.5205
8	332	9.3158	49.6179	-3.6005
9	333	9.2984	49.6180	-3.5859

以(角)局部轮廓线 131 为例,画出旋转前的局部轮廓线及其基准线,如图 3-24 所示。从该图中可知,基准线的拟合效果较好,意味着旋转角度估计得比较准确。

分别把 9 条旋转后的(角)局部轮廓线平移,使得每一条局部轮廓线的转折点 8 与完整轮廓线的转折点 8 重合。把旋转、平移后的 9 条(角)局部轮廓线叠加,如图 3-25 所示。从该图中可知,9 条(角)局部轮廓线在尾部出现了冗余,需要剔除。此外,9 条(角)局部轮廓线吻合得很好,特别是在转角处比较理想,但在前端部分吻合得不够理想,在后续与完整轮廓线叠加时需要处理。

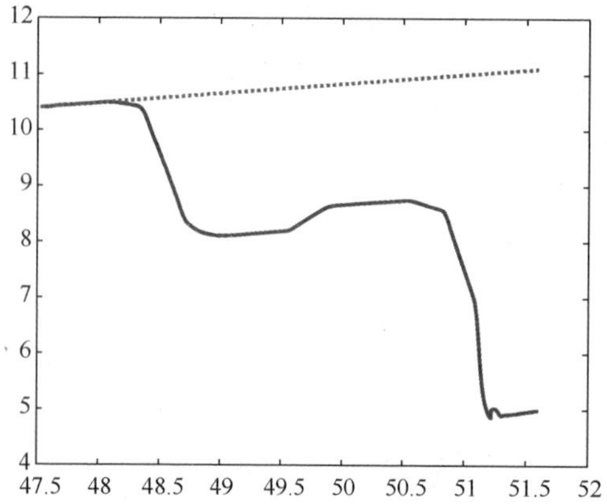

图 3-24 (角)局部轮廓线 131 及其基准线

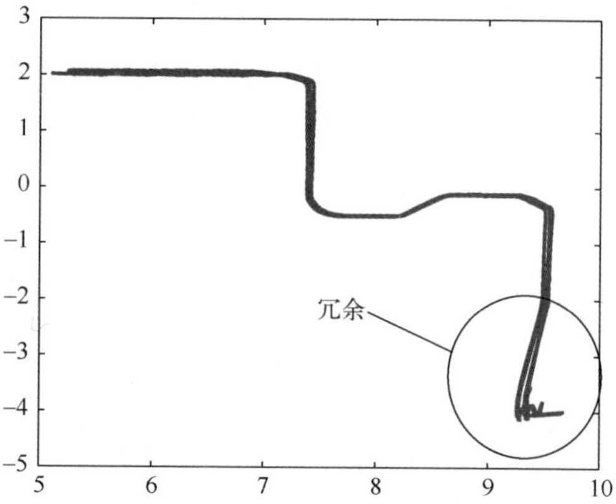

图 3-25 (角)局部轮廓线的叠加

3.5.4.4 对完整轮廓线的修正

把 9 条(圆)局部轮廓线、9 条(角)局部轮廓线与问题(3)完整轮廓线叠加,如图 3-26 所示。从该图中可知,18 条局部轮廓线与完整轮廓线在半圆部分、转角处吻合得很好,但在其他部分出现了裂痕,需要处理。

此外,把旋转、平移后的 18 条局部轮廓线与完整轮廓线叠加,形成的数据量很大(达到了 889766 个),数据点很密集,势必会降低后续计算的效率,因此有必要对数据规模进行简约化处理,包括排序、单值化、合并和平滑。

经过简约化处理,轮廓线上数据点的数量大大下降了(达到 176670 个,相当于工件 I 的规模)。

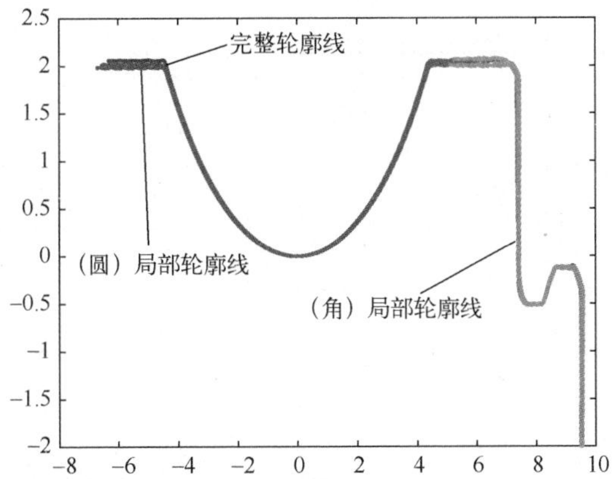

图 3-26　19 条轮廓线的叠加

画出简约化处理后的完整轮廓线，如图 3-27 所示。从该图中可以看出，相比于修正前的轮廓线，在转折点 B_2 处由原来的斜线段变成了一点，在转折点 B_3~B_4 处由原来的斜线段变成了圆弧，在圆部、转角部也有明显的改善。

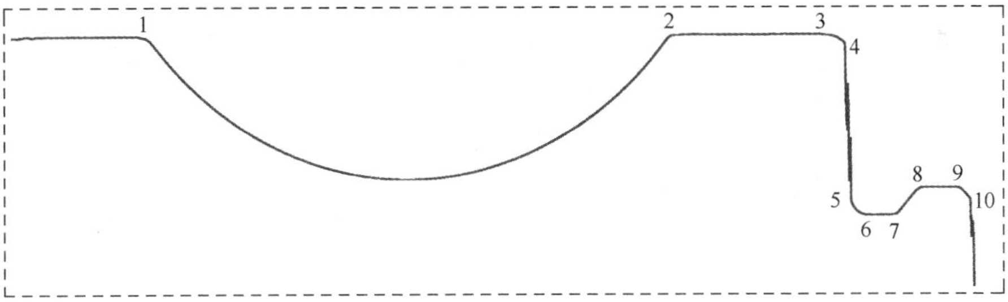

图 3-27　简约化处理后的轮廓线

于是假设：工件Ⅱ修正后的轮廓线由 3 条圆弧、若干条水平直线段、斜线段和竖线段构成。

3.5.4.5　计算轮廓线的各项参数值

确定所有关键点（起点、极值点、转折点、终点）的位置，如表 3-12 所示。从该表中可知，转折点 B_4 和转折点 B_5 的 X 坐标近似相等（相差 0.1191），转折点 B_{10} 和终点的 X 坐标近似相等（相差 0.0654），说明把这两段看作竖线段是合理的。

表 3-12　关键点的位置

关　键　点	序　　号	X 坐标	Z 坐标
起点	1	−6.7055	1.9828
半圆顶点	69952	−0.0004	0.0000
B_1	18843	−4.4247	1.9794
B_2	113144	4.4036	2.0095
B_3	142584	6.8960	2.0330

续表

关　键　点	序　　号	X 坐标	Z 坐标
B_4	147735	7. 3489	1. 8812
B_5	153883	7. 4680	−0. 3546
B_6	156610	7. 6975	−0. 5071
B_7	161989	8. 2000	−0. 5038
B_8	165890	8. 6371	−0. 1322
B_9	172880	9. 2891	−0. 1322
B_{10}	175278	9. 4777	−0. 3231
终点	176671	9. 5431	−1. 5091

对关键点的位置进行检验，如图 3−28 所示。从该图中可知，所有关键点的位置是准确的。

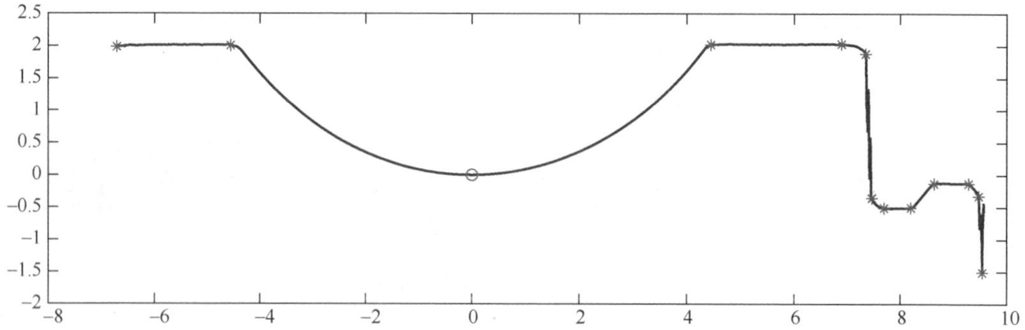

图 3−28　轮廓线上关键点的位置

在轮廓线上标注各项参数的意义，如图 3−29 所示。

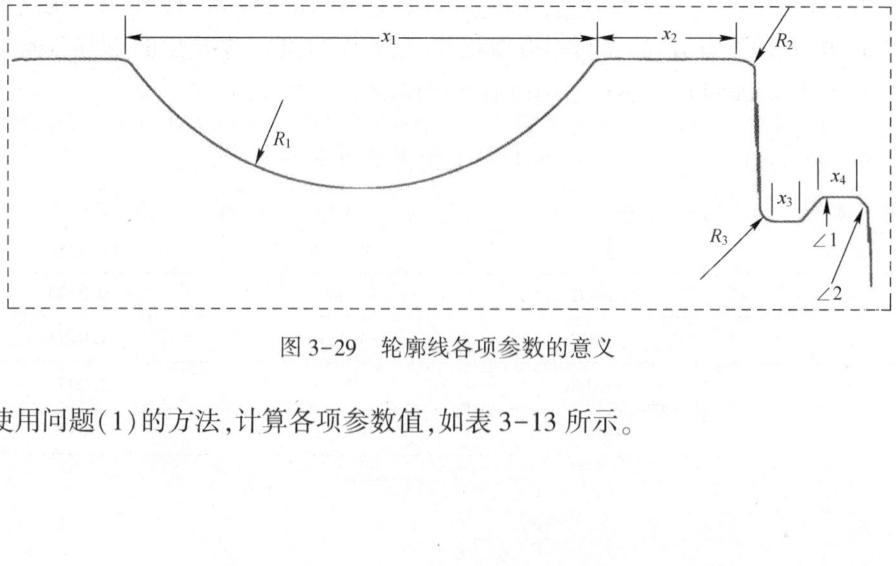

图 3−29　轮廓线各项参数的意义

使用问题(1)的方法，计算各项参数值，如表 3−13 所示。

表 3-13 各项参数值

半径		圆弧长		圆心距		槽口宽度		水平线段长度		斜线段长度		斜线段角度	
符号	数值	符号	数值	符号	数值	符号	数值	符号	数值	符号	数值	符号	数值
R_1	5.8329	d_1	10.2829	c_1	6.9964	x_1	9.0021	x_2	2.4434	g_1	0.5736	∠1	136.67
R_2	0.6268	d_2	0.4901	c_2	0.7402	—	—	x_3	0.5025	g_2	0.2683	∠2	138.41
R_3	0.2806	d_3	0.2881	—	—	—	—	x_4	0.6520	—	—	—	—
注:∠1 对应的斜线段的长度是 g_1,以此类推													

3.6 灵敏度分析

工件形状的准确标注取决于关键点位置,而关键点的位置受探针及其捕捉到的数字信号的影响,如果探针捕捉到的数字信号有微小变化,对关键点的位置是否有显著影响呢?这就需要做灵敏度分析。

以问题(2)中倾斜轮廓线的半圆顶点为例,灵敏度分析结果如表 3-14 所示。

表 3-14 半圆顶点 A_1 坐标的灵敏度分析结果

	序 号	半圆顶点位置		相对误差/%	
		X 坐标	Z 坐标	X 坐标	Z 坐标
不变	9112	53.1898	4.6907	—	—
增加 1%	9112	53.7217	4.7376	1.00	1.00
减少 1%	9112	52.6579	4.6438	-1.00	-1.00

从表 3-14 可知,如果半圆顶点 A_1 的坐标数据变化 1%,那么经过数据整理、旋转变换等一系列处理之后,该点的位置也变化 1%,表明测量数据的微小变化不会影响关键点的位置,以至于各项参数值的大小。

3.7 稳健性分析

在数据整理时,使用移动平均法并取移动步长 301 作平滑处理的,如果改变移动步长,对关键点的位置是否有显著影响呢?这就需要做稳健性分析。

仍然以问题(2)中倾斜轮廓线的半圆顶点为例,稳健性分析结果如表 3-15 所示。

表 3-15 半圆顶点 A_1 坐标的稳健性分析结果

移动步长	序 号	半圆顶点位置		相对误差/%	
		X 坐标	Z 坐标	X 坐标	Z 坐标
301	9112	53.1898	4.6907	—	—
201	9097	53.18231	4.689973	-0.01	-0.02
401	9099	52.6513	4.6442	-1.01	-0.99

从表 3-15 可知,如果在数据整理时移动步长取 201 或 401 作平滑,那么半圆顶点 A_1 的坐标变化很小,表明移动步长取 301 左右不会影响关键点的位置以及各项参数值的大小。

3.8 模型的评价和推广

3.8.1 模型优点

(1) 建立了针对坐标的差分变换和绝对值变换公式,并使用分段搜索方法,能够很精准地获得关键点的位置。

(2) 建立了向量旋转公式和向量平移公式,能够把倾斜轮廓线旋转成水平状态,并平移到指定位置。

(3) 建立了轮廓线拼接方法,能够把局部测量的轮廓线拼接成完整的轮廓线。

(4) 建立了轮廓线修正方法,能够把轮廓线的重点部位进一步修正。

(5) 建立了数据简约化方法,能够在不失真的前提下降低数据的规模。

3.8.2 模型缺点

(1) 在分段搜索关键点时,需要辅助人工来观察确定一些参数,大大降低了搜索关键点的速度。

(2) 把 18 条局部轮廓线叠加到完整轮廓线上,在搜索转折点时,转折点的分界线变得模糊,需要人工反复纠正。

3.8.3 模型推广

本文所建立的模型和方法可以推广到零件尺寸的标注、江河沿岸尺寸的标注、景观大道两边绿化带的标注等问题中。

3.9 参考文献

[1] 王军. 基于 Fisher 判别的接触式轮廓仪自动标注分析[J]. 辽宁工业大学学报,自然科学版,2021,41(6):368-372.

[2] 喻雪. 接触式轮廓仪的工件形状自动标注数学模型研究[J]. 兰州石化职业技术学院学报,2021,21(2):15-17.

[3] 杜珍珍,杨春尧,周同,等. 接触式轮廓仪对工件自动标注问题的研究[J]. 黑龙江工程学院学报,2022,36(6):5-12.

[4] 段峰,周同. 机械工件轮廓线的标注问题[J]. 杨凌职业技术学院学报,2021,20(4):1-5,18.

[5] 薛毅. "接触式轮廓仪的自动标注"的问题解析[J]. 数学建模及其应用,2021,10(1):92-100.

第 4 章　2020E 供水系统智能管理

摘　　要

本文针对校园供水系统中智能管理问题进行了研究。

先做好数据整理，包括：①建立了供水网络的图论模型；②把所有水表归类于 8 个功能区；③把水表读数记录补全；④把没有用水记录的水表删去；⑤把有效水表的各方面信息加以结构化整理。

针对问题(1)，把水表的原始用水量中存在的非常巨大的数据作为错误数据用平均值代替，分别统计 91 个水表在不同时段的上离群点个数，观察漏水量在时段上的分布规律，再统计 8 个功能区漏水量在时段上的分布规律，得出结论：①从“点”上来看，第五学生宿舍在 9 月份发生漏水的次数最大，在晚上 20:00—6:00 之间发生漏水次数较多。②从“面”上来看，在开学季教学楼漏水的次数最多，在放假季宿舍漏水的次数最多。教学楼在 5 月份漏水次数最多，宿舍在 7 月、8 月漏水次数最多，办公楼在 9:00—12:00 之间漏水次数较多，食堂在 7:00—10:00 之间漏水次数较多。不论星期几，宿舍比教学楼的漏水次数都高，且上下波动幅度较小。

针对问题(2)，基于水量平衡分析法建立模型，把本级水表用水量作为因变量，将其所属下一级的分表用水量之和作为自变量，分别建立了一元线性回归模型和一元非线性回归模型，使用均方误差和平均相对误差来评估模型的模拟误差和预测误差，使用 90% 的数据作参数估计，留下 10% 的数据作预测误差的评估。两个模型的模拟误差和预测误差都很小，相比之下，非线性回归模型比线性回归模型的误差更低。

针对问题(3)，根据某水表的全年读数，统计出全年的总用水量和总漏水量，计算出漏水率，结论：①校园供水网络的漏水率为 2.94%，属于正常范围；②一级水表中编码为 408X 的水表漏水率为 10.9%，漏水比较严重。二级、三级、四级水表的漏水情况见正文。

针对问题(4)，把水表的漏水量视为连续型随机变量，使用 K-S 检验法进行检验，再计算出分布函数的 25%、50%、75%分位数，并分别设置为黄色、橙色和红色警戒线。通过比较水表的实时用水量与 3 条警戒线的大小，一旦超过警戒线，就发出报警信号。结论：针对一级水表 3620302800，准确地预警了 3 月 31 日 22 时 0 分发生的红色预警；针对二级水表 3363000100，准确地预警了 6 月 26 日—29 日发生的红色预警。

针对问题(5)，以总利润最大化为目标，以每个水表与下级水表(或用户)之间的管道是否维修为决策变量，建立 0-1 规划模型。总收益就是漏水损失费，总成本由人工费、材料费构成。结论：有 5 个水表(管道)需要维修。

灵敏度分析表明，在 0-1 规划模型中，日薪、水表价格的微小变化对最优值的影响很小。

稳健性分析表明,在离群点定义中,调节系数的大小对于漏水率没有影响。

本文模型优点是:①从水表漏水的极大趋势角度切入,突出了主题;②基于水量平衡分析法建立了一元线性回归模型,并赋予回归系数实际意义,根据回归系数就可以知道漏水量大小和水表虚高现象。③建立了漏水率指标测度了每个水表以及整个供水网络的漏水程度;④建立了实时预报水表漏水程度的三级警戒线;⑤建立了 0-1 规划模型确定最优维修方案,兼顾了收益和成本,简单而实用。

本文模型缺点是,在 0-1 规划模型中,难度系数和维修材料系数的估计具有主观性。

本文所建立的一系列模型可以应用于任何规模的供水网络中,还可以推广到供电、供气等网络中。

关键词:水量平衡分析法;漏水率;连续型分布;三级预警;0-1 规划模型

4.1 问题重述

校园供水系统是校园公用设施的重要组成部分,目前已经普遍使用了智能水表,可以获得大量的实时运行数据,后勤部门希望通过数学建模和数据挖掘及时发现和解决供水系统中存在的问题,提高校园服务和管理水平。请利用这些数据,建立数学模型,讨论以下问题:

(1) 统计各水表读数的变化规律,并给出校园内不同功能区的用水特征。

(2) 建立水表读数之间的关系模型,并分析模型误差。

(3) 分析供水管网的漏损情况。

(4) 确定水管发生漏损的位置。

(5) 确定管网漏损的最优维修方案。

4.2 问题分析

4.2.1 研究现状综述

学生优秀论文 E040[1-2],针对问题(1),把各个功能区的用水量分别按照日、小时来统计,观察各个功能区 365 天和 24 小时的变化情况,作为其用水量特征。针对问题(2),根据水表层级关系建立了拓扑图,把本级水表读数作为参照量,把本级水表所属的下级末端水表读数之和作为观察量,计算观察量与参照量的平均绝对相对误差,作为上下级水表的误差指标。针对问题(3),使用三次样条插值来预测水表的用水量,再把预测值的相对误差作为水表的漏水率。针对问题(4),以水表的漏水率为依据,以 9.8%作为漏水阈值,每漏水 30 次作为一个预报等级,确定了 5 个预报等级,对每一个水表进行了等级预报。针对问题(5),建立了 0-1 规划模型,兼顾了水价、维修成本等因素,获得了最优维修方案。

学生优秀论文 E029[1-3],针对问题(1),使用水表读数的小时变化系数指标刻画漏水情况,比较直观。针对问题(2),以本级水表读数为因变量,以本级水表所属的下级末端水表读数为自变量,建立多元线性回归模型,符合水表层级关系的机理。针对问题(3),使用“2σ”原则剔除离群点,再统计总用水量和总漏水量,并计算漏水率,但未作正态性的假设检验,因为“2σ”原则的前提是数据服从正态分布。事实上,用水量不一定服从正态分布,可能服从指数分布。针对问题(4),使用神经网络预测用水量,再与实际值比较,如果误差大就说明漏水。针对问题(5),未建立恰当的模型提出最优维修方案。

薛毅[4]对5个小题进行了解题分析,并给出了部分结果,还对论文评阅中发现的问题进行了评述。

4.2.2 本文研究思路

本文一共有5个小题,彼此之间具有一定的互补性,每一个小题都力求解决某一个侧面的问题。

首先,做好数据整理,包括:①根据水表层级关系,建立供水网络的图论模型;②把所有水表归类于8个功能区;③把水表读数记录按照365天、每天24小时、每小时4个补全;④把没有用水记录的水表删去;⑤把有效水表的各方面信息加以结构化整理,为下一步统计分析打好基础。

针对问题(1),由于研究的重点是水表的漏水情况,所以统计分析水表读数的变化规律,侧重点不是读数的集中趋势(平均值、众数、中位数)和离散趋势(标准差、极差),而是读数的极大趋势(上离群点、最大值)。统计时段分别取月、周和小时。另外,水表的原始用水量或许存在非常大的数据值,要把它作为错误数据用平均值代替。

针对问题(2),基于水量平衡分析法[5-6],要建立水表读数之间的关系模型,必须选择具有上下游关系的水表。根据水表管网中水表之间的层级关系,选择某一级水表及其下属的若干分表,在无漏水的情况下,“本级水表用水量=分表用水量之和”;在有漏水的情况下,“本级水表用水量=分表用水量之和+漏水量”。于是把本级水表用水量看作因变量,把它所属的下一级若干水表用水量看作几个自变量,自变量加总变成一个自变量,建立一元线性回归模型或一元非线性回归模型。

针对问题(3),要分析供水管网的漏水情况,可以根据水表的读数,统计出某时段的总用水量,再根据离群点的定义统计出该时段的总漏水量,二者的比值即为该时段的平均漏水率。

针对问题(4),要从水表的实时数据及时发现并确定漏损的位置,需要为每个水表设置一条或几条警戒线,超过了这条警戒线,就发出漏水报警。可以分别将某水表漏水量序列的25%、50%、75%分位数设置为黄色、橙色和红色警戒线。一旦某个水表在某个时刻的漏水量超过了相应的警戒线,不但能够及时断定该水表发生了漏水,而且还能确定漏水的严重程度。

针对问题(5),要确定管网漏损的最优维修方案,需要将每个水表与下级水表(或用户)之间的管道作为维修对象,维修总成本包括人工费、材料费等,而总收益就是减少漏水量所节省的费用(简称“漏水费”),总利润=总收益-总成本,于是,以总利润最大化为目标,以是否维修为决策变量,建立优化模型,就可以获得最优维修方案。

本文研究路径如图4-1所示。

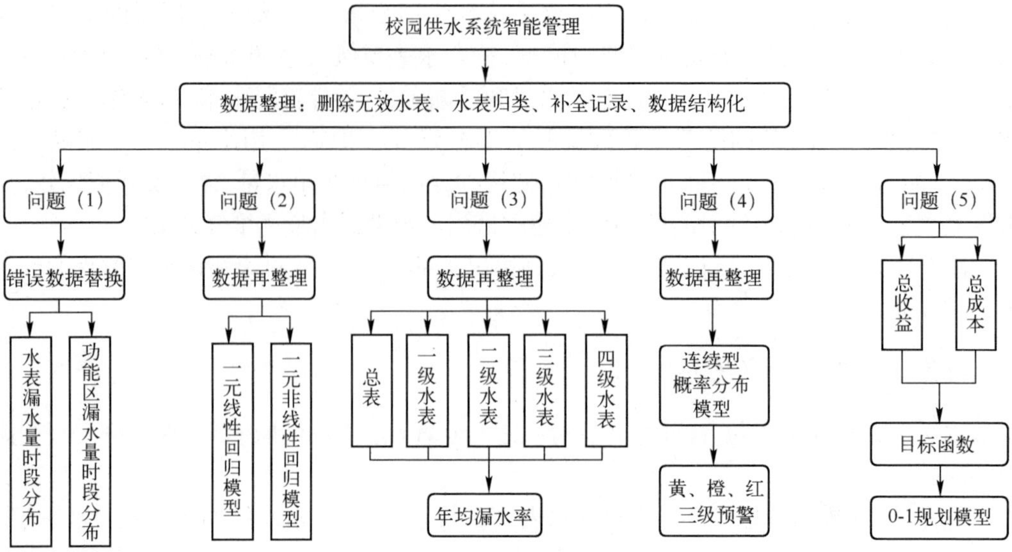

图 4-1　研究路径

4.3　符号说明

k——离群点的调节系数；

y——本级水表用水量；

x——水表所属下一级各分表用水量之和；

$\bar{a}$——水表在不漏水情况下的平均用水量；

a_i——水表在第 i 时刻的正常用水量；

b_j——水表在第 j 时刻的异常用水量。

其余符号在文中给出。

4.4　模型假设

为了简化问题，作如下假设：

(1) 水量的单位是立方米或吨。水表口径的单位是毫米。

(2) 漏水量为随机变量，服从某种连续型分布。例如，漏水量服从指数分布，漏水量越小的可能性越大，而漏水量越大的可能性越小。

(3) 维修方案以年为决策时段。

(4) 供水管网每年维护一次，每年初确定维修方案。

(5) 将某水表与它的下级水表（或用户）之间的管道作为维修对象，漏水量、水表口径均以该水表为准。

(6) 全年水价不变。

(7) 维修成本只包括人工费和材料费,其他费用忽略不计。

(8) 水表维修材料费与水表价格成正比。这是因为较大水表的价格较高,所对应的管材价格也较高。

4.5 模型建立与求解

4.5.1 数据整理

4.5.1.1 建立供水管网的图论模型

根据水表层级关系,画出供水管网的图论模型。以一级水表 403X 为例,如图 4-2 所示。

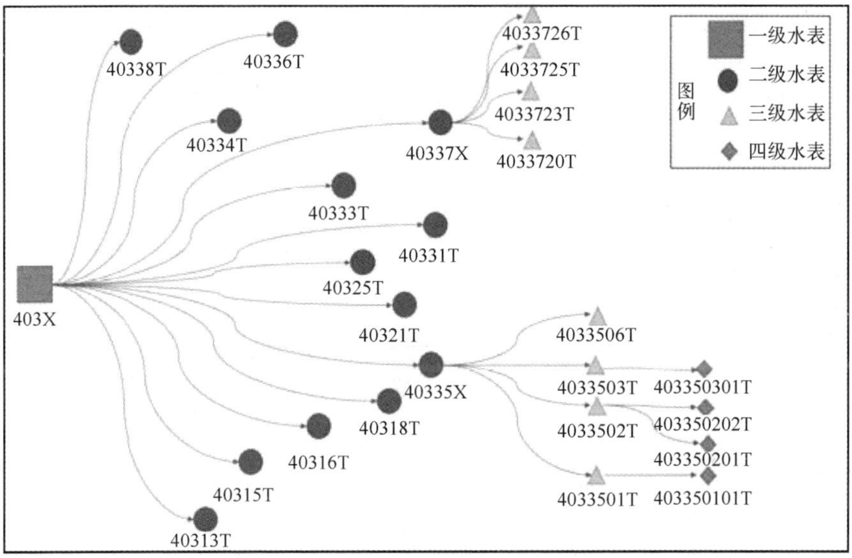

图 4-2 一级水表 403X 的供水管网

4.5.1.2 不同功能区水表分布

对供水管网中的水表按照功能区统计,如表 4-1 所示。

表 4-1 功能区编号及比例

功能区	医院	宿舍	教学楼	办公楼	食堂	商店	公共设施	其他
功能类别	1	2	3	4	5	6	7	8
数量	4	19	27	6	3	3	10	19
占比/%	4.4	20.9	29.7	6.6	3.3	3.3	11.0	20.9

4.5.1.3 补全数据

题目提供了各水表 2019 全年每隔 15min 的实时数据(不包括 2019/1/1 00:00:00),即每小时记录 4 次数据,2019 年为平年共 365 天,所以每个水表应有 35039 条数据。经统计得到共有 40 个水表的数据不完整。根据推测其数据缺失的原因是当天该水表未用水，所以用水量赋值为 0。

4.5.1.4 删除数据

季度二、三、四的实时数据中存在水表名为“消防”的水表，但该水表不存在于水表层级关系中，且全年用水量很少，故对其进行删除。

在水表层级表中编码为 404X 和 402X 两个水表无记录数据，故对其删除。

4.5.1.5 水表信息整理

根据水表层级关系，整理出水表管网中所有水表的有关信息，为下一步分析打好基础，如表 4-2 所示。

表 4-2 水表管网中所有水表的信息

序号	水表号	编码	T/X	层级	功能	口径
1	0	401	1	2	4	50
2	183671860	404	1	3	2	80
3	1836718625	403	1	4	2	80
4	1836718629	403	1	4	2	50
5	1836718633	403	1	4	2	50
6	3000000000	401	2	2	8	150
…	…	…	…	…	…	…
91	3620303100	416	1	3	4	15
注：$T=1, X=2$						

由于编码只有 13 种，但编号不连续，故需要重新赋值，如表 4-3 所示。

表 4-3 水表新旧编码对应关系

旧编码	411	412	413	416	417	418	419
新编码	407	408	409	410	411	412	413

重新编码后，所有水表的编码取值为 401，402，…，413。

4.5.1.6 水表用水量信息整理

根据 91 个水表在 2019 年的实时数据记录，整理出各水表的用水量信息，形成 91 个 35039×8 的同型矩阵，为下一步分析做好准备。例如，水表号 0 的用水量信息如表 4-4 所示。

表 4-4 水表号 0 的用水量信息

序号	水表号	年	月	日	时	分	用量
1	0	2019	1	1	0	15	0
1	0	2019	1	1	0	30	0
1	0	2019	1	1	0	45	0
1	0	2019	1	1	1	0	0
1	0	2019	1	1	1	15	0
…	…	…	…	…	…	…	…
1	0	2019	12	31	23	45	0

4.5.2 问题(1)——统计各水表读数的变化规律,并给出校园内不同功能区的用水特征

建模思路:首先,数据整理,在实际运行中设备可能会出现故障事件而引发数据错误,因此把水表的原始用水量中存在的非常大的数据值作为错误数据用平均值代替。其次,分别统计 91 个水表在不同时段的上离群点个数,就是漏水次数,作为漏水量大小的表征,统计漏水次数在时段上的分布规律。最后,分别统计 8 个功能区在不同时段的上离群点个数,观察漏水量在时空上的分布规律。

4.5.2.1 离群点的定义

设 q_1, q_3 分别表示数列 $\{a_i\}$ 的下四分位数和上四分位数,$q = q_3 - q_1$,如果 $a_i < q_1 - kq$ 则称 a_i 为下离群点;如果 $a_i > q_1 + kq$ 则称 a_i 为上离群点,k 称为调节系数,通常取 $k = 1.5$。

4.5.2.2 数据整理

为了把水表的原始用水量中可能存在的非常大的数据值作为错误数据用平均值代替,在离群点的定义中,取调节系数 $k = 2.0$,筛选出错误数据后,用非 0 用水量的平均值代替。

4.5.2.3 水表和功能区的漏水特征

1. 水表的漏水特征

从“点”上来研究,以三级水表(编码 4033503T,水表号 3320100500,×××第五学生宿舍,序号 33)为例,统计该水表在 12 个月的上离群点个数,如图 4-3 所示,从图中可知:

(1) 该水表在 9 月份发生漏水的次数最大,原因可能是开学与新生报到季节。

(2) 在 10 月发生漏水的次数最小。

(3) 在其余月份也发生了不同程度的漏水现象。

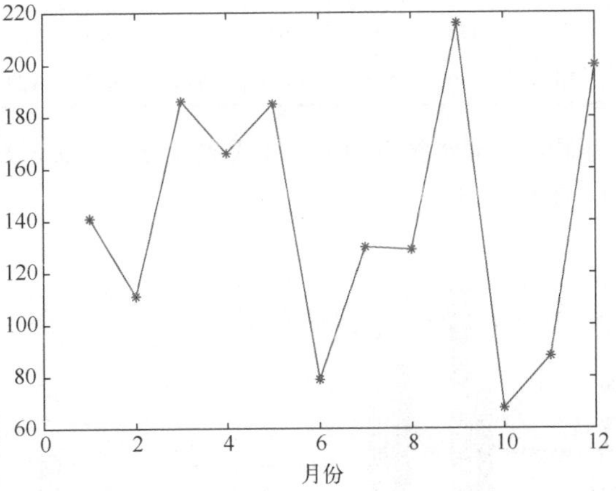

图 4-3 第 33 号水表在 12 月的上离群点个数

再统计该水表在 24 个小时中的上离群点个数,如图 4-4 所示,从图中可知:

(1) 在晚上 20:00—6:00 之间发生漏水次数较多。

(2) 在白天 6:00—20:00 发生漏水的次数较少,甚至不漏水。

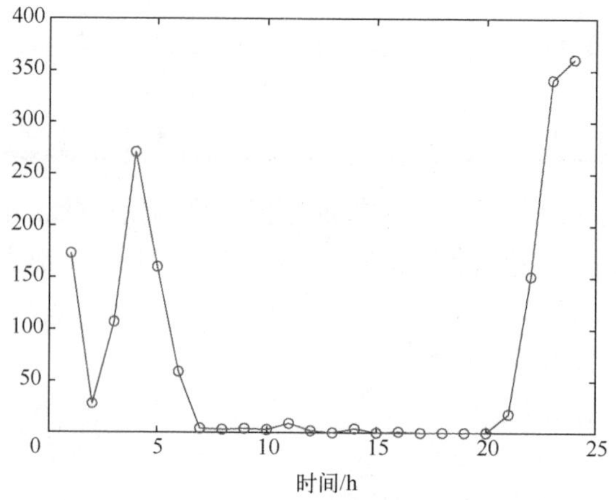

图 4-4　第 33 号水表在 24 小时的上离群点个数

2. 功能区的月漏水特征

从“面”上来研究,8 个功能区在 12 个月的上离群点个数,如表 4-5 所示。

表 4-5　各功能区在 12 个月的上离群点个数

功能区	1 月	2 月	3 月	4 月	5 月	6 月	7 月	8 月	9 月	10 月	11 月	12 月
医院	145	26	160	106	105	200	211	256	235	161	84	51
宿舍	1015	747	1379	1429	1506	1516	2230	2235	1676	948	770	1293
教学楼	602	377	1427	1105	1699	1422	1600	1468	851	1318	1508	714
办公楼	141	67	61	113	147	259	346	307	269	224	149	285
食堂	0	0	10	41	68	77	117	118	161	115	30	44
商店	31	391	7	13	24	3	1	5	13	38	22	2
公共设施	979	189	177	175	261	502	532	1014	406	313	116	153
其他	1387	649	1018	1748	1512	1559	1729	1337	1232	1528	808	1239

为了横向比较各功能区的漏水情况,以 5 月代表开学季,以 8 月代表放假季,画出折线图,如图 4-5 所示,从图中可知:

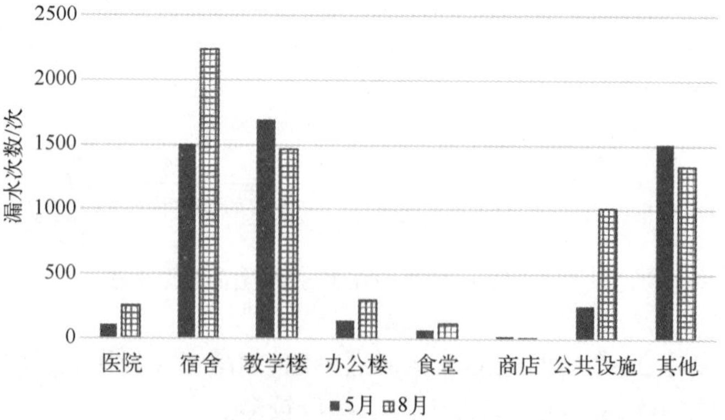

图 4-5　各功能区在开学季与放假季的漏水情况

（1）不论是开学季还是放假季，宿舍和教学楼的漏水次数均最多，商店的漏水次数均最少。

（2）在开学季，教学楼漏水的次数最多，商店漏水的次数最少。

（3）在放假季，宿舍漏水的次数最多，商店漏水的次数最少。

为了纵向观察教学楼和宿舍的漏水情况，画出各月份的漏水次数折线图，如图4-6所示，从图中可知：

（1）不论是教学楼还是宿舍，2月份漏水次数均最少，可能与寒假、春节有关。

（2）对于教学楼来说，5月份漏水次数最多。

（3）对于宿舍来说，7月、8月漏水次数最多，可能与放暑假有关。

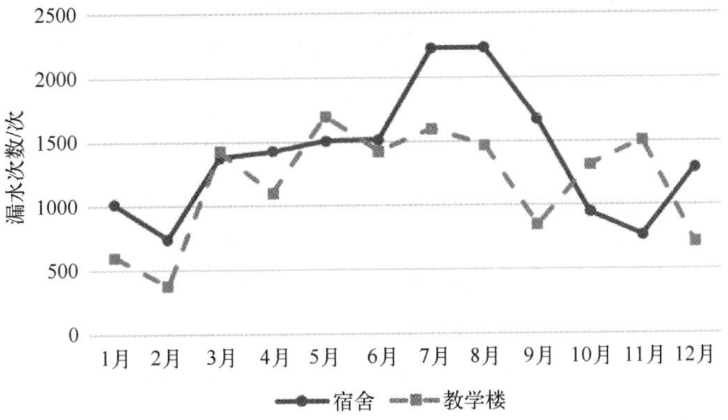

图4-6　教学楼和宿舍各月份的漏水情况

3. 功能区的小时漏水特征

统计出8个功能区在24个小时的上离群点个数，以办公楼和食堂为例，画出折线图，如图4-7所示，从图中可知：

（1）不论是办公楼还是食堂，在20:00—6:00之间的漏水次数均最少，甚至不漏水。

（2）办公楼在9:00—12:00之间漏水次数较多。

（3）食堂在7:00—10:00之间漏水次数较多。

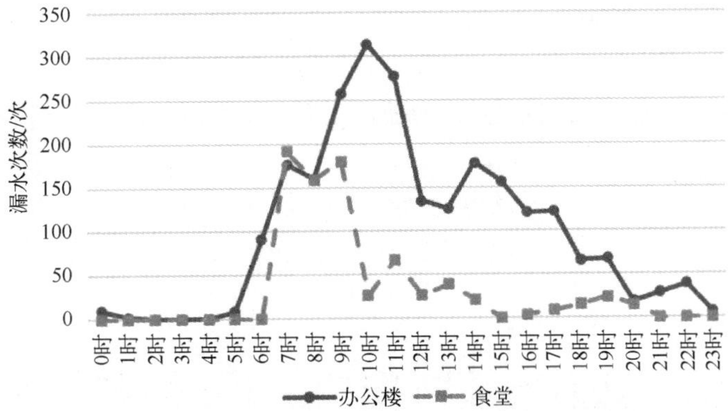

图4-7　办公楼和食堂在每天24小时的漏水情况

4. 功能区的星期漏水特征

统计出 8 个功能区在每周 7 天的上离群点个数,以宿舍和教学楼为例,画出折线图,如图 4-8 所示,从图中可知:

(1) 不论星期几,宿舍比教学楼的漏水次数都高,且上下波动幅度较小。

(2) 宿舍在星期三漏水次数最多,在星期六漏水次数最少。

(3) 教学楼在星期一漏水次数最多,在星期四漏水次数最少。

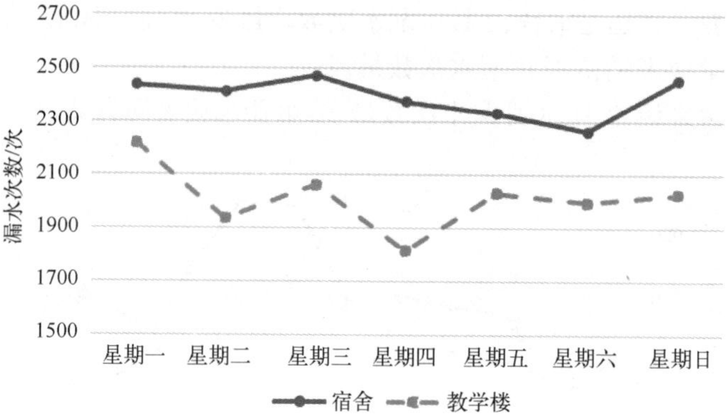

图 4-8 宿舍和教学楼每周的漏水情况

4.5.3 问题(2)——建立水表读数之间的关系模型,并分析模型误差

建模思路:根据供水管网中水表之间的上下游层级关系,把本级水表用水量作为因变量,将其所属下一级的若干分表用水量之和作为自变量,建立一元线性回归模型。

4.5.3.1 变量设置

设 y 表示本级水表用水量,$x_1, x_2, \cdots, x_m$ 分别表示该水表所属下一级各个分表的用水量,m 表示分表个数,令

$$x = x_1 + x_2 + \cdots + x_m \tag{4-1}$$

以 y 为因变量,以 x 为自变量,建立一元线性回归模型。

4.5.3.2 模型建立[7]

建立一元线性回归模型为

$$y = \beta_0 + \beta_1 x + \varepsilon \tag{4-2}$$

式中:β_1 为回归系数;β_0 为回归常数;ε 为随机误差,满足 $\varepsilon \sim N(0, \sigma^2)$ 且相互独立。

给定 n 组观测值(x_i, y_i),$i=1,2,\cdots,n$,则有

$$y_i = \beta_0 + \beta_1 x_i + \varepsilon_i, \quad i=1,2,\cdots,n$$

写成矩阵形式为

$$\boldsymbol{Y} = \boldsymbol{X\beta} + \boldsymbol{\varepsilon} \tag{4-3}$$

其中,

$$\boldsymbol{Y} = \begin{pmatrix} y_1 \\ y_2 \\ \cdots \\ y_n \end{pmatrix}, \quad \boldsymbol{X} = \begin{pmatrix} 1 & x_1 \\ 1 & x_2 \\ \cdots & \cdots \\ 1 & x_n \end{pmatrix}, \quad \boldsymbol{\beta} = \begin{pmatrix} \beta_0 \\ \beta_1 \end{pmatrix}, \quad \boldsymbol{\varepsilon} = \begin{pmatrix} \varepsilon_1 \\ \varepsilon_2 \\ \cdots \\ \varepsilon_n \end{pmatrix}$$

$\hat{\beta}_0, \hat{\beta}_1$ 的最小二乘估计的矩阵形式为

$$\hat{\boldsymbol{\beta}} = (X'X)^{-1}X'Y \tag{4-4}$$

估计的回归方程为

$$\hat{y} = \hat{\beta}_0 + \hat{\beta}_1 x \tag{4-5}$$

4.5.3.3 模型检验

令 $\mathrm{SST} = \sum_{i=1}^{n}(y_i - \bar{y})^2$，称为总离差平方和；$\mathrm{SSR} = \sum_{i=1}^{n}(y_i - \hat{y})^2$，称为残差平方和；$\mathrm{SSE} = \sum_{i=1}^{n}(\hat{y}_i - \bar{y})^2$，称为回归平方和。

1. 拟合优度检验

使用判决系数 R^2 来检验回归方程的拟合效果。R^2 的定义为

$$R^2 = \frac{\mathrm{SSE}}{\mathrm{SST}} \tag{4-6}$$

$R^2 \in [0,1]$。R^2 越接近于 1，拟合效果越好，反之越差。

估计的标准差为

$$s = \sqrt{\frac{\mathrm{SSR}}{n-p-1}} \tag{4-7}$$

其中，s 是对 σ 的近似估计。R^2 和 s 是从两个不同角度对回归方程的拟合效果进行检验的。

2. 残差随机性检验

标准化残差为

$$\hat{r}_i = \frac{r_i}{\sigma}, \quad i = 1, 2, \cdots, n \tag{4-8}$$

若某个样本点的标准化残差落在±2σ 之外，则该样本点也被视为离群点。

描点$(\hat{y}_i, r_i)$，若 n 个点随机分布在 0 附近，则可认为 $\varepsilon \sim N(0, \sigma^2)$ 及独立性成立；否则，若存在一定的趋势，则不成立。

3. 预测误差评估

均方误差为

$$\alpha = \frac{1}{n}\sum_{i=1}^{n}(\hat{y}_i - y_i)^2 \tag{4-9}$$

平均相对误差为

$$\theta = \frac{1}{n}\sum_{i=1}^{n}\frac{|\hat{y}_i - y_i|}{y_i} \tag{4-10}$$

4.5.3.4 数据整理

在回归系数估计之前，需要对原始数据进行整理。

(1) 使用时距扩大法平滑数据，以天为单位，把 15 分钟级的用水量汇总为日用水量，共有 365 个。

(2) 删去$(0,y_i)$或$(x_i,0)$形式的点，$x_i \neq 0$，$y_i \neq 0$，这样的点不符合实际。

(3) 分别删去自变量、因变量的离群点，包括上离群点和下离群点，这样的点会降低回归模型的精度。

(4) 删去$|y_i - x_i|$特别大的点，这样的点也不符合实际。

4.5.3.5 模型求解

以一级水表403X(水表号3620300300，序号64)为例，将它作为本级水表，其所属的下一级水表有13个，如图4-9所示。

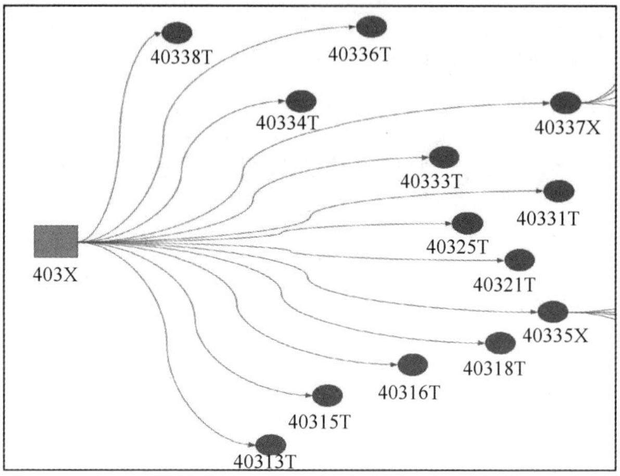

图4-9 一级水表403X及其所属下一级水表

本级水表及其分表的符号、序号对应关系如表4-6所示。

表4-6 本级水表及其分表的符号、序号对应关系

符号	y	x_1	x_2	x_3	x_4	x_5	x_6	x_7	x_8	x_9	x_{10}	x_{11}	x_{12}	x_{13}
序号	64	12	81	84	75	83	79	46	61	65	38	43	44	52

令$x = x_1 + x_2 + \cdots + x_{13}$。

1. 数据整理

首先，查看本级水表和分表全年的原始数据。把全年的本级水表读数汇总，得到因变量y的读数之和为1.8599×10^5；同理，把全年的分表读数之和再汇总，得到自变量x的读数总和为2.0185×10^5，本级水表读数小于分表读数之和，不符合逻辑，说明分表读数存在虚高现象。

究其原因，是因为影响水表计量不准确的因素有：水表自身质量不高、水表的超限期使用、水表的设计安装存在问题、水表选型问题、管网中的杂质影响等[8]。

可见，如果直接以原始数据为依据建模，必然得出错误的模型，所以必须进行数据整理。

把15分钟级的用水量汇总为日用水量，删去$(0,y_i)$或$(x_i,0)$形式的点，删去离群点，删去$|y_i - x_i|$特别大的点。

数据整理之后，水表读数一共有 266 个，查看因变量 y 的读数之和为 1.2242×10^5，自变量 x 的读数总和为 1.1958×10^5，本级水表读数大于分表读数之和，符合逻辑，也说明存在漏水现象，符合实际情况。

2. 探索性分析

以 x 为横坐标，以 y 为纵坐标，画出散点图，如图 4-10 所示。从该图中可知，本级水表的用水量 y 与分表用水量之和 x 是正相关关系，适用于一元线性回归模型。

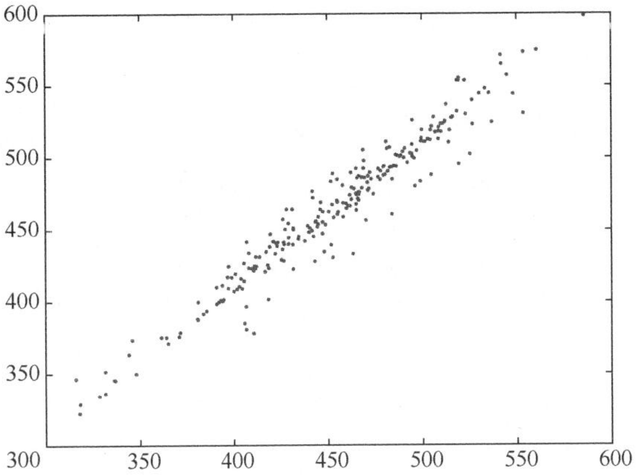

图 4-10 散点图

3. 参数估计与统计检验

使用 90%的数据作参数估计，留下 10%的数据作预测误差的评估。

参数估计和统计检验结果如表 4-7 所示。

表 4-7 参数估计和统计检验

指标	参数估计	显著性水平 0.05 的置信区间	
常数	15.5958	1.5153	29.6763
斜率	0.9894	0.9585	1.0203
$R^2=0.9437, F=3990, p'=0.00$			

从表 4-7 可知，常数、斜率的置信区间均不包括 0，故系数检验获得通过；$R^2=0.9437$ 接近于 1，故拟合效果很好；F 检验的相伴概率 $p'=0.00<0.05$（显著性水平为 0.05），故线性关系成立。

残差的正态性和独立性检验如图 4-11 所示，n 个点随机分布在 0 附近，说明残差服从均值为 0 的正态分布。残差分布不存在趋势，说明残差的方差是常数，且残差满足独立性。但标准化残差超过了 $\pm2\sigma$，说明仍然存在一定数量的离群点。

估计的回归方程为

$$\hat{y}=15.5958+0.9894x \tag{4-11}$$

4. 误差检验

误差检验结果如表 4-8 所示。

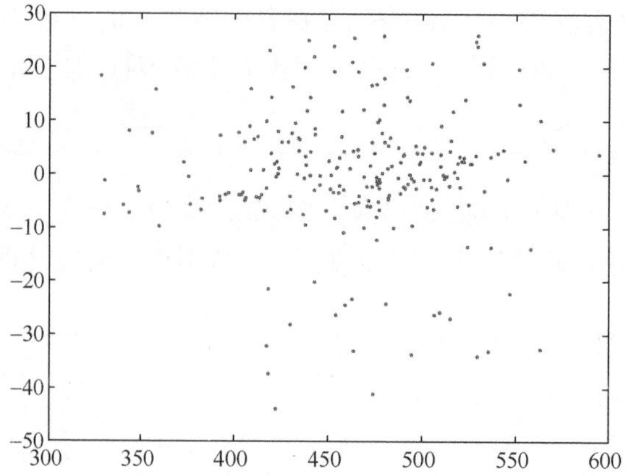

图 4-11　残差正态性和独立性检验

表 4-8　误差分析结果

误差指标	均方误差	平均相对误差
模拟误差	149.3947	0.0185
预测误差	52.9137	0.0127

从表 4-8 可知，模型的模拟误差和预测误差都很小。

4.5.3.6　模型讨论

在一元线性回归方程，即式(4-5)中，$\hat{\beta}_0$ 的实际意义是漏水量，相当于增加了一个水表。当$\hat{\beta}_0>0$ 时，表示本级水表有漏水现象；当$\hat{\beta}_0<0$ 时，表示本级水表有补水(回流，实际中不可能发生)现象；当 $\beta_0=0$ 时，表示本级水表是理想情况，既没有漏水现象也没有补水(回流)现象。

$\hat{\beta}_1$ 的实际意义是比例系数，根据自变量与因变量的逻辑关系，必有 $\beta_1>0$。当 $0<\beta_1<1$ 时，表示分表有虚高现象，需要打折才能与本级水表读数匹配，这种现象在实际情况下经常发生，称

$$\gamma=\frac{1}{\beta_1}-1$$

为分表读数虚高率；当 $\beta_1>1$ 时，表示分表有虚低现象，需要调高才能与本级水表读数匹配；当 $\beta_1=1$ 时，表示分表是理想情况，既没有虚高现象，也没有虚低现象。

由一元线性回归方程，即式(4-11)可知，$\beta_0=15.5958>0$，故存在漏水现象，日均漏水量为 $\beta_0=15.5958$。

由于 $\beta_1=0.9894<1$，故分表存在虚高现象，虚高率为 $\gamma=1.07\%$。

4.5.3.7　模型优化

为了把标准化残差控制在$\pm2\sigma$ 之内，建立一元非线性回归模型为

$$\sqrt{y}=\beta_0+\beta_1\sqrt{x}+\varepsilon \tag{4-12}$$

式中：β_1 为回归系数；β_0 为回归常数；ε 为随机误差，满足 $\varepsilon\sim N(0,\sigma^2)$ 且相互独立。

估计的回归方程为

$$\sqrt{\hat{y}}=\hat{\beta}_0+\hat{\beta}_1\sqrt{x} \tag{4-13}$$

以$\sqrt{x}$为横坐标,以$\sqrt{y}$为纵坐标,画出散点图,如图 4-12 所示。从该图中可知,二者是正相关关系,可转化为一元线性回归模型进行系数估计和统计检验。

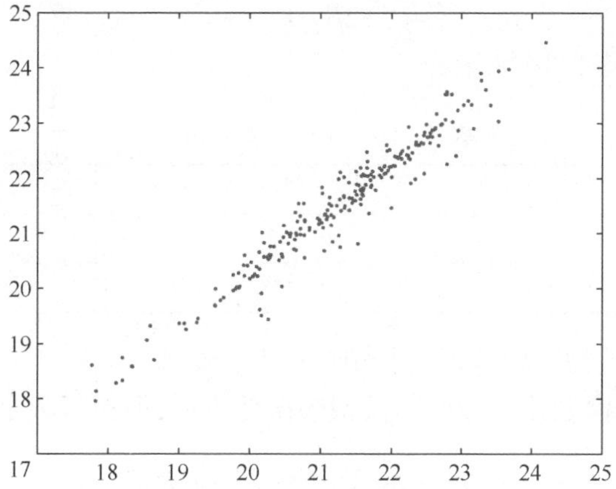

图 4-12　散点图

使用 90%的数据作参数估计,留下 10%的数据作预测误差的评估。

参数估计和统计检验结果如表 4-9 所示。

表 4-9　参数估计和统计检验

指　　标	参数估计	显著性水平 0.05 的置信区间	
常数	0.7364	0.0952	1.3776
斜率	0.9772	0.9471	1.0073
$R^2=0.9450$, $F=4.0874$, $p'=0.00$			

从表 4-9 可知,常数、斜率的置信区间均不包括 0,故系数检验获得通过;$R^2=0.9450$ 接近于 1,故拟合效果很好;F 检验的相伴概率 $p'=0.00<0.05$,故线性关系成立。

残差的正态性和独立性检验如图 4-13 所示,n 个点随机分布在 0 附近,说明残差服从均值为 0 的正态分布。残差不存在趋势,说明残差的方差是常数,且残差满足独立性。标准化残差在$\pm2\sigma$ 之内,说明不存在离群点。

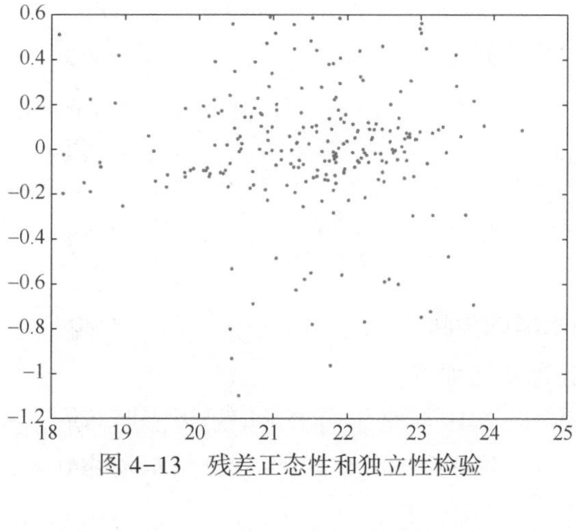

图 4-13　残差正态性和独立性检验

估计的回归方程为

$$\sqrt{\hat{y}}=0.7364+0.9772\sqrt{x} \tag{4-14}$$

在作误差评估时，需要把回归方程转化为

$$\hat{y}=\hat{\beta}_0^2+2\hat{\beta}_0\hat{\beta}_1\sqrt{x}+\hat{\beta}_1^2 x$$

误差检验结果如表 4-10 所示。

表 4-10　误差分析结果

误差指标	均方误差	平均相对误差
模拟误差	149.3980	0.0185
预测误差	52.7158	0.0126

从表 4-10 可知，模型的模拟误差和预测误差都很小。

显然，非线性回归模型比线性回归模型的误差更低，但相差很小。

4.5.4　问题(3)——分析供水管网的漏损情况

建模思路：如果以全年为统计分析时段，首先，针对某水表的全年读数，统计出全年的总用水量；其次，根据上离群点的定义统计出全年的总漏水量；最后，计算总漏水量与总用水量的比值，即为漏水率，该指标是对该水表漏水情况的整体评估。

4.5.4.1　定义漏水率

以年为统计分析时段，内分漏水和不漏水两种情况讨论。

在不漏水的情况下，某水表在某时刻的用水量有大有小，设其平均用水量为$\bar{a}>0$，估计公式为

$$\bar{a}=\frac{1}{n_1}\sum_{i=1}^{n_1}a_i \tag{4-15}$$

式中：a_i 为该水表在第 i 时刻的正常用水量(非离群点)，且 $a_i>0, i=1,2,\cdots,n_1$。

在漏水的情况下，该水表在全年的总漏水量为

$$b=\sum_{j=1}^{n_2}(b_j-\bar{a}) \tag{4-16}$$

式中：b_j 为该水表在第 j 时刻的异常用水量(上离群点)，$b_j>\bar{a}, j=1,2,\cdots,n_2$。

该水表在全年的总用水量为

$$c=\sum_{i=1}^{n_1}a_i+\sum_{j=1}^{n_2}b_j \tag{4-17}$$

该水表的漏水率为

$$\gamma=\frac{b}{c}\times 100\% \tag{4-18}$$

4.5.4.2　计算漏水率的步骤

某水表的漏水率计算步骤如下：

(1) 取时段为“年”，以 2019 年全年用水量记录为依据。

(2) 数据整理，以“天”为单位平滑数据，再删去用水量为 0 的记录，接着把上离群点

(调节系数 $k=2.0$)视为错误记录而用平均值代替。

(3) 从用水记录中剔除离群点(调节系数 $k=1.5$),估计不漏水情况下的平均用水量$\bar{a}$。

(4) 从用水记录中筛选出离群点,得到全年总漏水量 b。

(5) 计算全年总用水量 c。

(6) 计算漏水率 γ。

由于本题中没有总表的用水量记录,所以如果要计算总表的漏水率,就计算所有一级水表的总漏水量之和与总用水量之和的比值,即为总表(供水管网)的漏水率。

4.5.4.3 漏水率计算结果

1. 总表漏水率

在供水管网中一共有 11 个一级水表,计算这些一级水表的总漏水量之和与总用水量之和的比值,就得到总表的漏水率,如表 4-11 所示。

表 4-11 总表的漏水率

总用水量/t	总漏水量/t	漏水率/%
3.2080×10^5	9.4180×10^3	2.94

有资料显示,我国城市公共供水系统(自来水)的管网漏损率平均达到 21.5%~30%[9],在维护良好的公共供水网络中,平均失水在 5%左右。从表 4-11 可知,该校园供水网络的漏水率为 2.94%,属于正常范围,说明其维护良好。

2. 一级水表漏水率

一级水表的漏水率如表 4-12 所示。

表 4-12 一级水表的漏水率

序号	水 表 号	编 码	功 能	漏水率/%
9	3030100101	408X	教学楼	10.9
89	3620302900	412T	教学楼	7.2
88	3620302800	411T	教学楼	3.0
63	3620300200	401X	教学楼	1.5
10	3030100102	409T	办公楼	1.3
82	3620302200	406T	公共设施	1.2
64	3620300300	403X	公共设施	0.9
24	3312800100	407T	宿舍	0.9
62	3620300100	405X	公共设施	0.8
66	3620300500	410X	医院	0.6
90	3620303000	413T	宿舍	0.0

从表 4-12 可知:编码为 408X、412T 的水表,漏水率分别为 10.9%、7.2%,超过了 5%,说明漏水比较严重,该水表属于教学楼。其余水表的漏水率较低,属于正常范围。

查阅编码为 408X 水表的用水量记录,如图 4-14 所示。从该图中可知,有一个用水量 0. 15t 的记录，而正常用水量经过测算约为 0. 02t，故该用水量记录应该是错误的（或许还有更多），剔除之后如图 4-15 所示，从该图中可知，有很多用水量超过 0. 02t 的记录，可见，该水表发生过比较严重的漏水现象。

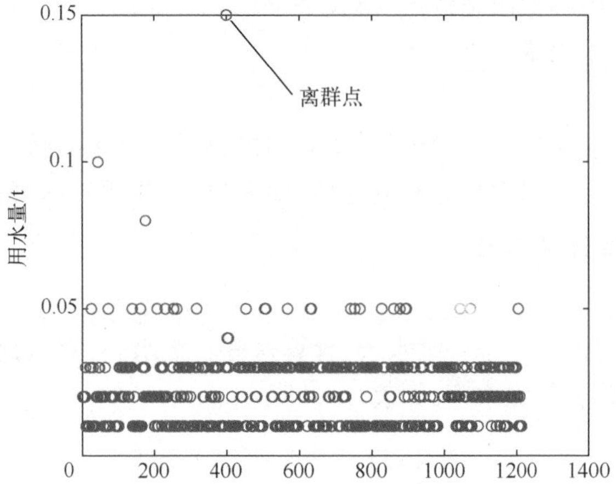

图 4-14　原始用水量记录

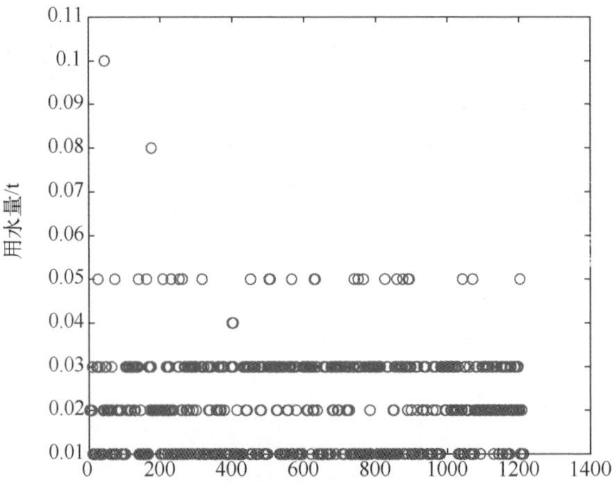

图 4-15　剔除错误值后的用水量记录

3. 二级水表漏水率

二级水表较多，这里仅列出漏水率最大的 5 个水表，其漏水率如表 4-13 所示。

表 4-13　二级水表（部分）的漏水率

序　　号	水　表　号	功　　能	漏水率/%
56	3450200100	教学楼	71. 7
39	3363000100	教学楼	20. 2
55	3422200100	其他	17. 2
38	3360300100	宿舍	14. 2
80	3620302000	商店	12. 2

从表 4-13 可知:水表号为 3450200100 的水表,其漏水率最大(71.7%),说明漏水很严重,该水表属于教学楼。

查阅该水表的用水量记录,如图 4-16 所示。从该图中可知,有一条用水量约为 95t 的记录,而正常用水量经过测算约为 1.52t,故该条用水量记录应该是错误的(或许还有更多),剔除之后如图 4-17 所示,从图中可知,有很多用水量超过 5t 的记录,可见,该水表可能发生过水管爆裂情况。

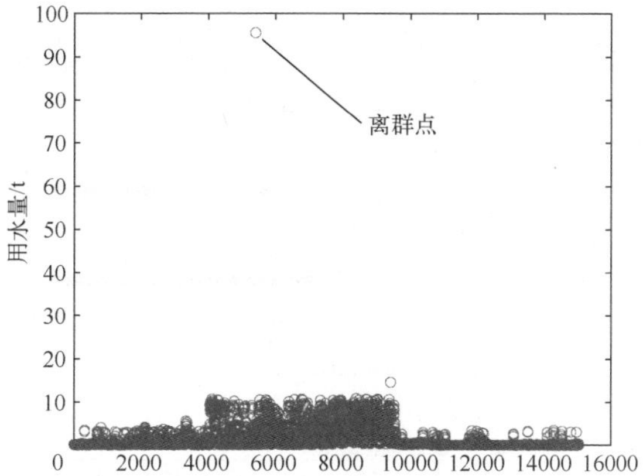

图 4-16 原始用水量记录

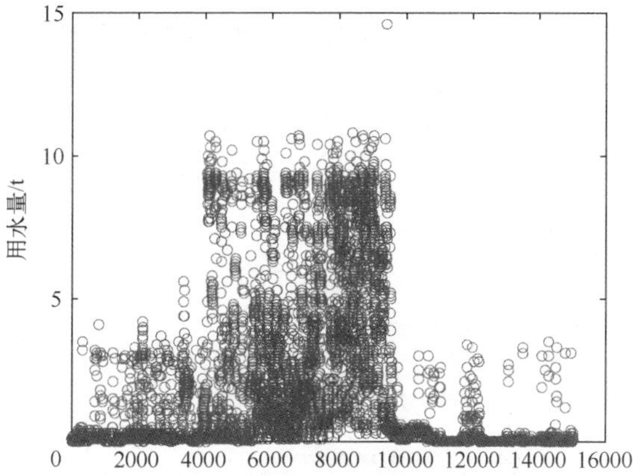

图 4-17 剔除错误值后的用水量记录

4. 三级水表漏水率

三级水表较多,这里仅列出漏水率最大的 5 个水表,其漏水率如表 4-14 所示。

表 4-14 三级水表(部分)的漏水率

序　号	水 表 号	功　能	漏水率/%
14	3161100100	教学楼	38.6
77	3620301700	商店	12.3
21	3280100100	教学楼	8.7
74	3620301300	其他	8.1
23	3290100300	其他	5.3

从表 4-14 可知:水表号为 3161100100 的水表,其漏水率最大(38.6%),说明漏水很严重,该水表属于教学楼。

查阅该水表的用水量记录,如图 4-18 所示。从该图中可知,有一条用水量约为 0.5t 的记录,而正常用水量经过测算约为 0.15t,故该用水量记录应该是错误的(或许还有更多),剔除之后如图 4-19 所示。从该图中可知,有很多用水量超过 0.15t 的记录,可见,该水表漏水很严重。

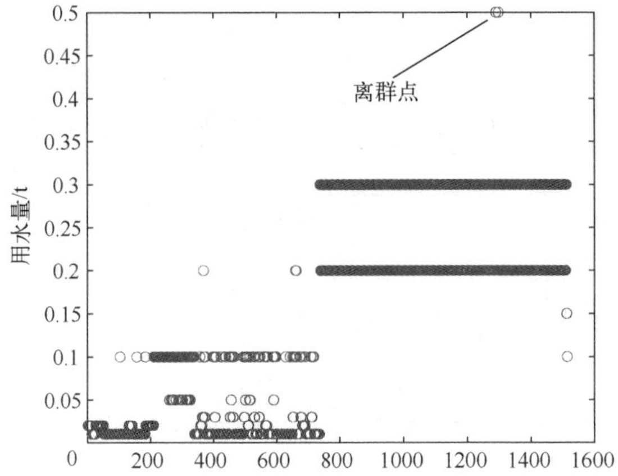

图 4-18 原始用水量记录

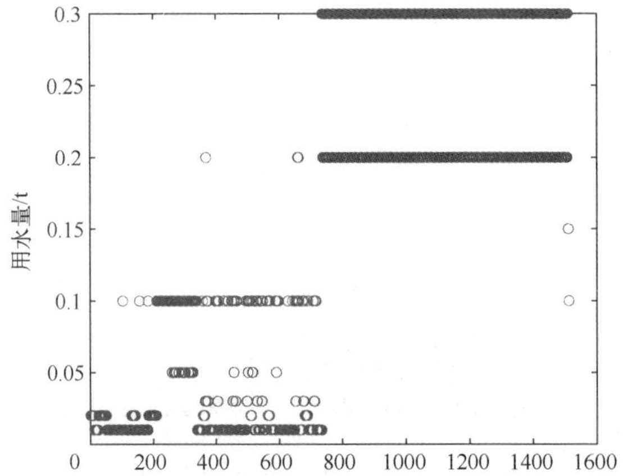

图 4-19 剔除错误值后的用水量记录

5. 四级水表漏水率

四级水表的漏水率如表 4-15 所示。

表 4-15 四级水表的漏水率

序号	水表号	功能	漏水率/%
76	3620301500	公共设施	5.9
5	1836718633	宿舍	0.2
4	1836718629	宿舍	0
3	1836718625	宿舍	0

从表 4-15 可知:水表号为 3620301500 的水表,其漏水率最大(5.9%),说明漏水不严重,该水表属于公共设施。

查阅该水表的用水量记录,如图 4-20 所示。从该图中可知,有一个用水量约为 3t 的记录,而正常用水量经过测算约为 0.03t,故该用水量记录应该是错误的(或许还有更多),剔除之后如图 4-21 所示,从图 4-21 可知,有一些用水量超过 0.1t 的记录,可见,该水表也发生过漏水现象,但不严重。

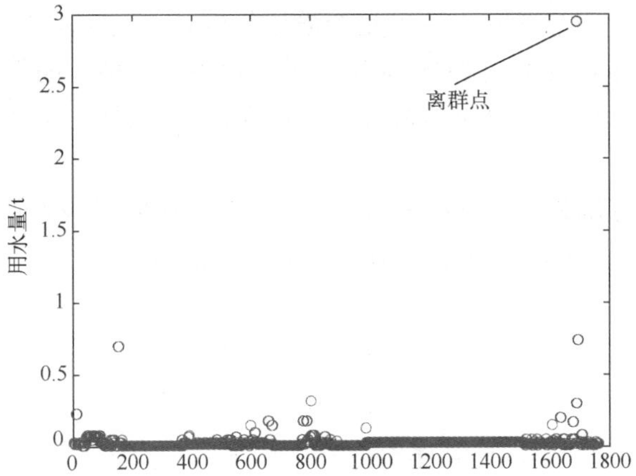

图 4-20　原始用水量记录

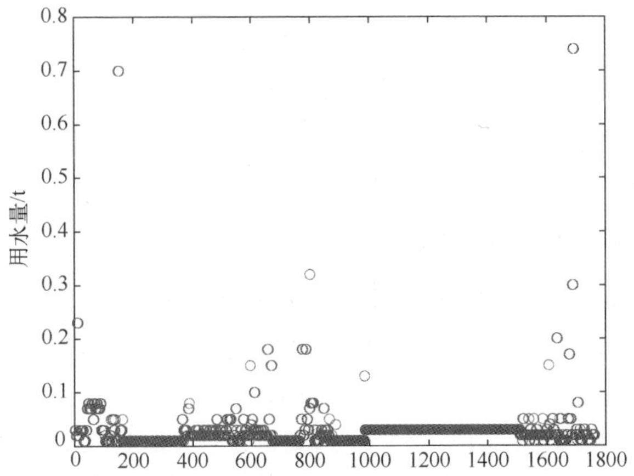

图 4-21　剔除错误值后的用水量记录

4.5.5　问题(4)——实时确定水管发生漏损的位置

建模思路:首先,把漏水量视为随机变量,并假设其服从某种连续型分布(如指数分布),经过参数估计和假设检验后,计算出 25%、50%、75%分位数,并分别设置为黄色、橙色和红色警戒线。其次,比较该水表的实时用水量与 3 条警戒线的大小,一旦超过警戒线,就发出报警信号。

4.5.5.1　连续型分布函数的分位数

设连续型随机变量 X 的分布函数为 $F(X)$,对任意 $P \in (0,1)$,称满足 $F(X)=P$ 的 X

为此分布的 P 分位数,记作 z_P。例如,称 $F(X)=25\%$的 X 为 25%分位数,记作 $z_{0.25}$。

4.5.5.2 水表漏水预警模型

某水表的漏水量为

$$\bar{b}=b-a \tag{4-19}$$

式中:a 为水表在不漏水情况下的用水量,$a\geqslant 0$;b 为水表在漏水情况下的用水量,$b>a$;

根据假设(2),把水表的漏水量$\bar{b}$视为连续型随机变量,令 $X=\bar{b}$,其分布函数为 $F(X)$。

使用 K-S 检验法[10]检验漏水量 X 是否服从分布 $F(X)$,它是以样本经验函数与待检验函数之间的(在样本点处的)偏差作为统计量来检验的。检验的原假设:X 不服从分布 $F(X)$。给定显著性水平 α,如果相伴概率 $p'<\alpha$,则拒绝原假设,认为 X 服从分布 $F(X)$,否则接受原假设。

于是,将 $z_{0.25}$称为漏水黄色警戒线,$z_{0.5}$称为橙色警戒线,$z_{0.75}$称为红色警戒线。

设 c_h 表示水表在第 h 时刻的实时用水量,$c_h\geqslant 0,h=1,2,\cdots,n$,则该水表的实时漏水量为

$$\bar{c}_h=\begin{cases}c_h-a, & c_h>a\\ 0, & c_h\leqslant a\end{cases},\quad h=1,2,\cdots,n \tag{4-20}$$

该水表在第 h 时刻的漏水预警值为

$$d_h=\begin{cases}0, & \bar{c}_h<z_{0.25}\\ 1, & z_{0.25}\leqslant\bar{c}_h<z_{0.5}\\ 2, & z_{0.5}\leqslant\bar{c}_h<z_{0.75}\\ 3, & \bar{c}_h\geqslant z_{0.75}\end{cases} \tag{4-21}$$

当 $d_h=0$ 时,表示水表正常;当 $d_h=1$ 时,表示水表发出黄色警报;当 $d_h=2$ 时,表示水表发出橙色警报;当 $d_h=3$ 时,表示水表发出红色警报。

4.5.5.3 参数估计和假设检验

设 c_h 表示某水表在第 h 时刻的实时用水量,$c_h\geqslant 0,h=1,2,\cdots,n$。

使用时距扩大法平滑数据时,如果时距太小就达不到平滑降噪目的;如果时距太大就达不到实时预警目的,故以“时”为单位平滑数据。

对于上离群点($k=2.0$),不视为错误记录而用平均值代替,因为本小题的要求是预警,所以遵循“宁可信其有不可信其无”“宁可误报也不要漏报” 的原则。

某水表在不漏水情况下的平均用水量为

$$\bar{a}=\frac{1}{n_1}\sum_{i=1}^{n_1}a_i \tag{4-22}$$

式中,a_i 为水表在第 i 时刻(时)的正常用水量(非离群点),且 $a_i>0,i=1,2,\cdots,n_1$;如果 $a_i=0$,表示此时没有发生用水行为,自然不会发生漏水现象。

把不漏水情况下的平均用水量$\bar{a}$作为用水量 a 的估计。

该水表在第 j 时刻的实时漏水量为

$$\bar{b}_j=\begin{cases}b_j-\bar{a}, & b_j>\bar{a}\\ 0, & b_j\leqslant\bar{a}\end{cases},\quad j=1,2,\cdots,n_2 \tag{4-23}$$

式中，b_j 为水表在第 j 时刻（时）的异常用水量（上离群点），且 $b_j>0, j=1,2,\cdots,n_2$。

以实时漏水量$\bar{b}_j(j=1,2,\cdots,n_2)$作为参数估计和假设检验的样本，使用矩估计法完成参数估计，使用 K-S 检验法完成假设检验。检验通过之后，计算分位数 $z_{0.25}$、$z_{0.5}$、$z_{0.75}$和预警值 d_h。

4.5.5.4 水表漏水预警

1. 一级水表漏水预警

以 411T（水表号 3620302800，农业试验站大棚）为例，画出该水表 4 月份下半月的实际用水量折线图，如图 4-22 所示。从该图中可知，大约在 2019 年 4 月 17 日、28 日、29 日左右出现过离群点，有可能发生了漏水。下面使用预警模型进行预警。

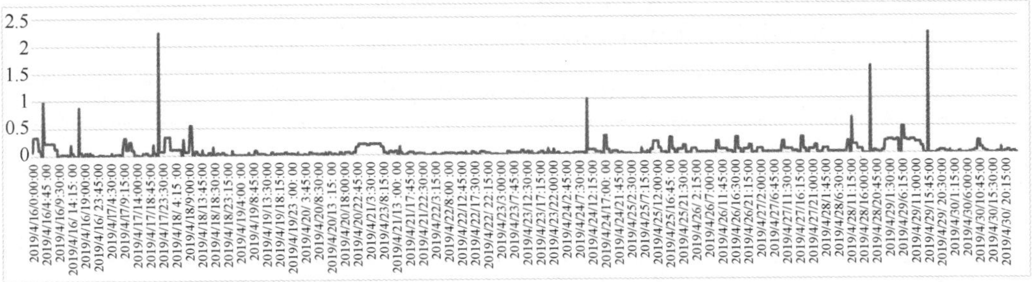

图 4-22 一级水表 411T 在 4 月下半月的实际用水量折线图

计算得，该水表在不漏水情况下的平均用水量$\bar{a}=0.1701$。

画出该水表实时漏水量的直方图，如图 4-23 所示。从该图中可知，实时漏水量服从指数分布，其分布函数为

$$F(x)=\begin{cases}1-e^{-\lambda x}, & x\geqslant 0\\ 0, & x<0\end{cases}$$

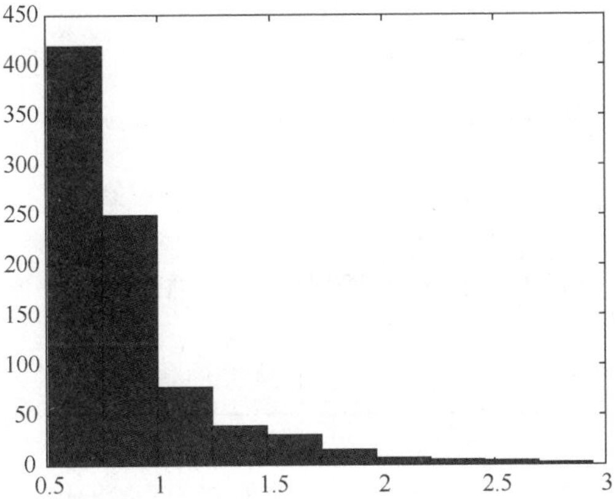

图 4-23 漏水量直方图

其中，参数 $\lambda>0$，记作 $X\sim e(\lambda)$.

指数分布的期望

$$E(X)=\frac{1}{\lambda}$$

参数估计使用矩估计法[10]，有

$$E(X)=\overline{X}$$

于是

$$\lambda=\frac{1}{\overline{X}}$$

计算得，$\lambda=1.1769$。

使用K-S检验法进行检验。原假设：实时漏水量 X 不服从 $e(\lambda)$。给定显著性水平 $\alpha=0.05$，相伴概率 $p'=0.0000<0.05$，故拒绝原假设，认为 $X\sim e(\lambda)$。

指数分布 $e(\lambda)$ 的分位数如表4-16所示。

表4-16　指数分布的分位数

项　目	$z_{0.25}$	$z_{0.5}$	$z_{0.75}$
分位数	0.3386	0.8158	1.6316

该水表在2019年4月下半月的实时预警值，如图4-24所示。从该图中可知，4月份发生了多次黄色预警、橙色预警和红色预警。

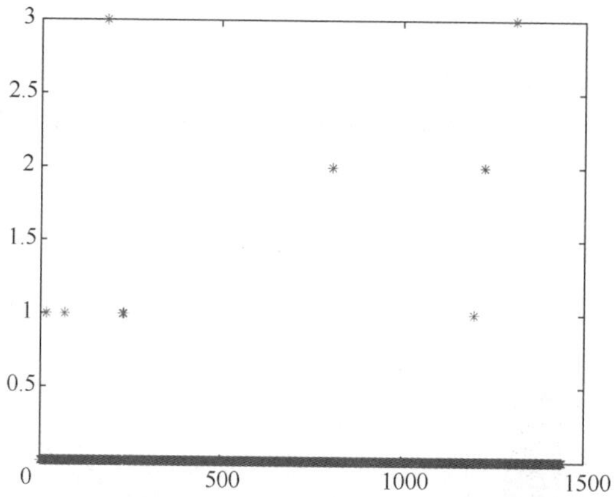

图4-24　在4月下半月的预警值

把该水表在4月下半月发生预警的时刻列出来，如表4-17所示。

表4-17　发出预警的信息

月	日	时	分	用水量/t	漏水量/t	预警值	预警级别
4	16	4	0	0.98	0.8099	1	黄色
4	16	17	0	0.88	0.7099	1	黄色
4	17	22	0	2.24	2.0699	3	红色
4	18	9	15	0.55	0.3799	1	黄色
4	18	9	30	0.55	0.3799	1	黄色

续表

月	日	时	分	用水量/t	漏水量/t	预警值	预警级别
4	18	9	45	0.55	0.3799	1	黄色
4	18	10	0	0.55	0.3799	1	黄色
4	24	10	0	1	0.8299	2	橙色
4	28	11	0	0.65	0.4799	1	黄色
4	28	18	0	1.6	1.4299	2	橙色
4	29	15	0	2.2	2.0299	3	红色

从表 4-17 可知，所建立的预警模型准确地预警了 2019 年 4 月下半月发生的漏水现象，其中，17 日 22 时 0 分、29 日 15 时 0 分均发生了红色预警，与实际情况相吻合，说明所建立的预警模型是正确的。

2. 二级水表漏水预警

以 40509T(水表号 3363000100，×××离退休活动室)为例，画出该水表 6 月 25 日—30 日的实际用水量折线图，如图 4-25 所示。从该图中可知，大约在 2019 年 6 月 26 日—29 日期间出现过离群点，有可能发生了严重的漏水。下面使用预警模型进行预警。

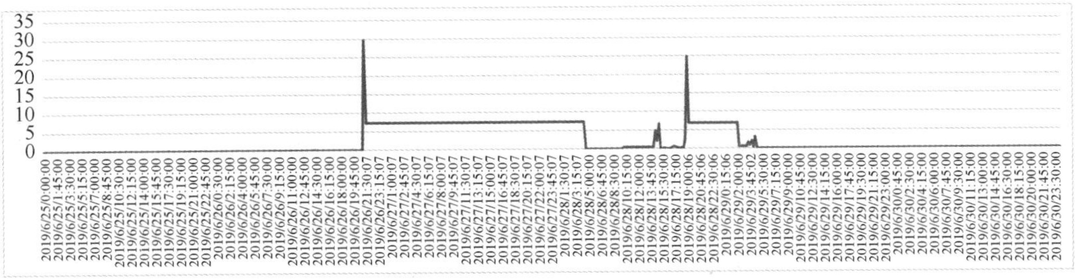

图 4-25　在 6 月 25 日—30 日的实际用水量折线图

该水表在不漏水情况下的用水量为$\bar{a}=0.0393$。

画出该水表实时漏水量的直方图，如图 4-26 所示。从该图中可知，实时漏水量服从指数分布，

参数估计使用矩估计法，得 $\lambda=0.8219$。

使用 K-S 检验法进行检验。给定显著性水平 $\alpha=0.05$，相伴概率 $p'=0.0000<0.05$，故拒绝原假设，认为 $X\sim e(\lambda)$。

指数分布 $e(\lambda)$ 的分位数如表 4-18 所示。

表 4-18　指数分布的分位数

项　　目	$z_{0.25}$	$z_{0.5}$	$z_{0.75}$
分位数	0.2364	0.5697	1.1394

该水表在 2019 年 6 月 25 日—30 日的实时预警值，如图 4-27 所示。从该图中可知，6 月 25 日—30 日发生了多次的黄色预警、橙色预警和红色预警。

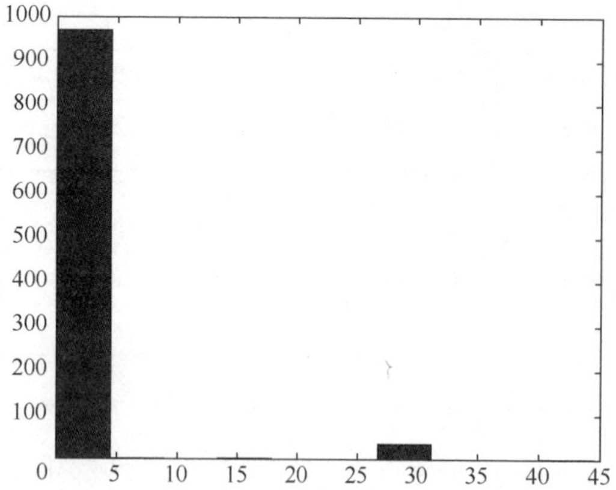

图 4-26　漏水量直方图

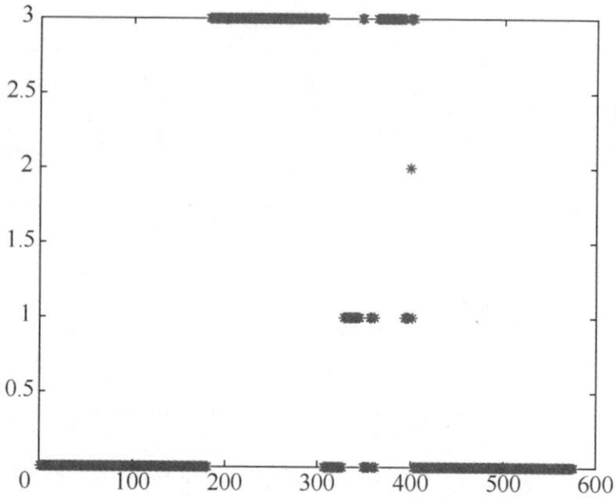

图 4-27　在 6 月 25 日—30 日的预警值

把该水表在 6 月份发生红色预警的时刻列出来,如表 4-19 所示。

表 4-19　发出红色预警的信息

序号	月	日	时	分	用水量/t	漏水量/t	预警值
1	6	26	21	15	29. 8	29. 7607	3
2	6	26	21	30	7. 38	7. 3407	3
3	6	26	21	45	7. 38	7. 3407	3
4	6	26	22	0	7. 38	7. 3407	3
5	6	26	22	15	7. 38	7. 3407	3
…	…	…	…	…	…	…	…
161	6	29	4	15	3. 2	3. 1607	3

从表 4-19 可知,所建立的预警模型准确地预警了 2019 年 6 月 26 日—29 日发生的严重漏水现象,说明所建立的预警模型是正确的。另外,由于漏水持续时间长达 40. 25h,而且漏水量巨大,故漏水率非常大,从而佐证了问题(3)的结论。

4. 5. 5. 5　所有水表在某时刻的漏水预警

以 2019 年 10 月 24 日 23 时 0 分的漏水预警为例,画出所有水表的漏水预警图,如图 4-28 所示。

从图 4-28 可知:

(1) 2、32、58 号水表发出了黄色预警。

(2) 34、61 号水表发出了橙色预警。

(3) 31、33、35、65 号水表发出了红色预警。

4. 5. 6　问题(5)——确定管网漏损的最优维修方案

建模思路:根据假设(3)~(8),以总利润最大化为目标,以每个水表所代表的管道是否维修为决策变量,建立 0-1 规划模型。在参数估计时,以年为时间单位,漏水费=漏水量×水价;人工费=日薪×人数×天数,人数、天数与水表口径成正比,故可以用水表口径来估计。材料费也用水表口径来估计。

水表	预警	水表	预警	水表	预警	水表	预警	水表	预警	水表	预警	水表	预警	水表	预警	水表	预警	水表	预警
1	0	11	0	21	0	31	3	41	0	51	0	61	2	71	0	81	0	91	0
2	1	12	0	22	0	32	1	42	0	52	0	62	0	72	0	82	0		
3	0	13	0	23	0	33	3	43	0	53	0	63	0	73	0	83	0		
4	0	14	0	24	0	34	2	44	0	54	0	64	0	74	0	84	0		
5	0	15	0	25	0	35	3	45	0	55	0	65	3	75	0	85	0		
6	0	16	0	26	0	36	0	46	0	56	0	66	0	76	0	86	0		
7	0	17	0	27	0	37	0	47	0	57	0	67	0	77	0	87	0		
8	0	18	0	28	0	38	0	48	0	58	1	68	0	78	0	88	0		
9	0	19	0	29	0	39	0	49	0	59	0	69	0	79	0	89	0		
10	0	20	0	30	0	40	0	50	0	60	0	70	0	80	0	90	0		

图 4-28　所有水表在 10 月 24 日 23 时 0 分的预警图

4.5.6.1　模型建立

设 $x_i=1$ 表示第 i 水表所代表的管道被维修，$x_i=0$ 表示不维修，$i=1,2,\cdots,n$，n 表示水表总数，这里 $n=91$。

分析目标函数。根据假设(2)，目标函数=总收益-总成本，即

$$f=R-C$$

式中：f 为总利润(元)；R 为总收益(元)；C 为总成本(元)。

总收益就是漏水费，漏水费=漏水量×水价，即

$$R=p_1\sum_{i=1}^{n}x_ib_i$$

式中：p_1 为水价(元/t)；b_i 为第 i 水表的全年总漏水量(t)。

总成本=人工费+材料费，即

$$C=C_1+C_2$$

式中：C_1 为人工费(元)；C_2 为材料费(元)。

人工费=日薪×人数×天数，人数×天数=难度系数×难度×水表口径，即

$$C_1=p_2\sum_{i=1}^{n}et_ir_ix_i$$

式中：p_2 为人工日薪(元/(人·天))；e 为难度系数；t_i 为第 i 水表的难度(人·天/毫米)。r_i 为第 i 水表的口径(毫米)。

材料费与水表价格成正比，于是有：材料费=维修材料系数×水表价格，即

$$C_2=\sum_{i=1}^{n}gs_ix_i$$

式中：g 为维修材料系数；s_i 为第 i 水表的价格(元)。

汇总得，0-1 规划模型为

$$\max \quad f = R - C$$

$$\text{s.t.}\begin{cases} R = p_1 \sum_{i=1}^{n} b_i x_i \\ C = p_2 \sum_{i=1}^{n} e t_i r_i x_i + \sum_{i=1}^{n} g s_i x_i \\ x_i \in \{0,1\}, \quad i = 1,2,\cdots,n \end{cases} \tag{4-24}$$

4.5.6.2 参数估计

(1) 估计水价和漏水量。以浙江省杭州市为例,从中国水网查得,2019 年非居民水价为 2.65 元/t,故 $p_1=2.65$。漏水量 b_i 由问题(3)的结果可得。

(2) 估计日薪。以浙江省为例,查询《浙江省统计年鉴》并折算得,2019 年供水行业每天人均 312 元,故 $p_2=312$。

(3) 估计难度系数与难度。在实际中难度系数可由经验来确定,这里取 $e=0.005$;难度值与口径有关,取

$$t_i = \frac{r_i}{\min\limits_{1\leqslant i\leqslant n}\{r_i\}}, \quad i=1,2,\cdots,n$$

例如,当 $t_i=1$ 时,表示难度为 1(人·天/mm),如果某水表的口径为 15mm,那么

人数×天数=难度系数×难度×水表口径=0.005×1×15=0.075(人·天)

即,维修该水表需要 1 个工人工作 0.075 天(1.8h)。

(4) 估计维修材料系数与水表价格。在实际中维修材料系数可由经验来确定,这里维修材料系数取 $g=0.1$;水表价格以某品牌各口径水表的价格为例,如表 4-20 所示。

表 4-20 某品牌各口径水表的价格

口径/mm	15	20	25	40	50	80	100	150	200
价格/元	140	160	230	340	450	650	750	1200	1500

4.5.6.3 模型求解

使用 LINGO 软件编程求解[11],计算结果如表 4-21 所示。

表 4-21 需要维修的水表信息

序号	水表号	编码	层级	功能	口径/mm	漏水量/t	难度	价格/元
55	3422200100	40115T	2	其他	80	328.24	5.3	650
56	3450200100	40214T	2	教学楼	80	4237.41	5.3	650
67	3620300600	40119T	2	教学楼	25	41.38	1.7	230
74	3620301300	4010401T	3	其他	20	70.6	1.3	160
88	3620302800	417T	1	教学楼	15	21.1	1	140

4.5.6.4 结果检验

从表 4-21 可知,56 号水表获得维修,是因为它的漏水量最大,从而收益最大;而 88

号水表获得维修,是因为它的口径最小、难度最小、价格最低,从而成本最小,可见,所建立的模型较好地兼顾了收益和成本,是可行的。

4.6 灵敏度分析

在问题(5)确定管网漏损的最优维修方案时,日薪、水表价格具有一定的误差,需要进行灵敏度分析。

4.6.1 日薪

改变日薪,观察最优值的变化,结果如表4-22所示。

表4-22 日薪的灵敏度分析

日薪改变量/%	不变	1	-1
最优值	43261.98	43203.85	43320.83
相对改变量/%	100	-0.13	0.14

从表4-22可知,日薪的微小变化对最优值的影响很小。

4.6.2 水表价格

改变水表价格,观察最优值的变化,结果如表4-23所示。

表4-23 水表价格的灵敏度分析

水表价格改变量/%	不变	1	-1
最优值	43261.98	43254.7	43269.3
相对改变量/%	100	-0.02	0.02

从表4-23可知,水表价格的微小变化对最优值的影响很小。

4.7 稳健性分析

在问题(3)分析供水管网的漏损情况时,把上离群点(调节系数 $k=2.0$)视为错误记录而用平均值代替。调节系数具有一定的主观性,需要进行稳健性分析。

以总表的漏水率为例,改变调节系数,观察漏水率的变化,结果如表4-24所示。

表4-24 调节系数的稳健性分析

调节系数	2.0	2.5	3.0	3.5	4.0
漏水率/%	2.94	2.94	2.94	2.94	2.94

从表4-24可知,调节系数的大小对于总表漏水率没有影响。

4.8 模型的评价和推广

4.8.1 模型优点

(1) 从漏水角度分析了单个水表漏水量的月、小时、星期的分布规律,还分析了各功能区漏水量的月、小时、星期的分布规律,突出了主题。

(2) 基于水量平衡分析法建立了本级水表和分表用水量之间的一元线性回归模型,不但预测误差很小(1.27%),而且回归系数具有实际意义,回归常数代表了漏水量,回归斜率代表了虚高程度。接着,又建立了非线性回归模型,是对线性回归模型的优化,预测误差更小(0.63%),但回归系数不具有实际意义。

(3) 建立了漏水率指标测度了每个水表以及整个供水网络的漏水程度,检验结果表明,漏水率是符合实际的。

(4) 把水表的漏水量视为连续型随机变量,把25%、50%、75%分位数分别设置为蓝色、橙色和红色警戒线,达到了实时预警的目的。

(5) 建立了0-1规划模型来确定漏损管道的最优维修方案,兼顾了收益和成本,简单而实用。

4.8.2 模型缺点

在0-1规划模型中,难度系数和维修材料系数的估计具有主观性,在实际应用中需要获取更多的客观资料进行进一步估计。

4.8.3 模型推广

本文所建立的一系列模型可以应用于任何规模的供水网络中,还可以推广到供电、供气等网络中。

4.9 参考文献

[1] 中国大学生在线. 2020全国大学生数学建模竞赛论文展示[C/OL]. (2021-06-18)[2022-07-27]. https://dxs.moe.gov.cn/zx/hd/sxjm/sxjmlw/2020qgdxssxjmjslwzs/.

[2] 张涛,李鹏辉,刘沐春. 校园供水系统智能管理[J]. 工程数学学报,2020,37(增刊1):204-218.

[3] 杨承学,陈建芬,罗玉红. 校园供水系统智能管理[J]. 工程数学学报,2020,37(增刊1):219-226.

[4] 薛毅. “校园供水系统智能管理”的问题解析[J]. 数学建模及其应用,2021,10(1):101-111.

[5] 王杉月,张葵,艾静,等. 供水管网漏损检测与识别技术研究进展[J]. 净水技术,2020,39(8):49-55.

[6] 刘小帅,廖振良. 城镇供水管网漏损检测及定位技术研究进展[J]. 能源环境保护,2021,35(5):16-22.
[7] 王积建. 全国大学生数学建模竞赛试题研究:第3册[M]. 北京:国防工业出版社,2019.
[8] 刘伟. 影响水表计量准确度的因素与对策[J]. 设备管理与维修,2018(19):106-107.
[9] 肖翊. 供水管网漏损率因素分析及控制对策:以天津市为例[J]. 城市,2014(3):66-71.
[10] 马明,冶建华,张申贵,等. 随机数学建模方法及其应用:概率模型[M]. 北京:科学出版社,2013.
[11] 谢金星,薛毅. 优化建模LINDO/LINGO软件[M]. 北京:清华大学出版社,2005.

第5章　2021D 连铸切割的在线优化

摘　要

连铸是将钢水变成钢坯的生产过程,本文针对连铸切割的在线优化问题进行了研究。

针对问题(1),借助“装箱问题”的建模思想,把尾坯分为5部分,分别对应5个箱子,以这5个箱子里装的钢坯个数和钢坯长度为决策变量,以长度低于4.8m的钢坯根数最少为第一目标,以切割损失最小为第二目标,以目标值钢坯根数最多为第三目标,以各箱内的钢坯长度符合要求为约束条件,建立(5箱1段)多目标优化模型(模型Ⅰ),使用序贯算法求解,使用LINGO软件编程,得出了各尾坯的最优切割方案,总切割损失为22.8m。例如,把109m尾坯切成2个9.5m,10个9m,切割损失为0。

针对问题(2),当结晶器出现异常时,可以把报废段附着在拉坯的最后,把含有报废段的拉坯视为尾坯,再增加1个箱子专门装含有报废段的拉坯,建立(6箱1段)多目标优化模型(模型Ⅱ),就可以制定实时最优切割方案。当结晶器出现新的异常时,如果对原切割方案不作调整,那么前8次异常总切割损失16.6m。如果对原切割方案进行调整,那么把拉坯按照报废段的个数进行划分,有几个报废段就划分为几段,从而建立(6箱多段)多目标优化模型(模型Ⅲ),得出了各尾坯的最优切割方案,前8次异常总切割损失为10.8m。通过比较可知,当结晶器出现新的异常时针对原切割方案进行实时调整是必要的。

针对问题(3),只要把模型Ⅲ里的有关参数进行改变,就可以得出相应的实时最优切割方案。当钢坯的目标值为8.5m时,前8次异常总切割损失为5.3m。当钢坯的目标值为11.1m时,前8次异常总切割损失为16.8m。

由于结晶器出现异常具有随机性,所以通过灵敏度分析表明,结晶器出现异常时刻的微小变化对最优切割方案不会产生影响。

稳健性分析表明,把报废段附着在尾坯的最后和最前对最优切割方案没有影响。

最后,把模型Ⅱ进行了推广,建立了更加一般化的模型,使得它不但可解决尾坯(无报废段)的切割问题,而且可解决结晶器出现异常(有1个报废段)时的拉坯切割问题,还可在结晶器出现新的异常时对原切割方案进行调整。

本文所建立的模型属于多目标非线性混合规划模型,使用序贯解法能够得到最优解,还能够识别出不能切割的尾坯,钢坯长度的精度可调节。缺点是要求每个“箱子”里的钢坯长度都相等可能会导致无解,但在提高精度的情况下可求得最优解。本文所建立的模型可以推广到一维切割问题中,如木材切割、钢材切割、尼龙绳切割等。

关键词:装箱问题;多目标优化模型;序贯算法;连铸切割;在线优化

5.1 问题重述

连铸是将钢水变成钢坯的生产过程。钢水连续地从中间包浇入结晶器,并按一定的速度从结晶器向下拉出进入二冷段,经过二冷段之后形成钢坯,然后按照一定的尺寸要求对钢坯进行切割。在连铸停浇时,会产生尾坯,尾坯的切割也是连铸切割的组成部分。在切割方案中,优先考虑切割损失,要求切割损失尽量小,其次考虑用户要求,在相同的切割损失下,切割出的钢坯尽量满足用户的目标值。

请建立数学模型或设计算法,解决以下问题:

(1) 针对尾坯制定最优切割方案;

(2) 在结晶器出现异常时制定实时最优切割方案,并给出当用户目标值是 9.5m、目标范围是 9.0~10.0m 时的结果;

(3) 对以下两种情况给出实时最优切割方案:①用户目标值是 8.5m,目标范围是 8.0~9.0m;②用户目标值是 11.1m,目标范围是 10.6~11.6m。

5.2 问题分析

5.2.1 研究现状综述

关于连铸切割在线优化问题的研究,比较典型的解决方法有:

(1) 把切割工艺参数进一步简单化,形成更为特殊的约束条件,所建立的双目标优化模型更加简单,但切割损失太大。例如,在结晶器正常时,把切割后的钢坯长度限定为 8m、9m、9.5m 和 10m,切割损失 64.1m;在结晶器出现异常且对原切割方案不作调整时,把切割后的钢坯长度限定为 9m、9.5m 和 10m,切割损失 36m(不含报废段)[1]。

(2) 在解决尾坯最优切割问题时,先估计出最少可切割成 L_0段,最多可切割成 L_1段,在$[L_0,L_1]$内有 N 个整数,就有 N 个切割方法,然后针对每一个切割方法以切割损失最小建立单目标优化模型,求解后通过比较 N 个切割方法的最优值,取最优值最小的那个切割方法的方案就是最优方案。在解决结晶器出现异常情况下的切割问题时,分 3 种情况(1 个报废段、2 个报废段、需要二次切割)进行讨论,分别建立了单目标优化模型,得到了实时最优切割方案[2]。

(3) 在解决尾坯最优切割问题时,把切割后钢坯的长度设定为 4.8m、4.9m、5.0m、…、12.6m,一共有 79 种,每一种钢坯切割 n_i个($i=1,2,\cdots,79$),其中 9.5m 的钢坯根数是 n_{48},把 $n_{48}\geqslant m$ 作为约束条件(m 是主观指定的整数),以切割损失最小建立了单目标优化模型,得到了最优切割方案。在解决结晶器出现异常情况下的切割问题时,把相邻 2 个报废段,转化为在 4.8m 与 8m 之间存在 2 个报废段,如果只有 1 个报废段,就转化为在 4.8m 与 8m 之间存在 1 个报废段,从而把尾坯最优切割模型推广到实时最优切割模型[3]。

(4) 在解决尾坯最优切割问题时，把切割后钢坯的长度设定为 4.8m、4.9m、5.0m、…、12.6m，一共有 79 种，每一种钢坯切割 n_i 个 ($i=1,2,\cdots,79$)，以切割损失最小、目标值钢坯个数最多建立了双目标优化模型，得到了最优切割方案。在解决结晶器出现异常情况下的切割问题时，把报废段附着在正常段的前端或后端，从而转化为尾坯最优切割模型[4]。

蔡志杰教授从算法角度对连铸切割问题进行了研究，建立了最优实时在线切割算法，该算法的计算量极小、速度极快，符合在线实时切割的要求，可以实现在线实时切割。[5]薛毅教授从切割损失最小、目标值钢坯个数最多、符合目标范围的钢坯个数最多这 3 个方面建立了多目标优化模型，还给出了切割算法，最后对评阅过程中出现的问题进行了评述[6]。

5.2.2 本文研究思路

在制定最优切割方案时，由于题目要求考虑的目标有 2 个，分别是切割损失最小、切割出的钢坯尽量满足用户的目标值，所以需要建立多目标优化模型。

针对问题(1)，借助“装箱问题”(把若干物品装入空箱子，如何装才能使得箱子数量最少)的思想，把尾坯长度划分为 5 个部分，对应 5 个箱子，以这 5 个箱子里装的钢坯个数和钢坯长度为决策变量，以切割损失最小、目标值钢坯根数最多为目标，以各箱内的钢坯长度符合要求为约束条件，建立多目标优化模型(模型I)，就可以制定尾坯的最优切割方案。

针对问题(2)，当结晶器出现异常时，可以把报废段附着在拉坯的最后，把含有报废段的拉坯视为尾坯，再增加 1 个箱子专门装含有报废段的拉坯，建立多目标优化模型(模型Ⅱ)，就可以制定实时最优切割方案。当结晶器出现新的异常时，有两种处理方法，一是仍然按照原切割方案切割；二是对原方案进行调整，把拉坯按照报废段的个数进行划分，有几个报废段就划分为几段，从而建立 6 箱多段的多目标优化模型(模型Ⅲ)，得出新的最优切割方案。通过比较以上两种情况下的切割损失，就可得出两种处理方法的优劣。

针对问题(3)，只要把模型Ⅲ里的有关参数进行改变，就可以得出相应的实时最优切割方案。

本文研究路径如图 5-1 所示。

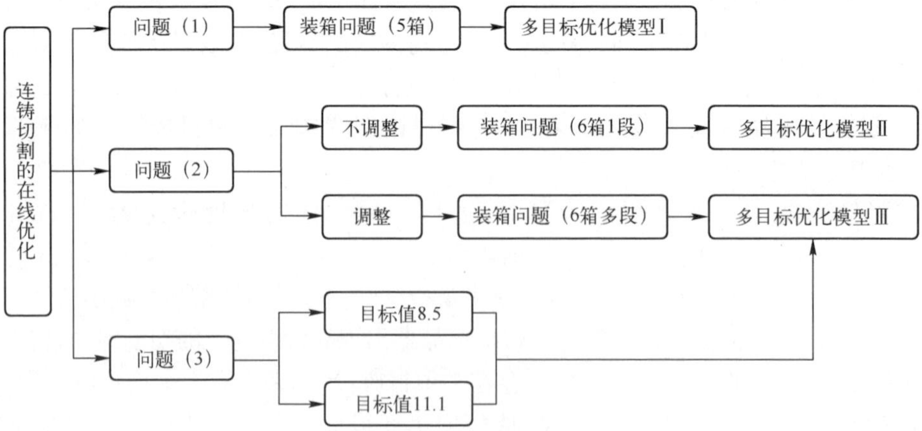

图 5-1 研究路径

5.3 符号说明

$[a_1,a_2]$——基本要求中的钢坯长度范围；

$[c_1,c_2]$——正常要求中的目标范围；

c——目标值；

d——尾坯长度；

n_i,x_i——i 号箱里钢坯根数和长度,$i=1,2,\cdots,6$；

e——报废段长度；

s——从切割机工作起点到结晶器中心的长度；

v——钢坯移动速度；

t_1,t_2——结晶器前后 2 次出现异常的时刻；

t——结晶器前后 2 次出现异常的时间间隔。

其余符号在文中给出。

5.4 模型假设

为了简化问题,作如下假设:

(1) 当切割后的钢坯长度小于4.8m,或者大于12.6m 时,由于无法运走而阻碍生产,所以把该切割方案视为无效方案,不能切割。

(2) 以结晶器中心作为计时起点。

(3) 切割损失不含报废段。

(4) 长度单位是“m”,时间(时刻)单位是“min”。

5.5 模型建立与求解

5.5.1 问题(1)——针对尾坯制定最优切割方案

5.5.1.1 探索性分析

针对基本要求和正常要求的理解。正常要求中钢坯长度的目标范围是[9,10],基本要求中下道工序能够接受的钢坯长度是[8,11.6],由于$[9,10]\subset[8,11.6]$,故切割后(含离线二次切割)的钢坯长度如果满足了正常要求,就必然满足基本要求,因此在切割时只要让钢坯长度满足正常要求即可。

以尾坯长度 109.0m 为例。已知基本要求中的钢坯长度范围为[4.8,12.6],目标值为 9.5m。令

$$\begin{cases} m_1 = \left\lceil \dfrac{109.0}{12.6} \right\rceil = 9 \\ m_2 = \left\lceil \dfrac{109.0}{4.8} \right\rceil = 23 \end{cases}$$

于是切割后的钢坯根数为 9~23 根。以 12 根为例,不同的切割方案如下:

切割方案Ⅰ,切出 11 个 9.5m,剩余 4.5m,由于 4.5<4.8,故无法运走,此方案不符合基本要求,是无效方案。

切割方案Ⅱ,切出 10 个 9.5m,剩余 14m,这个 14m 需要切成 2 段,至少有以下几种切法:一是 4.7m 和 9.3m,由于 4.7<4.8,故不符合基本要求,该切法删去;二是 4.8m 和 9.2m,符合基本要求和正常要求,切割损失为 4.8m,该切法保留;三是 5.0m 和 9.0m,符合基本要求和正常要求,切割损失为 5.0m,该切法保留。可见,不同切割方案的切割损失是不同的,切割损失存在最小值。此外,在相同的切割损失下,切割方案是不唯一的。

根据以上分析,可借助“装箱问题”的思想,得出建模思路:把尾坯长度划分为 5 部分,对应 5 个箱子,如图 5-2 所示,1 号箱的每根钢坯长度等于目标值;2 号箱的每根钢坯长度在[9.0,10.0]之间;3 号箱的每根钢坯长度在(10,12.6]之间,需要离线二次切割而产生切割损失;4 号箱的钢坯长度在[4.8,9.0)之间(有 1 根或 0 根),直接报废而产生切割损失;5 号箱的钢坯长度在[0,4.8)之间(有 1 根或 0 根),由于无法运走而不能切割。5 个箱子的编号有规律,即编号越小的箱子希望装入的钢坯越多。

于是以这 5 个箱子里装的钢坯个数为决策变量,分别以 5 号箱钢坯根数最小、切割损失最小、1 号箱钢坯根数最大为目标,以各箱内的钢坯长度符合要求为约束条件,建立多目标优化模型,就可以得出最优切割方案。

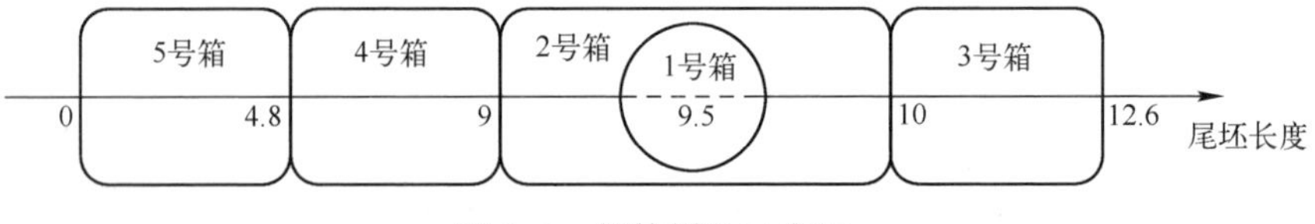

图 5-2　箱体划分示意图

5.5.1.2　模型建立

设基本要求中的钢坯长度范围为$[a_1,a_2]$,正常要求中的目标范围为$[c_1,c_2]$,目标值为 c,尾坯长度为 d。

把尾坯长度 d 划分为 5 部分,对应 5 个箱子,1 号箱含有 n_1 根钢坯($n_1 \geqslant 0$ 且为整数),每根钢坯的长度为 x_1,且 $x_1=c$;2 号箱含有 n_2 根钢坯($n_2 \geqslant 0$ 且为整数),每根钢坯的长度为 x_2,且 $x_2 \in [c_1,c_2]$;3 号箱含有 n_3 根钢坯($n_3 \geqslant 0$ 且为整数),每根钢坯的长度为 x_3,且 $x_3 \in (c_2,a_2]$,钢坯需要离线二次切割;4 号箱含有 n_4 根钢坯($0 \leqslant n_4 \leqslant 1$ 且为整数),钢坯的长度为 x_4,且 $x_4 \in [a_1,c_1)$,钢坯需要直接报废;5 号箱含有 n_5 根钢坯($0 \leqslant n_5 \leqslant 1$ 且为整数),钢坯的长度为 x_5,且 $x_5 \in [0,a_1)$,根据假设(1),该切割方案为无效方案,不能切割。

（1）分析目标函数。5 号箱钢坯导致无法运走，故优先减少这一箱钢坯的数量，于是第一目标为 $f_1 = n_5$，求其最小值，即

$$\min f_1 = n_5 \tag{5-1}$$

切割损失为第二目标且求最小值，即

$$\min f_2 = n_3(x_3 - c_2) + n_4 x_4 + n_5 x_5 \tag{5-2}$$

在相同的切割损失下，切割出的钢坯尽量满足用户的目标值，即

$$\max f_3 = n_1 \tag{5-3}$$

（2）分析约束条件。各箱钢坯的根数要满足

$$\begin{cases} n_4 \leqslant 1 \\ n_5 \leqslant 1 \\ n_i \geqslant 0 \text{ 且为整数}, i = 1, 2, \cdots, 5 \end{cases} \tag{5-4}$$

各箱的钢坯长度要满足

$$\begin{cases} x_1 = c \\ c_1 \leqslant x_2 \leqslant c_2 \\ c_2 < x_3 \leqslant a_2 \\ a_1 \leqslant x_4 < c_1 \\ 0 \leqslant x_5 < a_1 \end{cases} \tag{5-5}$$

尾坯的总长度要满足

$$\sum_{i=1}^{5} n_i x_i = d \tag{5-6}$$

如果规定钢坯长度的精度是 0.1m，则

$$\begin{cases} y_i = 10x_i, \quad i = 1, 2, \cdots, 5 \\ y_i \text{ 为整数} \end{cases} \tag{5-7}$$

汇总并化简得，

$$\begin{aligned} &\min f_1 = n_5 \\ &\min f_2 = n_3(x_3 - c_2) + n_4 x_4 + n_5 x_5 \\ &\max f_3 = n_1 \\ &\begin{cases} n_4 \leqslant 1, \quad n_5 \leqslant 1 \\ x_1 = c, \quad c_1 \leqslant x_2 \leqslant c_2, \quad c_2 < x_3 \leqslant a_2, \\ a_1 \leqslant x_4 < c_1, \quad 0 \leqslant x_5 < a_1, \\ \sum_{i=1}^{5} n_i x_i = d, \quad y_i = 10x_i, i = 1, 2, \cdots, 5, \\ n_i \geqslant 0 \text{ 且为整数}, i = 1, 2, \cdots, 5 \\ y_i \text{ 为整数}, i = 1, 2, \cdots, 5 \end{cases} \end{aligned} \tag{5-8}$$

5.5.1.3 模型求解

式(5-8)是多目标非线性优化模型（模型Ⅰ），适用于 5 箱 1 段的尾坯切割问题。采用序贯算法，即先以第一目标求解，然后把第一目标的最优值作为约束条件，以第二目标

求解，以此类推，最后得到的最优解就是多目标优化模型的解。

如果$f_1^*=1$，即$n_5=1$，说明5号箱有1个钢坯，但无法运走，故不能切割，直接报废，于是求解程序终止。

如果无解，则可以把精度调节到0.01m（或0.001等）再尝试，即

$$y_i=100x_i, i=1,2,\cdots,5$$

以尾坯长度109.0m为例。$a_1=4.8, a_2=12.6, c=9.5, c_1=9.0, c_2=10.0, d=109.0$，使用LINGO软件求解，先以第一目标求解得$f_1^*=0$，再把$f_1=0$作为约束条件，以第二目标求解得$f_2^*=0$，再把$f_2=0$作为约束条件，以第三目标求解得，$f_3^*=2$，最优解和最优值如表5-1第2行所示。切割方案是2个9.5m，10个9m，切割损失为0。经过检验，该切割方案既符合正常要求，也符合基本要求。

表5-1　所有尾坯的切割方案

尾坯长度/m	n_1	n_2	x_2	n_3	x_3	n_4	x_4	n_5	x_5	f_2	备注
109.0	2	10	9	0	—	0	—	0	—	0	—
93.4	6	4	9.1	0	—	0	—	0	—	0	—
80.9	0	7	10	1	10.9	0	—	0	—	0.9	离线切割
72.0	0	8	9	0	—	0	—	0	—	0	—
62.7	0	3	10	3	10.9	0	—	0	—	2.7	离线切割
52.5	0	0	—	5	10.5	0	—	0	—	2.5	离线切割
44.9	0	3	10	1	10	1	4.9	0	—	4.9	—
42.7	0	1	10	3	10.9	0	—	0	—	2.7	离线切割
31.6	0	1	10	2	10.8	0	—	0	—	1.6	离线切割
22.7	0	0	—	2	**11.35**	0	—	0	—	2.7	离线切割
14.5	0	1	9.7	0	—	1	4.8	0	—	4.8	—
13.7	0	0	—	1	10	0	—	1	3.7	3.7	不能切割

注：(1)“—”表示由于该钢坯个数为0故不必列出；

(2) **11.35**的精度取0.01m，其余精度取0.1m。

所有尾坯的切割方案如表5-1所示。例如，对于尾坯长度13.7m，切割成10m和3.7m，由于3.7m不符合基本要求（或$n_5=1$），故不能切割，直接报废。合计切割损失22.8m（不含13.7m的尾坯）。

需要说明的是，在LINGO软件中，“>”与“>=”等效，“<”与“<=”等效，因此在编写类似于$a>b$或$a<b$的语句时，可放宽为$a\geqslant b$或$a\leqslant b$。

5.5.1.4　结果整理

根据表5-1，按“尾坯长度、切割方案、切割损失”等内容列表给出具体的最优切割方案，如表5-2所示。

表 5-2　所有尾坯的最优切割方案

尾坯长度/m	切割方案/m	切割损失/m	备　　注
109.0	2 个 9.5,10 个 9	0	—
93.4	6 个 9.5,4 个 9.1	0	—
80.9	7 个 10,1 个 10.9	0.9	离线切割
72.0	8 个 9	0	—
62.7	3 个 10,3 个 10.9	2.7	离线切割
52.5	5 个 10.5	2.5	离线切割
44.9	4 个 10,1 个 4.9	4.9	—
42.7	1 个 10,3 个 10.9	2.7	离线切割
31.6	1 个 10,2 个 10.8	1.6	离线切割
22.7	2 个 **11.35**	2.7	离线切割
14.5	1 个 9.7,1 个 4.8	4.8	—
13.7	1 个 10,1 个 3.7	3.7	不能切割

5.5.1.5　小结

本节建立的最优切割模型,具有以下优势:

(1) 既满足基本要求,又满足正常要求。

(2) 实现了 2 个目标,一是切割损失最小,二是长度等于目标值的钢坯最多。

(3) 能够识别出不能切割的尾坯。例如,对于尾坯 13.7m,不能切割。

(4) 钢坯长度的精度可调节。例如,对于尾坯 22.7m,切割精度为 0.01m。

5.5.2　问题(2)——制定实时最优切割方案

5.5.2.1　在新出现异常时对原切割方案不作调整

1. 探索性分析

根据假设(2),以结晶器中心作为计时起点,当结晶器出现异常的时刻为 0 时(第 1 次出现报废段),从结晶器中心到切割机工作起点处拉坯的长度是 60.0m,报废段的长度是 0.8m,如果把报废段附着在拉坯的最后(图 5-3),那么拉坯长度为 60.4m,把这一段拉坯视为尾坯,就转化为尾坯切割问题了。

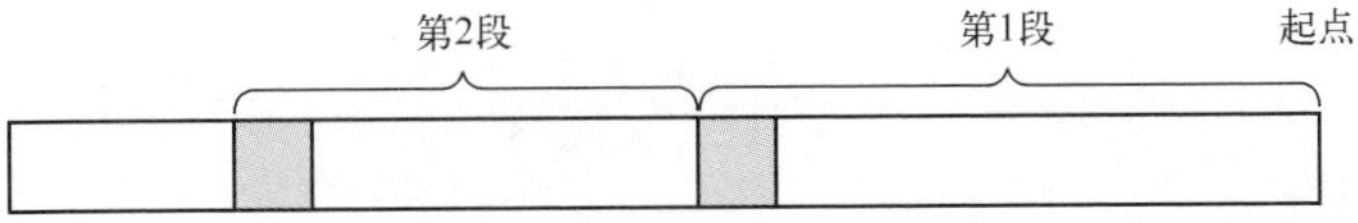

图 5-3　尾坯长度示意图

在时刻 0.0 分，切割机在工作起点处等候。切割机切断一块钢坯的时间为 3min，切割后返回到工作起点的时间为 1min，合计 4min。连铸拉坯的速度为 1.0m/min，于是返回起点后至少能够切掉 4m，但切割成 3.9m 是做不到的，因为此时切割机尚未回到工作起点。于是把 60.4m 切割成钢坯，至多有 16 根，最后 1 根含有报废段。当钢坯出现报废段时，先通过切割机切断附着有报废段的钢坯，然后通过离线的二次切割，使余下的钢坯符合下道工序要求的长度。

现在的问题是，在满足基本要求和正常要求的条件下，把 60.4m 尾坯切割成若干根（至多 16 根），用户目标值是 9.5m，目标范围是 9.0~10.0m，如何切割才能使得切割损失最少，长度等于目标值的钢坯个数最多，于是可以使用尾坯最优切割模型（模型Ⅰ）进行求解。

当然，这里不能直接使用模型Ⅰ，这是因为最后 1 根含有报废段，需要离线二次切割。可以增加一个 6 号箱，专门放置含有报废段的钢坯，该箱所容纳钢坯的长度范围为(10+0.8,12.6]，把报废段作离线二次切割后的长度范围为(10,11.8]，再作第 2 次离线切割后，切割损失至多为 1.8m。这样建立的模型称为模型Ⅱ。

2. 模型建立

设从切割机工作起点到结晶器中心的长度是 sm，钢坯移动速度是 vm/min，报废段长度为 em，则第 1 次出现异常时尾坯长度为

$$d=s+\frac{e}{2} \tag{5-9}$$

由于拉坯是连续的，设结晶器上次和新出现异常的时刻分别是 t_1，t_2(min)，则前后出现 2 次异常的时间间隔为

$$t=t_2-t_1 \tag{5-10}$$

新出现异常时尾坯长度为

$$d=vt \tag{5-11}$$

把尾坯长度 d 划分为 6 部分，对应 6 个箱子，其中 6 号箱含有 n_6 根钢坯($n_6=1$)，长度为 x_6，且 $x_6\in(c_2+e,a_2]$，1~5 号箱子的要求不变，于是切割损失为

$$\min f_2=n_3(x_3-c_2)+n_4x_4+n_5x_5+(x_6-e-c_2) \tag{5-12}$$

6 号箱钢坯的根数要满足

$$n_6=1 \tag{5-13}$$

6 号箱的钢坯长度要满足

$$c_2+e<x_6\leqslant a_2 \tag{5-14}$$

尾坯的总长度要满足

$$\sum_{i=1}^{6} n_ix_i = d \tag{5-15}$$

汇总并化简得

$$
\min f_1 = n_5
$$

$$
\min f_2 = n_3(x_3 - c_2) + n_4x_4 + n_5x_5 + (x_6 - e - c_2)
$$

$$
\max f_3 = n_1
$$

$$
\begin{cases} n_4 \leqslant 1, \quad n_5 \leqslant 1, \quad n_6 = 1 \\ x_1 = c, \quad c_1 \leqslant x_2 \leqslant c_2, \quad c_2 < x_3 \leqslant a_2 \\ a_1 \leqslant x_4 < c_1, \quad 0 \leqslant x_5 < a_1, \quad c_2 + e < x_6 \leqslant a_2 \\ \sum\limits_{i=1}^{6} n_i x_i = d \\ y_i = 10x_i, \quad i = 1,2,\cdots,6 \\ n_i \geqslant 0 \text{ 且为整数}, \quad i = 1,2,\cdots,6 \\ y_i \text{ 为整数}, \quad i = 1,2,\cdots,6 \end{cases} \tag{5-16}
$$

3. 模型求解

式(5-16)是多目标非线性优化模型(模型Ⅱ),适用于6箱1段(报废段)的拉坯切割问题。

已知 $a_1=4.8$,$a_2=12.6$,$c=9.5$,$c_1=9.0$,$c_2=10.0$,$s=60$,$v=1$,$e=0.8$,t_1,t_2的取值如表5-3第1列所示,d的取值如表5-3第4列所示。

在式(5-16)中,$\sum\limits_{i=1}^{6} n_i x_i = d \geqslant x_6 > c_2 + e$,故当 $d \leqslant c_2+e$ 时无解。例如,对于尾坯长度10.8m,不能优化,可在切割后再作离线切割成10m和报废段0.8m。再如,对于尾坯长度4.7m,由于小于10.8m,故不能优化,切割后直接报废。

以结晶器第1次出现异常为例,尾坯长度60.4m,使用模型Ⅱ计算,切成4个9.9m,1个10m,1个10.8m(含报废段),根据假设(3),切割损失为0。

结晶器每次出现异常时的实时最优切割方案如表5-3所示。合计切割损失16.6m。

表5-3 实时最优切割方案

时刻/min	t	序号	d	n_1	n_2	x_2	n_3	x_3	n_4	x_4	n_5	x_5	x_6	f_2	备注
0	—	1	60.4	0	4	9.9	1	10	0	—	0	—	10.8	0	
45.6	45.6	2	45.6	0	3	10	0	—	1	4.8	0	—	10.8	4.8	
98.6	53.0	3	53.0	0	0	—	4	10.5	0	—	0	—	11.0	2.2	
131.5	32.9	4	32.9	0	0	—	2	10.2	0	—	0	—	12.5	2.1	
190.8	59.3	5	59.3	3	0	—	2	10	0	—	0	—	10.8	0	
233.3	42.5	6	42.5	0	2	10	1	11.7	0	—	0	—	10.8	1.7	
266.0	32.7	7	32.7	0	1	10	1	10.1	0	—	0	—	12.6	1.9	
270.7	4.7	8	4.7	—	—	—	—	—	—	—	—	—	—	3.9	报废
327.9	57.2	9	57.2	0	4	9.1	1	10	0	—	0	—	10.8	0	

注:(1)"—"表示由于该钢坯个数为0故不必列出;

(2)在270.7min,由于长度小于4.8m故不能切割。

4. 结果整理

根据表 5-3，按“尾坯长度、切割方案、切割损失”等内容列出实时最优切割方案，如表 5-4 所示。

表 5-4 实时最优切割方案

时刻/min	t/m	序号	d/m	切割方案(从前到后排列)/m	切割损失/m	备 注
0	—	1	60.4	4 个 9.9,10,10.8(废)	0	
45.6	45.6	2	45.6	3 个 10,4.8,10.8(废)	4.8	
98.6	53.0	3	53	4 个 10.5,11(废)	2.2	
131.5	32.9	4	32.9	2 个 10.2,12.5(废)	2.1	
190.8	59.3	5	59.3	3 个 9.5,2 个 10,10.8(废)	0	
233.3	42.5	6	42.5	2 个 10,11.7,10.8(废)	1.7	
266.0	32.7	7	32.7	10,10.1,12.6(废)	1.9	
270.7	4.7	8	4.7	—	3.9	报废
327.9	57.2	9	57.2	4 个 9.1,10,10.8(废)	0	

注:“废”指“含报废段”。

5.5.2.2 在新出现异常时对原切割方案作调整

1. 探索性分析

当结晶器新出现异常时，切割工序会马上知道，于是需要调整原有的切割方案形成新的切割方案，在切割机返回到工作起点时，切割机按照新的切割方案执行切割任务。

当结晶器第 2 次出现异常时，距离上次异常 45.6min，拉坯向前延长了 45.6m，切割机按照原方案切割完 3 个 9.9m，并开始切第 4 个 9.9m 时，花费时间 39.6min，此时结晶器尚未出现异常，切割机需要切割的下一个钢坯是 10m，它必须在 4min 后返回起点并等待 6min 才能切割，但是当它返回工作起点并等了 2min 时结晶器出现了新的异常，此时立即制定新的切割方案，于是尾坯长度是 66.4m(60.4−39.6+45.6=66.4)，它含有 2 个报废段，故以报废段作为分界线分为 2 段，第 1 段是新出现异常前切割剩余的尾坯 20.8m(60.4−39.6=20.8)，第 2 段是新增的 45.6m，于是使用模型Ⅱ求解 2 次就可以得到调整后的切割方案。

针对第 1 段求解得，切成 1 个 10m，1 个 10.8m(含报废段)，切割损失为 0。

针对第 2 段求解得，切成 3 个 10m，4.8m，10.8m(含报废段)，切割损失为 4.8m。

于是调整后的切割方案(从前到后排序)为：10m、10.8m(含报废段)、3 个 10m、4.8m、10.8m(含报废段)，预计切割损失为 4.8m。而第 1 次出现异常并已成事实的切割方案为 4 个 9.9m，实际切割损失为 0。

2. 模型建立

设在新出现异常前原切割方案尾坯长度为 dm，在新出现异常前已经切掉的尾坯长度为 hm，则在制定新方案时的尾坯长度为

$$d_2=d-h+vt \tag{5-17}$$

通常情况下，尾坯 d_2 含有 2 个报废段，但如果结晶器频繁出现异常就有可能含有 3 个

及以上报废段,不管有几个报废段,都以每个报废段为分界线,把尾坯 d_2 划分为若干个子尾坯,然后分别以子尾坯为单位制定切割方案,再把这些切割方案串联起来组成母尾坯的切割方案。以 2 个报废段为例,令

$$\begin{cases} d_{21}=d-h \\ d_{22}=vt \end{cases} \tag{5-18}$$

式中:d_{21} 为在新出现异常时原切割方案尾坯长度被切割剩余部分;d_{22} 为在新出现异常时尾坯长度的增量。

于是分别以 d_{21}、d_{22} 为尾坯长度,使用模型Ⅱ求解 2 次就可以得到调整后的切割方案。

为方便起见,把 6 箱多段(报废段)的多目标优化模型称为模型Ⅲ,它适用于多个报废段的拉坯切割问题。

3. 模型求解

已知 $a_1=4.8$,$a_2=12.6$,$c=9.5$,$c_1=9.0$,$c_2=10.0$,$s=60$,$v=1$,$e=0.8$,其余参数的计算结果如表 5-5 所示。

表 5-5 参数计算结果

时刻/min	t/min	序号	d/m	h/m	d_{21}/m	d_{22}/m	d_{23}/m	d_{24}/m
0.0	—	1	60.4	39.6	—	—	—	—
45.6	45.6	2	66.4	50.8	20.8	45.6	—	—
98.6	53.0	3	68.6	25.6	15.6	53.0	—	—
131.5	32.9	4	75.9	53.0	43.0	32.9	—	—
190.8	59.3	5	82.2	41.9	22.9	59.3	—	—
233.3	42.5	6	82.8	29.5	40.3	42.5	—	—
266.0	32.7	7	86.0	0	10.8	42.5	32.7	—
270.7	4.7	8	90.7	53.3	10.8	42.5	32.7	4.7
327.9	57.2	9	94.6	—	32.7	4.7	57.2	—

按"尾坯长度、切割方案、切割损失"等内容列出具体的实时最优切割方案,如表 5-6 所示。

表 5-6 实时最优切割方案

时刻/min	时间/min	序号	调 整 前		调 整 后	
			切割方案/m	预计损失/m	切割方案/m	实际损失/m
0.0	0	1	4 个 9.9,10,10.8(废)	0	4 个 9.9	0
45.6	45.6	2	10,10.8(废),3 个 10,4.8,10.8(废)	4.8	10,10.8(废),3 个 10	0
98.6	53.0	3	4.8,10.8(废),2 个 10,2 个 10.2,12.6(废)	7.0	4.8,10.8(废),10	4.8

续表

时刻/min	时间/min	序号	调 整 前		调 整 后	
			切割方案/m	预计损失/m	切割方案/m	实际损失/m
131.5	32.9	4	2 个 10,10.4,12.6(废),10,10.3,12.6(废)	4.3	2 个 10, 10.4, 12.6(废),10	2.2
190.8	59.3	5	11.3,11.6(废),3 个 9.5,2 个 10,10.8(废)	2.1	11.3,11.6(废),2 个 9.5	2.1
233.3	42.5	6	9.5,2 个 10,10.8(废),2 个 10,11.7,10.8(废)	1.7	9.5,2 个 10	0
266.0	32.7	7	10.8(废),2 个 10,11.7,10.8(废),2 个 10.7,11.3(废)	3.6	不切	0
270.7	4.7	8	10.8(废),2 个 10,11.7,10.8(废),2 个 10.7,11.3(废),4.7(废)	7.5	10.8(废),2 个 10,11.7,10.8(废)	1.7
327.9	57.2	9	2 个 10.7,11.3(废),4.7(废),4 个 9.1,10,10.8(废)	5.8	—	—

注:(1) “废”指“含报废段”;

(2) 由于第 10 次异常尚未出现,故对第 9 次方案不作调整。

下面举例进行说明。当结晶器第 3 次出现异常时,距离上次异常的时间是 53min,拉坯向前延长了 53m,切割机按照原方案依次切割完 10m、10.8m(含报废段)、2 个 10m,并开始切割第 3 个 10m 时,花费时间 50.8min,此时结晶器尚未出现异常,切割机需要切割的下一个钢坯是 4.8m,它必须在 4min 后返回起点才能切割,但是当它尚未切完结晶器就出现了新的异常,此时立即制定新的切割方案,于是尾坯长度是 68.6m(66.4−50.8+53=68.6),把 68.6m 分为两段,第 1 段是切割剩余的 15.6m(66.4−50.8=15.6),第 2 段是新增的 53m,于是使用模型Ⅱ求解 2 次就可以得到调整后的切割方案。

针对第 1 段求解得,切成 4.8m、10.8m(含报废段),切割损失为 4.8m。

针对第 2 段求解得,切成 2 个 10m、2 个 10.2m、12.6m(含报废段),切割损失为 2.2m。

于是调整后的切割方案(包括切割顺序)为:4.8m、10.8m(含报废段)、2 个 10m、2 个 10.2m、12.6m(含报废段),预计切割损失为 7m。而第 2 次出现异常并已成事实的切割方案为:10m、10.8m(含报废段)、3 个 10m,实际切割损失为 0。

当结晶器第 7 次出现异常时,距离上次异常的时间是 32.7min,拉坯向前延长了 32.7m,切割机按照原方案依次切割完 9.5m、10m,并开始切割第 2 个 10m 时,花费时间 29.5min,此时结晶器尚未出现异常,切割机需要切割的下一个钢坯是 10.8m(含报废段),它必须在 4min 后返回起点并等待 6.8min 才能切割,但是当它正在返回途中时结晶器就出现了新的异常,此时立即制定新的切割方案,于是尾坯长度是 86m(82.8−29.5+32.7=86),由于 86m 包含 3 个报废段,故把它分为 3 段,第 1 段是 10.8m(含报废段),直接切割,切割损失为 0;第 2 段是 42.5m,已经有最优切割方案了,切成 2 个 10m、11.7m、10.8m(含报废段),切割损失为 1.7m;第 3 段是新增的 32.7m,使用模型Ⅱ求解得,切成 2 个 10.7m、11.3m(含报废段),切割损失为 1.9m。

于是调整后的切割方案(包括切割顺序)为:10.8m(含报废段)、2 个 10m、11.7m、

10.8m(含报废段)、2 个 10.7m、11.3m(含报废段),预计切割损失为 3.6m。而第 6 次出现异常并已成事实的切割方案为:9.5m、2 个 10m,实际切割损失为 0。

当结晶器第 8 次出现异常时,距离上次异常的时间是 4.7min,拉坯向前延长了 4.7m,切割机尚未开始切割结晶器就出现了新的异常,此时立即制定新的切割方案,于是尾坯长度是 90.7m(86−0+4.7=90.7),由于 90.7m 包含 4 个报废段,故把它分为 4 段,前 3 段切割方案不变,于是切割方案(包括切割顺序)为:10.8m(含报废段)、2 个 10m、11.7m、10.8m(含报废段)、2 个 10.7m、11.3m(含报废段)、4.7m(含报废段),预计切割损失为 7.5m。而第 7 次出现异常并已成事实的切割方案为:不切,实际切割损失为 0。

当结晶器第 9 次出现异常时,距离上次异常的时间是 57.2min,拉坯向前延长了 57.2m,再加上 4.7m,一共 61.9m,切割机按照原方案依次切割完 10.8m(含报废段)、2 个 10m、11.7m,并开始切割 10.8m(含报废段)时,花费时间 53.3min,此时结晶器尚未出现异常,但是在它返回工作起点并等待时结晶器出现了新的异常,此时立即制定新的切割方案,于是尾坯长度是 94.6m(90.7−53.3+57.2=94.6),且有 3 个报废段,把 94.6m 分为 3 段,第 1 段是 32.7m,已经有最优切割方案了,切成 2 个 10.7m、11.3m(含报废段),切割损失为 1.9m;第 2 段是 4.7m(含报废段),直接切割报废,切割损失为 3.9m;第 3 段是新增的 57.2m,使用模型Ⅱ求解得,切成 4 个 9.1m、10m、10.8m(含报废段),切割损失为 0。

于是调整后的切割方案(包括切割顺序)为:2 个 10.7m、11.3m(含报废段)、4.7m(含报废段)、4 个 9.1m、10m、10.8m(含报废段),预计切割损失为 5.8m。而第 8 次出现异常并已成事实的切割方案为:10.8m(含报废段)、2 个 10m、11.7m,10.8m(含报废段),实际切割损失为 1.7m。

根据表 5-6 统计,前 8 次总切割损失为 10.8m。如果采用不调整的做法,则前 8 次总切割损失为 16.6m,调整效果非常明显,说明针对原方案进行实时调整是必要的。

5.5.3 问题(3)——改变参数后的计算结果

建模思路:只要把模型Ⅲ中的参数改变就可以得出最优切割方案。

5.5.3.1 用户目标值是 8.5m 的计算结果

已知 $a_1=4.8$,$a_2=12.6$,$c=8.5$,$c_1=8.0$,$c_2=9.0$,$s=60$,$v=1$,$e=0.8$,其余参数的计算结果如表 5-7 所示。

表 5-7 参数计算结果

时刻/min	t/min	序号	d/m	h/m	d_{21}/m	d_{22}/m	d_{23}/m	d_{24}/m
0.0	—	1	60.4	42.5	—	—	—	—
45.6	45.6	2	63.5	44.7	17.9	45.6	—	—
98.6	53.0	3	71.8	27.3	18.8	53.0	—	—
131.5	32.9	4	77.4	58.4	44.5	32.9	—	—
190.8	59.3	5	78.3	36.0	19.0	59.3	—	—

续表

时刻/min	t/min	序号	d/m	h/m	d_{21}/m	d_{22}/m	d_{23}/m	d_{24}/m
233.3	42.5	6	84.8	32.5	42.3	42.5	—	—
266.0	32.7	7	85.0	0	9.8	42.5	32.7	—
270.7	4.7	8	89.7	61.3	9.8	42.5	32.7	4.7
327.9	57.2	9	85.6	—	23.7	4.7	57.2	—

按“尾坯长度、切割方案、切割损失”等内容列出具体的实时最优切割方案,如表 5-8 所示。根据表 5-8 统计,前 8 次总实际切割损失为 5.3m。

表 5-8 实时最优切割方案

时刻/min	时间/min	序号	调 整 前		调 整 后	
			切割方案/m	预计损失/m	切割方案/m	实际损失/m
0	0	1	5 个 8.5,8.1,9.8(废)	0	5 个 8.5	0
45.6	45.6	2	8.1,9.8(废),2 个 8.9,2 个 9,9.8(废)	0	8.1,9.8(废),2 个 8.9,9	0
98.6	53.0	3	9,9.8(废),3 个 8.5,8.7,9,9.8(废)	0	9,9.8(废),8.5	0
131.5	32.9	4	2 个 8.5,8.7,9.8(废),2 个 9,4.9,10(废)	5.1	2 个 8.5,8.7,9.8(废),2 个 9,4.9	4.9
190.8	59.3	5	9,10(废),3 个 8.5,3 个 8,9.8(废)	0.2	9,10(废),2 个 8.5	0.2
233.3	42.5	6	8.5,3 个 8,9.8(废),8.5,3 个 8,10(废)	0.2	8.5,3 个 8	0
266.0	32.7	7	9.8(废),8.5,3 个 8,10(废),2 个 9,4.8,9.9(废)	5.1	不切	0
270.7	4.7	8	9.8(废),8.5,3 个 8,10(废),2 个 9,4.8,9.9(废),4.7(废)	9.0	9.8(废),8.5,3 个 8,10(废),9	0.2
327.9	57.2	9	12.6,11.1(废),4.7(废),5 个 9,12.2(废)	11.2	—	—

注:(1)“废”指“含报废段”;

(2)由于第 10 次异常尚未出现,故对第 9 次方案不作调整。

下面举例说明。当结晶器第 7 次出现异常时,距离上次异常的时间是 32.7min,拉坯向前延长了 32.7m,切割机按照原方案依次切割完 8.5m、2 个 8m,并开始切割第 3 个 8m 时,花费时间 32.5min,此时结晶器尚未出现异常,但是当它正在切割的过程中结晶器出现了新的异常,此时立即制定新的切割方案,于是尾坯长度是 85m(84.8−32.5+32.7=85),且有 3 个报废段,把 85m 分为 3 段,第 1 段是 9.8m(含报废段),直接切割,切割损失为 0;第 2 段是 42.5m,已经有最优切割方案了,切成 8.5m、3 个 8m、10m(含报废段),切割损失为 0.2m;第 3 段是新增的 32.7m,使用模型Ⅱ求解得,切成 2 个 9m、4.8m、9.9m(含报废段)，切割损失为 4.9m。

于是调整后的切割方案(包括切割顺序)为：9.8m(含报废段)、8.5m、3 个 8m、10m(含报废段)、2 个 9m、4.8m、9.9m(含报废段)，预计切割损失为 5.1m。而第 6 次出现异常并已成事实的切割方案为：8.5m、3 个 8m，实际切割损失为 0。

当结晶器第 8 次出现异常时，距离上次异常的时间是 4.7min，拉坯向前延长了 4.7m，切割机尚未开始切割结晶器就出现了新的异常，此时立即制定新的切割方案，于是尾坯长度是 89.7m(85-0+4.7=89.7)，且有 4 个报废段，于是分为 4 段，前 3 段已经是最优切割了，不需要再优化，第 4 段是 4.7m(含报废段)。于是切割方案(包括切割顺序)为：9.8m(含报废段)、8.5m、3 个 8m、10m(含报废段)、2 个 9m、4.8m、9.9m(含报废段)、4.7m(含报废段)，预计切割损失为 9m。而第 7 次出现异常并已成事实的切割方案为：不切，实际切割损失为 0。

当结晶器第 9 次出现异常时，距离上次异常的时间是 57.2min，拉坯向前延长了 57.2m，再加上 4.7m，一共 61.9m，切割机按照原方案依次切割完 9.8m(含报废段)、8.5m、3 个 8m、10m(含报废段)，并开始切割 9m 时，花费时间 61.3min，此时结晶器尚未出现异常，但是在它切割过程中结晶器出现了新的异常，此时立即制定新的切割方案，于是尾坯长度是 85.6m(89.7-61.3+57.2=85.6)，且有 3 个报废段，把 85.6m 分为 3 段，第 1 段是 23.7m，使用模型Ⅱ求解得，切成 12.6m、11.1m(含报废段)，切割损失为 4.9m；第 2 段是 4.7m(含报废段)，直接切割报废，切割损失为 3.9m；第 3 段是新增的 57.2m，使用模型Ⅱ求解得，切成 5 个 9m、12.2m(含报废段)，切割损失为 2.4m。

于是调整后的切割方案(包括切割顺序)为：12.6m、11.1m(含报废段)、4.7m(含报废段)、5 个 9m、12.2m(含报废段)，预计切割损失为 11.2m。而第 8 次出现异常并已成事实的切割方案为：9.8m(含报废段)、8.5m、3 个 8m，10m(含报废段)、9m，实际切割损失为 0.2m。

5.5.3.2 用户目标值是 11.1m 的计算结果

已知 $a_1=4.8$，$a_2=12.6$，$c=11.1$，$c_1=10.6$，$c_2=11.6$，$s=60$，$v=1$，$e=0.8$，其余参数的计算结果如表 5-9 所示。

表 5-9　参数计算结果

时刻/min	t/min	序号	d/m	h/m	d_{21}/m	d_{22}/m	d_{23}/m	d_{24}/m
0	—	1	60.4	35.8	—	—	—	—
45.6	45.6	2	70.2	46.8	24.6	45.6	—	—
98.6	53.0	3	76.4	23.4	23.4	53.0	—	—
131.5	32.9	4	85.9	53.0	53.0	32.9	—	—
190.8	59.3	5	92.2	32.9	32.9	59.3	—	—
233.3	42.5	6	101.8	23.4	59.3	42.5	—	—
266.0	32.7	7	111.1	0	35.9	42.5	32.7	—
270.7	4.7	8	115.8	59.1	35.9	42.5	32.7	4.7
327.9	57.2	9	113.9	—	19.3	32.7	4.7	57.2

按“尾坯长度、切割方案、切割损失”等内容列出具体的实时最优切割方案，如表5-10所示。根据表5-10统计，前8次实际总切割损失为16.8m。

表5-10　实时最优切割方案

时刻/min	时间/min	序号	调　整　前		调　整　后	
			切割方案/m	预计损失/m	切割方案/m	实际损失/m
0	0	1	11.6,3个12.1,12.5(废)	1.6	11.6,2个12.1	1
45.6	45.6	2	12,12.6(废),2个11.1,11,12.4(废)	0.6	12,12.6(废),2个11.1	0.6
98.6	53	3	11,12.4(废),3个11.9,4.8,12.5(废)	5.8	11,12.4(废)	0
131.5	32.9	4	3个11.9,4.8,12.5(废),12.6,7.7,12.6(废)	14.7	3个11.9,4.8,12.5(废)	5.8
190.8	59.3	5	12.6,7.7,12.6(废),4个11.7,12.5(废)	9.4	12.6,7.7,12.6(废)	8.9
233.3	42.5	6	4个11.7,12.5(废),2个11.6,6.7,12.6(废)	7.4	2个11.7	0.2
266	32.7	7	11.6,11.7,12.6(废),2个11.6,6.7,12.6(废),12.6,7.5,12.6(废)	15.9	不切	0
270.7	4.7	8	11.6,11.7,12.6(废),2个11.6,6.7,12.6(废),12.6,7.5,12.6(废),4.7(废)	19.8	11.6,11.7,12.6(废),2个11.6	0.3
327.9	57.2	9	6.9,12.4(废),12.6,7.5,12.6(废),4.7(废),3个11.1,11.5,12.4(废)	19.5	—	—

注：(1)“废”指“含报废段”；

(2) 由于第10次异常尚未出现，故对第9次方案不作调整。

下面举例说明。当结晶器第7次出现异常时，距离上次异常的时间是32.7min，拉坯向前延长了32.7m，切割机按照原方案依次切割完11.7m、并开始切割第2个11.7m时，花费时间23.4min，此时结晶器尚未出现异常，但是当它返回工作起点花费4min，又等待了5.3min时结晶器出现了新的异常，此时立即制定新的切割方案，于是尾坯长度是111.1m(101.8-23.4+32.7=111.1)，且有3个报废段，把111.1m分为3段，第1段是35.9m(含报废段)，使用模型Ⅱ求解得，切成11.6m、11.7m、12.6m(含报废段)，切割损失为0.3m；第2段是42.5m，保留原有的最优切割方案，切成2个11.6m、6.7m、12.6m(含报废段)，切割损失为6.9m；第3段是新增的32.7m，使用模型Ⅱ求解得，切成12.6m、7.5m、12.6m(含报废段)，切割损失为8.7m。

于是调整后的切割方案(包括切割顺序)为：11.6m、11.7m、12.6m(含报废段)、2个11.6m、6.7m、12.6m(含报废段)、12.6m、7.5m、12.6m(含报废段)，预计切割损失为15.9m。而第6次出现异常并已成事实的切割方案为：2个11.7m，实际切割损失为0.2m。

当结晶器第 8 次出现异常时，距离上次异常的时间是 4. 7min，拉坯向前延长了 4. 7m，切割机尚未开始切割结晶器就出现了新的异常，此时立即制定新的切割方案，于是尾坯长度是 115. 8m(111. 1−0+4. 7=115. 8)，且有 4 个报废段，于是分为 4 段，前 3 段已经是最优切割了，不需要再优化，第 4 段是 4. 7m(含报废段)。切割方案(包括切割顺序)为：11. 6m、11. 7m、12. 6m(含报废段)、2 个 11. 6m、6. 7m、12. 6m(含报废段)、12. 6m、7. 5m、12. 6m(含报废段)、4. 7m(含报废段)，预计切割损失为 19. 8m。而第 7 次出现异常并已成事实的切割方案为：不切，实际切割损失为 0。

当结晶器第 9 次出现异常时，距离上次异常的时间是 57. 2min，拉坯向前延长了 57. 2m，再加上 4. 7m，一共 61. 9m，切割机按照原方案依次切割完 11. 6m、11. 7m、12. 6m(含报废段)、11. 6m，并开始切割下一个 11. 6m 时，花费时间 59. 1min，此时结晶器尚未出现异常，但是当它正在切割的过程中结晶器出现了新的异常，此时立即制定新的切割方案，于是尾坯长度是 113. 9m(115. 8−59. 1+57. 2=113. 9)，且有 4 个报废段，把 113. 9m 分为 4 段，第 1 段是 19. 3m，使用模型Ⅱ求解得，切成 6. 9m、12. 4m(含报废段)，切割损失为 6. 9m。第 2 段已经是最优切割方案了，切成 12. 6m、7. 5m、12. 6m(含报废段)，切割损失为 8. 7m；第 3 段是 4. 7m(含报废段)，直接切割报废，切割损失为 3. 9m；第 4 段是新增的 57. 2m，使用模型Ⅱ求解得，切成 3 个 11. 1m、11. 5m、12. 4m(含报废段)，切割损失为 0。

于是调整后的切割方案(包括切割顺序)为：6. 9m、12. 4m(含报废段)、12. 6m、7. 5m、12. 6m(含报废段)、4. 7m(含报废段)、3 个 11. 1m、11. 5m、12. 4m(含报废段)，预计切割损失为 19. 5m。而第 8 次出现异常并已成事实的切割方案为：11. 6m、11. 7m、12. 6m(含报废段)、2 个 11. 6m，实际切割损失为 0. 3m。

5.6 灵敏度分析

由于结晶器出现异常具有随机性，由此会影响到最优切割方案，以及切割损失等，这就需要作灵敏度分析。

以目标值 9. 5m、目标范围 9～10m、第 2 次出现异常是 45. 6min 为例，使用模型Ⅲ计算，灵敏度分析结果如表 5−11 所示。从表中可知，如果结晶器出现异常的时刻变化 1min，那么实时最优切割方案看似有变化，但切割后符合要求的钢坯都是 6 根(10m)，只是切割损失有微小变化，表明结晶器出现异常时刻的微小变化对实时最优切割方案不会产生影响。

表 5−11 灵敏度分析结果

时刻/min	实时最优切割方案/m	预计损失/m
45. 5(减少 1)	10，10. 8(废)，10，2 个 11. 5，12. 5(废)	4. 7
45. 6(原时刻)	10，10. 8(废)，3 个 10，4. 8，10. 8(废)	4. 8
45. 7(增加 1)	10，10. 8(废)，3 个 10，4. 8，10. 9(废)	4. 9

注：“废”指“含报废段”。

5.7 稳健性分析

5.5.2 节把报废段附着在尾坯的最后，如果把报废段附着在尾坯的最前面(图 5-4)，那么是否会影响最优切割方案呢？这就需要作稳健性分析。

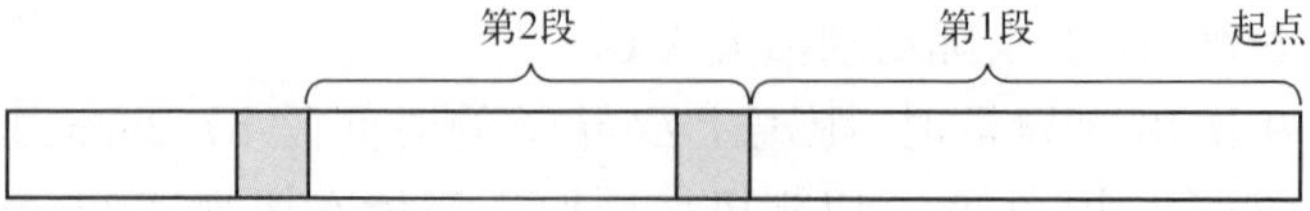

图 5-4　尾坯长度示意图

仍然以目标值 9.5m、目标范围 9~10m、第 2 次出现异常是 45.6min 为例，使用模型Ⅲ计算，稳健性分析结果如表 5-12 所示。从该表中可知，把报废段附着在尾坯的最后面和最前面，最优切割方案表面上有变化，但只是切割顺序发生了变化，切割后符合要求的钢坯都是 6 根(10m)，切割损失都是 4.8m，最优切割方案本质上没有变化，说明把报废段附着在尾坯的最后面和最前面对最优切割方案没有影响。

表 5-12　稳健性分析结果

报废段附着方式	时刻/min	调整前		调整后	
		最优切割方案/m	预计损失/m	最优切割方案/m	实际损失/m
附着在最后	0.0	4 个 9.9,10,10.8(废)	0	4 个 9.9	0
	45.6	10,10.8(废),3 个 10,4.8,10.8(废)	4.8	—	—
附着在最前	0.0	4 个 9.9,2 个 10	0	4 个 9.9	0
	45.6	2 个 10,10.8(废),10,2 个 12.4	4.8	—	—

注：“废”指“含报废段”。

5.8 进一步研究

式(5-16)(模型Ⅱ)适用于含有 1 个报废段的拉坯切割问题，接下来把它推广到无报废段(如尾坯)的拉坯切割问题。

令

$$\begin{cases} f_2 = n_3(x_3 - c_2) + n_4 x_4 + n_5 x_5 + n_6(x_6 - e - c_2) \\ n_6 = 0 \end{cases} \tag{5-19}$$

则得到如下的优化模型

$$\min f_1 = n_5$$

$$\min f_2 = n_3(x_3 - c_2) + n_4x_4 + n_5x_5 + n_6(x_6 - e - c_2)$$

$$\max f_3 = n_1$$

$$\text{s.t.}\begin{cases} n_4 \leqslant 1, \quad n_5 \leqslant 1, \quad n_6 = 0 \\ x_1 = c, \quad c_1 \leqslant x_2 \leqslant c_2, \quad c_2 < x_3 \leqslant a_2 \\ a_1 \leqslant x_4 < c_1, \quad 0 \leqslant x_5 < a_1, \quad c_2 + e < x_6 \leqslant a_2 \\ \sum_{i=1}^{6} n_i x_i = d \\ y_i = 10x_i, \quad i = 1,2,\cdots,6 \\ n_i \geqslant 0 \text{ 且为整数}, \quad i = 1,2,\cdots,6 \\ y_i \text{ 为整数}, \quad i = 1,2,\cdots,6 \end{cases} \tag{5-20}$$

于是,式(5-20)就可解决无报废段的拉坯切割问题,它与式(5-8)(模型Ⅰ)是等价的。若令 $n_6=1$,则它与式(5-16)(模型Ⅱ)又是等价的。

把式(5-20)记作 $F(n_6)$,则 $F(0)$ 可解决尾坯(无报废段)的拉坯切割问题,$F(1)$ 可解决结晶器出现异常(有1个报废段)时的拉坯切割问题。如果结晶器出现新的异常,则多次使用 $F(1)$ 就可对原切割方案进行调整。

5.9 模型的评价和推广

5.9.1 模型优点

(1) 借助"装箱问题"的建模思想,建立了多目标非线性混合规划模型,以基本要求和正常要求为约束条件,以长度小于4.8m的钢坯根数最少、切割损失最小、目标值钢坯根数最多为目标,实现了制定实时最优切割方案的目的。

(2) 使用序贯解法求解多目标非线性混合规划模型,能够得到最优解。

(3) 多目标非线性混合规划模型还能够识别出不能切割的尾坯,并且钢坯长度的精度可调节。

(4) 每当结晶器出现异常时就对原切割方案进行调整,可大幅度降低切割损失。

5.9.2 模型缺点

要求每个"箱子"里的钢坯长度都相等,一方面没有必要,另一方面可能导致无解,但在提高精度后可求得最优解。

5.9.3 模型推广

本文所建立的模型可以推广到一维切割问题中,如木材切割、钢材切割、尼龙绳切割等。

5.10 参考文献

[1] 邹腊英. 基于 LINGO 软件的连铸切割优化模型研究[J]. 科技与创新,2023(15):29-31.

[2] 李美霞. 连铸切割的在线优化[J]. 武汉工程职业技术学院学报,2024,36(1):27-30.

[3] 叶菊芳. 连铸切割的在线优化模型[J]. 湖北职业技术学院学报,2022,25(1):107-112.

[4] 褚丽娜,邓金龙. 连铸切割在线优化的模型与算法[J]. 自动化应用,2022(12):101-103.

[5] 蔡志杰. 连铸切割的在线优化[J]. 数学建模及其应用,2022,11(2):67-79.

[6] 薛毅."连铸切割的在线优化"的问题解析[J]. 数学建模及其应用,2022,11(1):82-90.

第 6 章　2021E 中药材的鉴别

摘　要

本文基于红外光谱数据对中药材的品种与产地的鉴别方法开展了研究。

针对问题(1),①考查样本里是否有奇异样品,发现第 64、136、201 个药材是奇异样品,予以剔除。②使用移动平均法,取移动窗口期 13,对吸光度数据做平滑处理。③由于指标个数太多,不利于聚类分析,需要降维,使用标准差法,取标准差最大的 1500 个指标作为分析变量。④使用系统聚类法进行聚类,根据差异度的下降状态确定分为 4 类较好。⑤计算各类的类中心向量,并统计各类的类中心向量的均值、标准差、最大值、最小值、极差、分布、箱图等指标,比较了各品种药材的特征和差异。各品种药材的比例如下:

类别	1	2	3	4
个数/个	189	99	49	85
比例/%	44.8	23.5	11.6	20.1

针对问题(2),①对样本做奇异性分析,对吸光度数据做平滑处理,对指标做降维处理。②使用 Fisher 线性判别法判别,最高模拟精度 100%,最高预测精度 99.54%。③计算各产地的类中心向量,比较了各产地药材的特征和差异。判别结果如下:

编号	3	14	38	48	58	71	79	86	89	110	134	152	227	331	618
产地	6	1	4	7	10	6	9	11	3	4	9	2	5	8	3

针对问题(3),①以中红外光谱为依据,使用 Fisher 线性判别法判别,最高模拟精度 100%,最高预测精度 97.96%。②以近红外光谱为依据,最高模拟精度 100%,最高预测精度 86.12%。③把中红外、近红外光谱合并,最高模拟精度 100%,最高预测精度 97.14%。通过比较发现,仅使用中红外光谱即可完成判别任务,判别结果如下:

编号	4	15	22	30	34	45	74	114	170	209
产地	17	11	1	2	16	3	4	10	9	14

针对问题(4),①判别品种。以一阶差分数据为依据,使用 Fisher 线性判别法判别,最高模拟精度 100%,最高预测精度 100%。②判别产地。把品种判别的结果“回填”到原数据中,再把“扩容”后的样本分为 A、B、C 三种,分 3 次判别。其中,A 品种药材以四阶差分数据为依据,最高模拟精度 100%,最高预测精度 89.23%。B 品种药材以一阶差分数据为依据,最高模拟精度 100%,最高预测精度 96.67%。C 品种药材以一阶差分数据为依

据,最高模拟精度 100%,最高预测精度 100%。判别结果如下:

编号	94	109	140	278	308	330	347
品种	A	A	A	C	C	C	B
产地	5	3	3	1	3	4	11

针对吸光度数据的微小变化做灵敏度分析,结果表明判别结果对吸光度数据绝对不敏感。

稳健性分析表明:判别结果对移动窗口期、降维指标个数是绝对稳健的。

本文的优点:使用 Fisher 线性判别法和系统聚类法,不但精度高,而且计算速度快。不足之处是使用近红外光谱针对 A 品种药材的产地判别精度约 90%,不够理想。

本文所建立的模型适合于高维光谱数据的聚类问题和判别问题,如中药材道地性鉴定、蔬菜水果等农产品的种子优选等。

关键词:Fisher 判别法;系统聚类法;差分法;移动平均法;差异度

6.1 问题重述

不同中药材表现出的光谱特征有较大的差异,即便是来自不同产地的同一药材,因其无机元素的化学成分、有机物等存在的差异性,在近红外、中红外光谱的照射下也会表现出不同的光谱特征,因此我们可以利用这些特征来鉴别中药材的种类及产地。

请建立数学模型,解决下列问题:

(1) 根据几种药材的中红外光谱数据,对药材进行聚类,并研究各品种药材的特征和差异性。

(2) 根据某一种药材的中红外光谱数据,对药材的产地进行判别,并研究各产地药材的特征和差异性。

(3) 根据某一种药材的中红外、近红外光谱数据,对药材的产地进行判别。

(4) 根据 3 种药材、16 个产地的近红外光谱数据,对药材的种类和产地进行判别。

6.2 问题分析

6.2.1 红外光谱简介[1]

为了便于理解本题背景,本节先简单介绍红外光谱。光是一种电磁波,具有波粒二象性。描述波动性的重要参数是波长和频率。波长 v 是指沿光的传播方向上,相邻两个波峰或波谷之间的距离。电磁波按照波长(或频率)可分为多种波段。红外光通常指波长为 0.78~1000μm 的电磁波。根据波长的不同,红外光又可以进一步分成近红外区(0.78~2.5μm)、中红外区(2.5~50μm)和远红外区(50~1000μm),其中 μm 表示微米。一般除波长以外,红外光还以波数 $\bar{v}$ 来表示。当波长 λ 以厘米(cm)来表示时,其倒数即为波数 $\bar{v}$,单位为 cm^{-1}。当波长 λ 以微米(μm)表示时,二者关系如下:

$$\bar{v}(\mathrm{cm}^{-1}) = \frac{10^4}{\lambda(\mu\mathrm{m})} \tag{6-1}$$

在红外光谱图中,吸收峰的强度一般用吸光度(A)或透射率(T)来表示,有

$$A = \lg\left(\frac{1}{T}\right) = \lg\left(\frac{I_0}{I}\right) \tag{6-2}$$

式中:I_0为入射光强度;I 为透射光强度。

吸光度越高,说明物质对光的吸收越强。如果物质对某一频率的光的吸光度为 0,意味着该物质不吸收这一频率的光。

6.2.2 研究现状综述

学生优秀论文 E014[2,3],针对问题(1),使用 Savitzky-Golay 卷积平滑法去噪及一阶、二阶平滑导数和标准正态分布对数据进行预处理,有效地提取了数据特征,从而较好地实现了药材聚类。针对问题(2),在去噪的基础上使用主成分降维,并通过决策树、K-邻近、朴素贝叶斯和线性判别分析等多种方法对比,找出识别效果最好的分类方法,预测准确率精度高。针对问题(3),采用问题(2)的识别模式,分别依据中红外数据、近红外数据、合并数据进行了药材产地识别。针对问题(4),采用问题(2)的识别模式,分层级逐步确定药材种类和产地。

学生优秀论文 E025[2,4],采用分段选取均值、标准差、下四分位数、上四分位数、偏度和峰度等特征对数据进行降维处理,并结合 LightGBM、XGBoost、SVM、RF、GBDT、MLP 6 种分类算法,综合比较精度后得到药材的分类。针对问题(1),使用肘部法则、平均轮廓法和间隔统计量确定了最优聚类数,并使用 K-means、Ward 方法完成聚类。针对问题(2),使用原始数据、PCA 降维数据、波段-20 数据、波段-50 数据、波段-100 数据构成 5 种数据集,再使用 6 种分类算法,根据分类的精度筛选出较好的方法。针对问题(3),采用鲸鱼优化和 LightGBM 相结合的方法对药材产地进行鉴别。针对问题(4),使用两阶段判别法,先判别类别,再判别产地,完成了药材的类别和产地的判别。

何秋妍和邓明华[5]对该题给出了可行的解法,提供了非监督识别,监督识别和半监督识别 3 种不同场景。针对光谱特征之间强关联的特点,提出了分段进行特征提取的思路,通过系统比较发现,分段主成分分析或者分段多项式拟合进行特征提取再结合线性判别分析可以得到比较好的预测效果。最后对论文评阅进行一定的总结,分 5 个方面进行了说明。

6.2.3 本文研究思路

问题(1)描述如下:根据 425 个药材分别在 3348 个波数上的吸光度,对这些药材进行聚类,在此基础上分析不同种类药材的特征和差异。

①考查样本里是否有“离群点”,即奇异样品,如果有,就要剔除。②对吸光度数据做平滑处理。③由于指标个数太多,不利于聚类分析,需要降维。④使用系统聚类法进行聚类。⑤分析不同种类药材的特征和差异。

问题(2)描述如下:有一种药材共 673 个,其中,有 658 个药材来自于 11 个产地,每一个药材在 3448 个波数上的吸光度是已知的,要求对未知产地的 15 个药材进行判别。在

此基础上分析不同产地药材的特征和差异。

①考查是否有奇异样品。②对吸光度数据做平滑处理。③降维。④使用判别分析法进行判别,使用模拟精度和预测精度评价判别效果。⑤分析不同产地药材的特征和差异。

问题(3)描述如下:有一种药材共255个,其中,有245个药材来自于17个产地。每一个药材在3448个波数上的中红外吸光度是已知的,每一个药材在5996个波数上的近红外吸光度也是已知的,要求对未知产地的10个药材进行判别。

沿用解决问题(2)的思路和方法,根据中红外、近红外数据依次判别。

问题(4)描述如下:有一种药材共399个,其中,有256个药材来自于3个品种,有349个药材来自于16个产地,每一个药材在5997个波数上的近红外吸光度是已知的,要求对未知品种、未知产地的药材进行判别。

把品种和产地分2次依次判别,即可转化为问题(2),从而沿用解决问题(2)的思路和方法。

针对吸光度数据,还需要进行灵敏度分析。分别针对移动窗口期和降维指标个数,还需要做稳健性分析。

本文研究路径如图6-1所示。

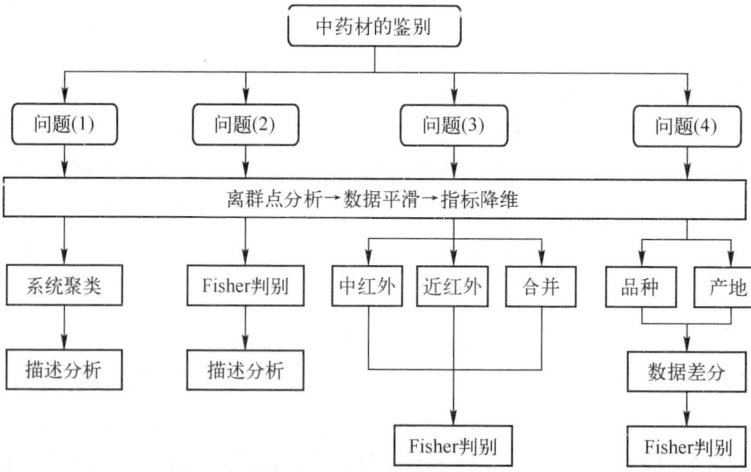

图6-1 研究路径

6.3 符号说明

$X=(x_{ij})_{n\times m}$——吸光度矩阵;

x_{ij}——第i个药材在第j个波数上的吸光度;

n——药材个数;

n_1——类别已知的样本容量;

m——波数的个数;

t——类别个数。

其余符号在文中给出。

6.4 模型假设

为了简化问题,作如下假设[1]:

(1) 红外光谱会发生基线的漂移、倾斜或弯曲。

(2) 吸光度非负。

(3) 吸光度既包含了物理或化学意义的信号,也可能包含其他因素带来的无意义信号。

6.5 模型建立与求解

6.5.1 数据预处理

根据假设(1)~(3),红外光谱会发生基线的漂移、倾斜或弯曲,它既包含了有意义的信号,也可能包含无意义的信号。因此,需要对原始光谱数据进行平滑处理,以降低噪声,提高谱图的信噪比。

本文使用移动平均法进行平滑处理。设移动平均的项数为 N,移动平均值为

$$\bar{x}_i=\frac{1}{N}(x_i+x_{i-1}+\cdots+x_{i-N+1}),\quad i=1,2,\cdots,n-N+1 \tag{6-3}$$

式中:x_i为吸光度序列中第 i 个吸光度;n 为序列长度,$N<n$,取 $N=13$,平滑处理后,$\bar{x}_i\geqslant 0$。

6.5.2 问题(1)——鉴别药材的品种,并研究各品种药材的特征和差异性

问题(1)描述如下:根据 425 个药材分别在 3348 个波数上的吸光度,对这些药材进行聚类,处于同一类的药材就是同种药材。在此基础上分析不同种类药材的特征和差异。

建立吸光度矩阵 $\boldsymbol{X}=(x_{ij})$,其中 x_{ij}为第 i 个药材在第 j 个波数上的吸光度,$i=1,2,\cdots,n$,$j=1,2,\cdots,m$,取 $n=425$,$m=3348$。

建模思路:①离群点分析,主要考查是否有异常值,如果有,就要剔除异常值。这里的异常值是指奇异样品。②对吸光度数据做平滑处理。③由于指标个数太多,不利于聚类分析,需要降维。④使用系统聚类法进行聚类。

6.5.2.1 离群点分析

画出 1~425 号药材的吸光度曲线,如图 6-2 所示。从该图中可知,有 3 条曲线是异常值。进一步查阅,这 3 条曲线(按照吸光度从大到小)分别是 64、136、201 号药材,予以剔除。剔除后剩下 422 条吸光度曲线,即 422 个样品。

6.5.2.2 平滑处理

针对剩下的 422 条吸光度曲线做平滑处理,平滑后的波数为 3336 个。平滑处理后的曲线如图 6-3 所示。

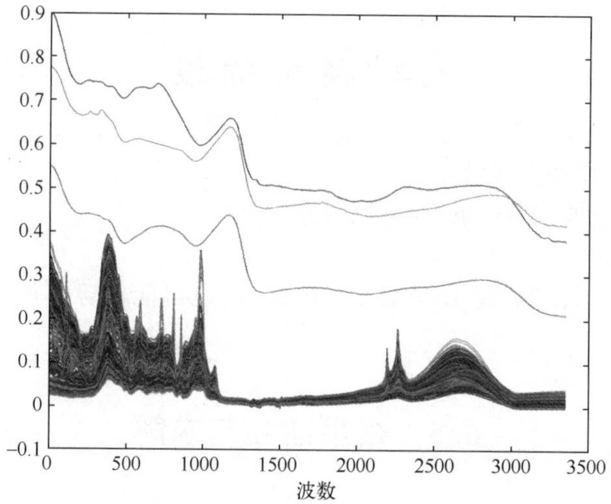

图 6-2　1~425 号药材的吸光度曲线

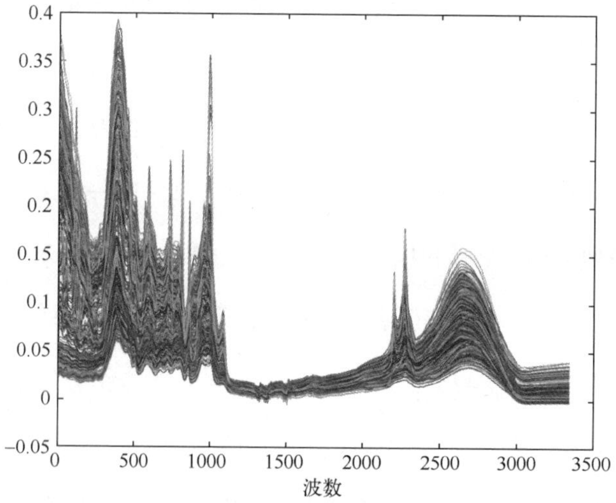

图 6-3　剔除异常值且平滑后的吸光度曲线

6.5.2.3　降维处理

剔除异常值且数据平滑后，波数的个数仍然很大，这对聚类分析构成了很大的挑战，于是需要做降维处理。

观察图 6-3 可知，在有的波数上，不同的样品其吸光度差异很大，相反，在有的指标上，不同的样品其吸光度差异很小。例如，在第 1500、3000 个波数附近，不同的样品其吸光度差异很小。

由聚类分析的原理可知，如果不同的样品在某个变量上的差异越大，那么该变量在聚类分析中的贡献度就越大。因此，可以把吸光度差异较大的指标保留下来，而把吸光度差异较小的指标剔除，从而达到降维的目的。

使用标准差来测定不同样品在某波数上的差异。标准差公式为

$$s_j = \sqrt{\frac{1}{n-1}\sum_{i=1}^{n}(x_{ij} - \bar{x}_j)^2}, j = 1,2,\cdots,m \tag{6-4}$$

式中：x_{ij}为第 i 个样品在第 j 个波数上的吸光度，$\bar{x}_j = \frac{1}{n}\sum_{i=1}^{n} x_{ij}$。取 $n=422, m=3336$。

取标准差最大的前 1500 个波数作为聚类分析的变量。降维后不同样品的吸光度曲线如图 6-4 所示，从图中可知，在保留下来的波数上不同样品的吸光度差异较大。

6.5.2.4 聚类分析

使用系统聚类法进行聚类[6]。系统聚类法的思想是：先将系统中的每个样品看作一类，然后计算各类之间的距离。由于开始时每个样品自成一类，共有 n 类，因而类与类之间的距离和样品与样品之间的距离是相等的。因此，首先选择其中距离最小的一对样品合并成一类，此时共有 $n-1$ 类。然后计算这 $n-1$ 类之间的距离，并将距离最小的一对合并成一类，此时共有 $n-2$ 类，这样每合并一次，减少 1 类，直到将所有样品聚为一类为止。最后，将上述合并过程画成一张聚类图，按某一准则决定分为几类。

这里样品之间的距离采用 Euclidean 距离度量，类间距离采用 Ward 法度量。

6.5.2.5 聚类效果的评价

如何确定分为几类更合适？使用肘部法则，把同类样品的吸光度取平均值，得到类中心（向量），再计算各类中心间的平均距离，作为评价分类效果的指标，称为差异度。通过比较不同分类数条件下的差异度，就可以确定分为几类更合适。

具体方法是：在分类数增加的情况下，如果从某分类数开始差异度不再显著减少，那么该分类数就是较合适的。

第 k 类的类中心（向量）为

$$\boldsymbol{y}_{kj} = \frac{1}{h_k}\sum_{i=1}^{h_k} x_{kij}, \quad k = 1,2,\cdots,t, \quad j = 1,2,\cdots,m \tag{6-5}$$

式中：x_{kij}为第 k 类第 i 个样品在第 j 个指标上的吸光度；t 为类数；h_k为第 k 类的样品数。

第 k 类与第 g 类的离差平方和为

$$\hat{y}_{kg} = \sum_{j=1}^{m}(y_{kj} - y_{gj})^2, \quad k,g = 1,2,\cdots,t \tag{6-6}$$

式中：$\hat{y}_{kk}=0, k=1,2,\cdots,t$。

分为 k 类的差异度为

$$\alpha = \frac{2}{k^2 - k}\sum_{k=1}^{t}\sum_{g=1}^{t}\hat{y}_{kg} \tag{6-7}$$

取分类数 $t=2,3,\cdots,10$ 进行聚类分析，分类效果如图 6-5 所示。从该图中可知，3~4 类，差异度下降较大，但 4~5 类，差异度下降不大，故分为 4 类较好。

6.5.2.6 聚类结果

分为 4 类的结果如表 6-1 所示。

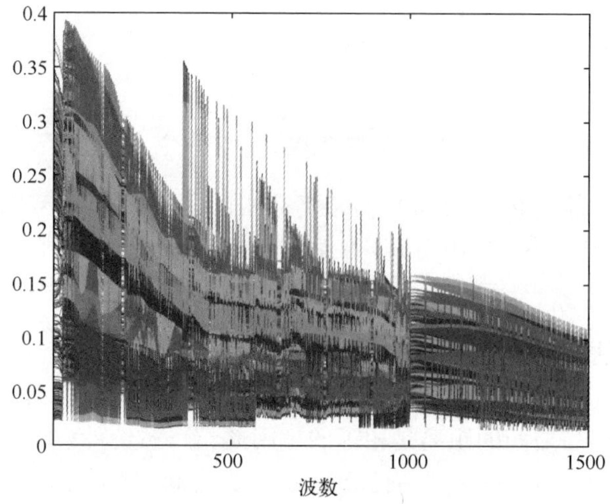

图 6-4　降维后的吸光度曲线

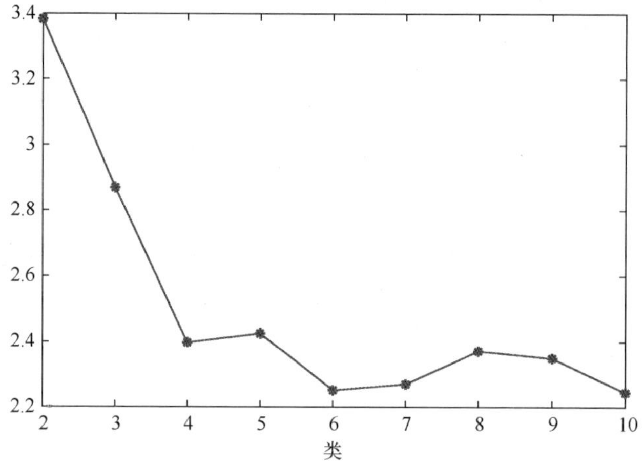

图 6-5　聚类效果的评价

表 6-1　药材聚类结果

编号	1	2	3	4	5	…	421	422	423	424	425
类别	1	1	2	1	2	…	1	4	3	1	1

各品种药材的分布如表 6-2 所示。

表 6-2　各品种药材的分布

类　别	1	2	3	4
个数/个	189	99	49	85
比例/%	44.8	23.5	11.6	20.1

6.5.2.7　不同品种药材的特征及差异分析

在分析各种药材特征和差异时，必须以数据平滑、但不降维的吸光度为准，此时，有

422 个样品、3336 个波数,每个样品的类别是已知的。

(1) 计算各类的类中心向量,并画出类中心曲线,如图 6-6 所示。从该图中可知,4 类的类中心曲线有显著的区分度,再一次说明聚类结果是可靠的。

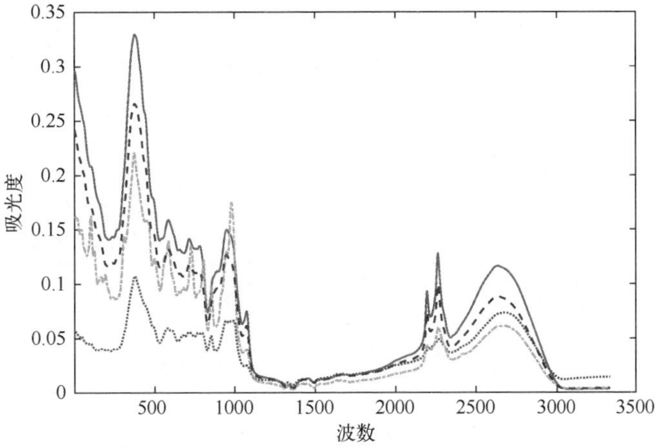

图 6-6　各类药材类中心的吸光度曲线

(2) 统计各类的类中心吸光度的均值、标准差、最大值、最小值、极差等指标,作为该品种药材的特征,如表 6-3 所示。

表 6-3　各类药材吸光度的特征

类　别	均　值	标准差	最大值	最小值	极　差
1	0. 0366	0. 0221	0. 1075	0. 0073	0. 1002
2	0. 0800	0. 0771	0. 3297	0. 0030	0. 3268
3	0. 0517	0. 0513	0. 2208	0. 0031	0. 2177
4	0. 0656	0. 0624	0. 2657	0. 0031	0. 2626

(3) 比较各品种药材的差异。画出 4 类药材类中心的吸光度箱线图,如图 6-7 所示。从图中可知 4 类药材的差异,例如,第 1 类的吸光度没有离群点,第 2 类的吸光度均值最大,等等。

(4) 比较各类的类中心吸光度的分布状况,是否服从正态分布等。分组个数取 20 个,画出频率分布直方图,并带上正态分布曲线进行对比,如图 6-8 所示。从图中可知,所有 4 类的类中心吸光度均不服从正态分布,均呈现右偏、尖峰状态,但也有明显的差异,例如,第 1 类呈现双尖峰状态,等等。

6. 5. 3　问题(2)——鉴别药材的产地,并研究各地药材的特征和差异性

问题(2)描述如下:有一种药材共 673 个,其中,有 658 个药材来自于 11 个产地,每一个药材在 3448 个波数上的吸光度是已知的,要求对未知产地的 15 个药材进行判别。在此基础上分析不同产地药材的特征和差异。

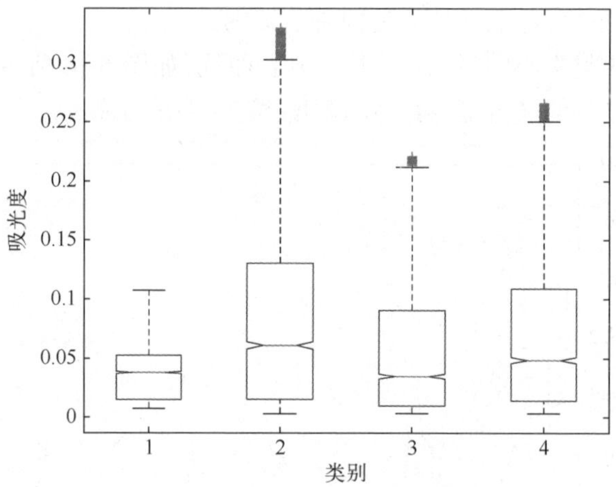

图 6-7　各类药材类中心的吸光度箱线图

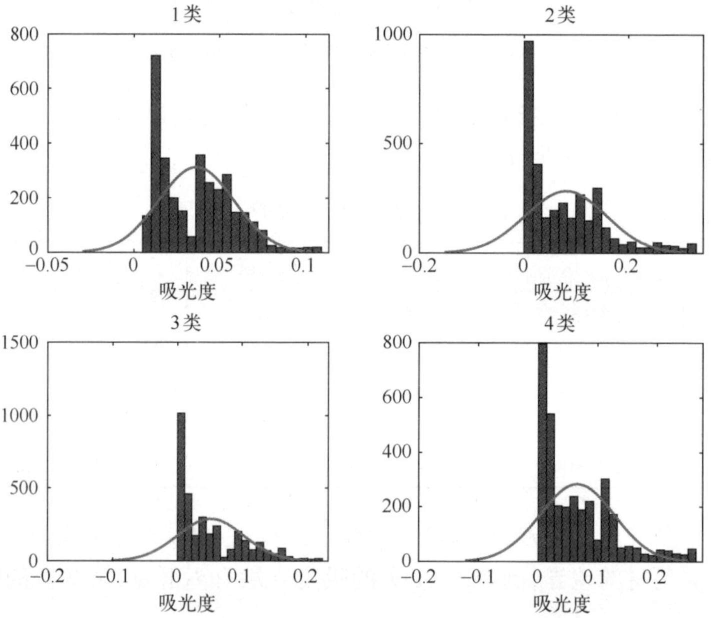

图 6-8　各类药材类中心的吸光度的分布状况

建立吸光度矩阵 $\boldsymbol{X}=(x_{ij})$，其中 x_{ij} 为第 i 个药材在第 j 个波数上的吸光度，$i=1,2,\cdots,n$，$j=1,2,\cdots,m$，取 $n=673$，$m=3348$。

设 $k_i\in\{1,2,\cdots,t\}$ 为第 i 个药材的产地，$i=1,2,\cdots,n_1$，取 $t=11$，$n_1=658$。

建模思路：①离群点分析。②对吸光度数据做平滑处理。③指标降维。④使用费希尔(Fisher)判别法进行判别，使用模拟精度和预测精度评价判别效果。

6.5.3.1　离群点分析

统计各个产地包含的药材个数，如表 6-4 所示。

表 6-4　各产地包含的药材个数

产地	1	2	3	4	5	6	7	8	9	10	11
个数	67	59	67	88	29	87	50	59	31	66	55

画出各个产地药材的吸光度曲线,如图 6-9 所示。从该图中可知,所有产地均没有奇异样品。

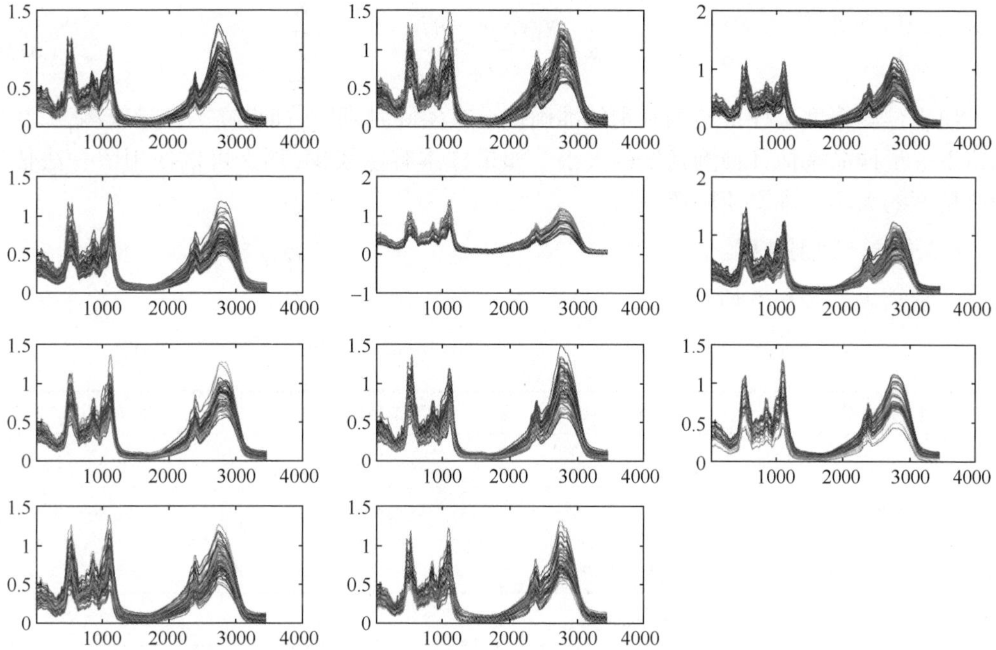

图 6-9　各产地药材的吸光度曲线

6.5.3.2　平滑和降维处理

针对吸光度曲线做平滑处理,平滑后的波数为 3436 个。

针对已知类别和未知类别的样本,对指标个数做降维处理。在降维过程中,已知类别和未知类别的样本必须保持指标(波数)相同。取标准差最大的前 1500 个指标。

6.5.3.3　判别分析

使用费希尔判别法进行判别[7-8]。该方法的主要思想是通过将多维数据投影到某个方向上,投影的原则是将总体与总体之间尽可能地分开,然后再选择合适的判别规则,将新样品进行分类判别。

费希尔线性判别法的基本思想。从 t 个总体中抽取具有 m 个指标的样品观测数据,借助方差分析的思想构造一个线性判别函数

$$f=c_1x_1+c_2x_2+\cdots+c_mx_m \tag{6-8}$$

系数 $c=(c_1,c_2,\cdots,c_m)^{\mathrm{T}}$确定的原则是:使得总体之间的差异最大,而每个总体内部样品之间的差异尽可能小。有了判别函数之后,对于一个新样品,将它的各指标值代入判别函数求出 f 值后,再根据判别规则,就可以判别新样品属于哪个总体。

在许多情况下，仅用第一判别函数是不够的，因为在这一个投影方向上总体之间的差异可能是模糊的，各个总体未能很好地被分开，这时应该考虑建立第二判别函数，如果还不够，可以建立第三判别函数，以此类推。

6.5.3.4 判别效果的评价

使用模拟精度来评价模拟判别的准确性。设各总体 $G_1, G_2, \cdots, G_t$ 被判别正确的个数分别为 $N_1, N_2, \cdots, N_t$，则模拟精度为

$$\mu = \frac{N_1 + N_2 + \cdots + N_t}{n_1} \tag{6-9}$$

使用预测精度来评价预测判别的准确性。在实际判别时，如果样本容量较多，那么可以留下少量样品来估计预测精度的大小。如果样本容量较少，那么可以使用留一法估计预测精度的大小。本文使用留一法。

6.5.3.5 判别结果

判别结果如表 6-5 所示。

表 6-5 判别效果的评价

判别函数	判别参数	模拟精度/%	预测精度/%
线性	linear	100	99.54
	diaglinear	25.08	23.86
	pseudolinear	100	95.90
二次	diagquadratic	23.71	21.73
	pseudoquadratic	94.68	74.92

从表 6-5 可知，线性判别比二次判别的精度高，故线性判别法是比较理想的方法。

使用费希尔线性判别法(linear)对待判样品进行判别，结果如表 6-6 所示。

表 6-6 待判样品的判别结果

编号	3	14	38	48	58	71	79	86	89	110	134	152	227	331	618
产地	6	1	4	7	10	6	9	11	3	4	9	2	5	8	3

6.5.3.6 不同产地药材的特征及差异

以已知产地的药材为准，并对吸光度数据平滑处理。

(1) 计算各类的类中心向量，并画出类中心曲线，如图 6-10 所示。从该图中可知，该种药材 11 个产地的类中心曲线相似，但也有一定的差异，说明不同地理环境和气候条件对同一种药材有一定的影响。

(2) 统计各产地的类中心吸光度的均值、标准差、最大值、最小值、极差等指标，作为该产地药材的特征，如表 6-7 所示。

表 6-7　各产地药材吸光度的特征

产　地	均　值	标 准 差	最 大 值	最 小 值	极　差
1	0.2955	0.2152	0.8178	0.0563	0.7615
2	0.3556	0.2600	0.9443	0.0606	0.8837
3	0.3020	0.2132	0.8069	0.0570	0.7499
4	0.2865	0.1992	0.7417	0.0568	0.6849
5	0.3335	0.2464	0.9637	0.0512	0.9125
6	0.3132	0.2378	0.8387	0.0493	0.7894
7	0.3257	0.2352	0.8417	0.0595	0.7822
8	0.3453	0.2572	0.9459	0.0589	0.8870
9	0.3461	0.2375	0.9123	0.0716	0.8408
10	0.3217	0.2296	0.8302	0.0534	0.7768
11	0.3066	0.2164	0.8054	0.0600	0.7454

（3）比较各产地药材的差异。画出 11 个产地药材的吸光度箱图，如图 6-11 所示。从该图中可知，11 个产地药材的吸光度箱图很相似，均无离群点，但也有一定的差异，例如，第 2 产地的吸光度均值最大，标准差也最大，等等。

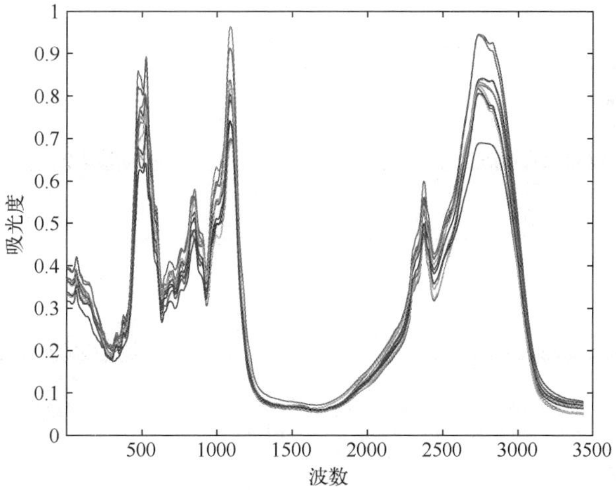

图 6-10　各类药材类中心的吸光度曲线

（4）比较各类的类中心吸光度的分布状况，是否服从正态分布等。分组个数取 20 个，画出频率分布直方图，并带上正态分布曲线进行对比，如图 6-12 所示。从该图中可知，所有 11 个产地的类中心吸光度均不服从正态分布，均呈现右偏、尖峰状态，0 附近的吸光度占比很大，但也有明显的差异，例如，第 4 产地呈现相对均匀的状态，等等。

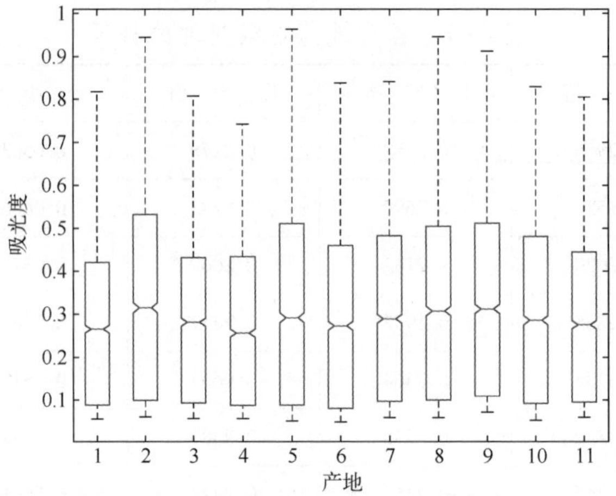

图 6-11　各产地药材类中心的吸光度箱图

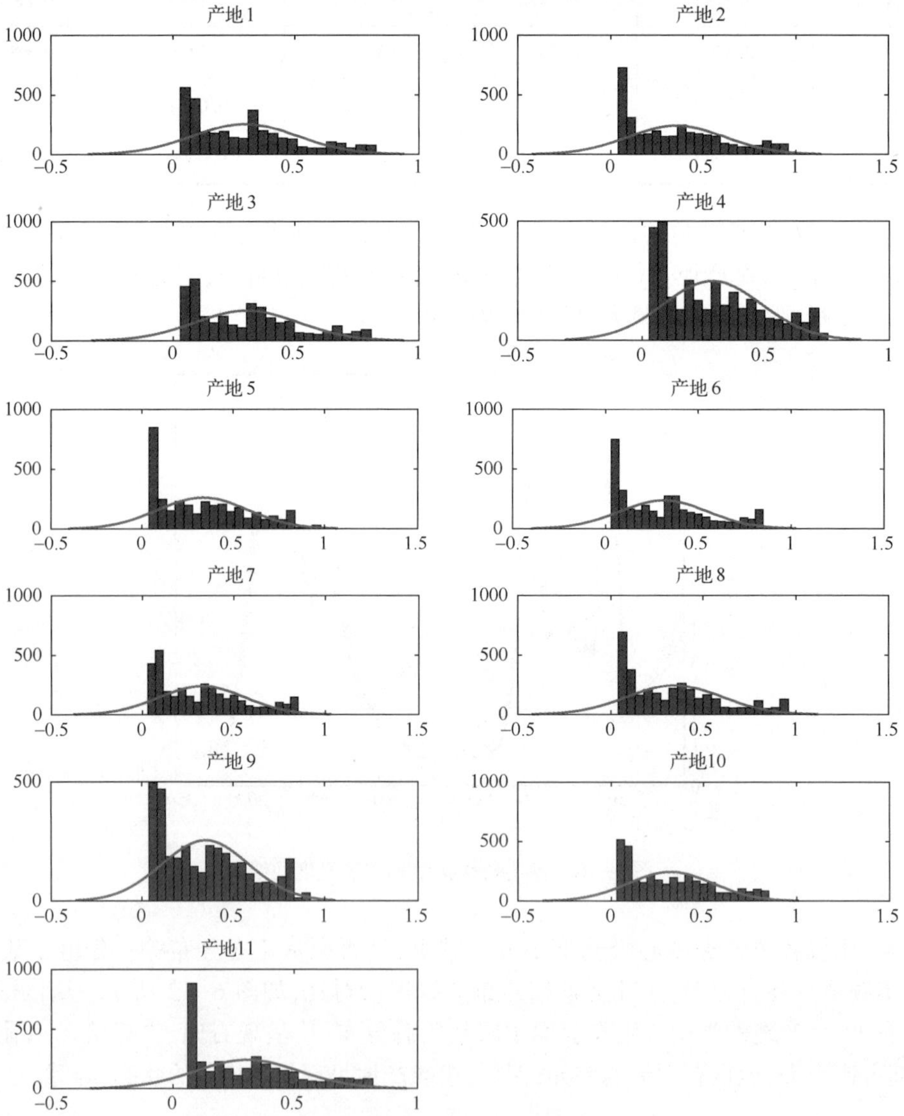

图 6-12　各产地药材类中心的吸光度的分布状况

6.5.4 问题(3)——基于中红外和近红外吸光度的药材产地鉴别方法

问题(3)描述如下:有一种药材共255个,其中,有245个药材来自于17个产地。每一个药材在3448个波数上的中红外吸光度是已知的,每一个药材在5996个波数上的近红外吸光度也是已知的,要求对未知产地的10个药材进行判别。

建模思路:沿用解决问题(2)的思路和方法,根据中红外、近红外数据依次判别。

6.5.4.1 根据中红外吸光度的分析

建立中红外吸光度矩阵 $\boldsymbol{X}=(x_{ij})$,其中 x_{ij} 为第 i 个药材在第 j 个波数上的吸光度,$i=1,2,\cdots,n,j=1,2,\cdots,m$,取 $n=255,m=3448$。

设 $k_i\in\{1,2,\cdots,t\}$ 为第 i 个药材的产地,$i=1,2,\cdots,n_1$,取 $t=17,n_1=245$。

1. 离群点分析

统计各个产地包含的药材个数,如表6-8所示。

表6-8 各产地包含的药材个数

产地	1	2	3	4	5	6	7	8	9
个数	14	14	14	14	15	15	15	15	14
产地	10	11	12	13	14	15	16	17	
个数	14	14	15	15	14	15	14	14	

画出各个产地药材的吸光度曲线,如图6-13所示。从该图中可知,所有产地均没有奇异值。

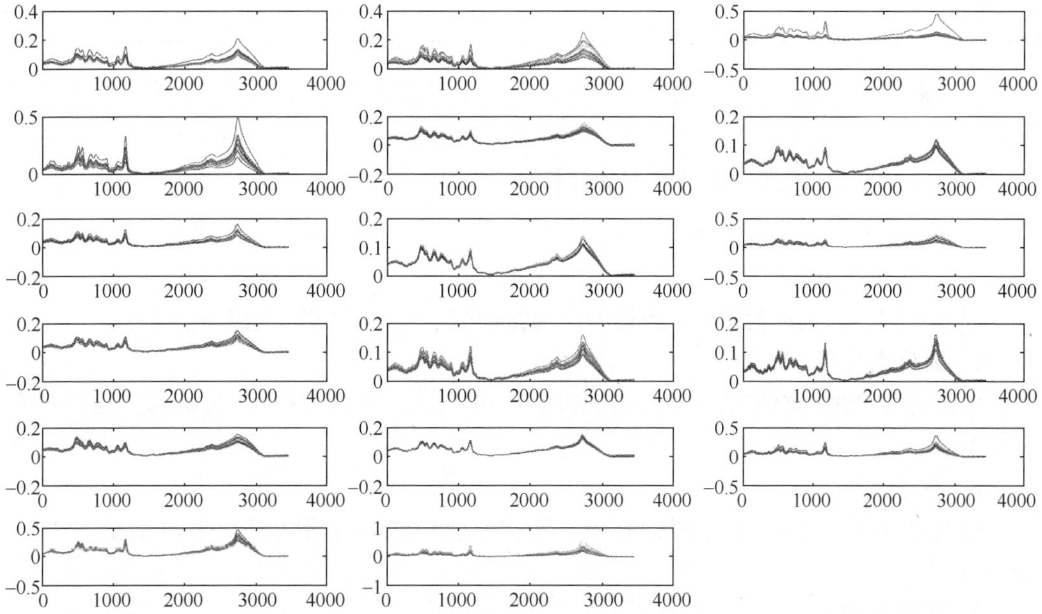

图6-13 各产地药材的吸光度曲线

2. 平滑处理

针对已知类别和未知类别的样本,将吸光度曲线做平滑处理,平滑后的波数为3436个。

3. 降维处理

对指标个数做降维处理。在降维过程中,已知类别和未知类别的样本必须保持指标(波数)相同。仍然取标准差最大的前1500个指标。

4. 判别分析

使用费希尔判别法进行判别,判别结果如表6-9所示。

表6-9 判别效果的评价

判别函数	判别参数	模拟精度/%	预测精度/%
线性	linear	100	97.96
	diaglinear	38.37	35.92
	pseudolinear	100	95.10
二次	diagquadratic	35.92	31.43
	pseudoquadratic	28.98	23.27

从表6-9可知,线性判别比二次判别的精度高。于是使用线性判别法在两种模式下对待判样品进行判别,结果如表6-10所示。

表6-10 待判样品的判别结果

编号		4	15	22	30	34	45	74	114	170	209
linear	产地	17	11	1	2	16	3	4	10	9	14
pseudolinear	产地	17	11	1	2	16	3	4	10	9	14

从表6-10可知:所有待判样品在两种模式下判别的结果是相同的,说明结果是可靠的。

6.5.4.2 根据近红外光谱数据的分析

建立近红外吸光度矩阵$\boldsymbol{X}=(x_{ij})$,其中x_{ij}为第i个药材在第j个波数上的吸光度,$i=1,2,\cdots,n$,$j=1,2,\cdots,m$,这里,$n=255$,$m=5996$。

设$k_i\in\{1,2,\cdots,t\}$为第i个药材的产地,$i=1,2,\cdots,n_1$,这里,$t=17$,$n_1=245$。

1. 离群点分析

画出各个产地药材的吸光度曲线,如图6-14所示。从该图中可知,所有产地均没有奇异值。

2. 平滑处理

针对已知类别和未知类别的样本,将吸光度曲线做平滑处理,平滑后的波数为5984个。

3. 降维处理

对指标个数做降维处理。在降维过程中,已知类别和未知类别的样本必须保持指标(波数)相同。取标准差最大的前1500个指标。

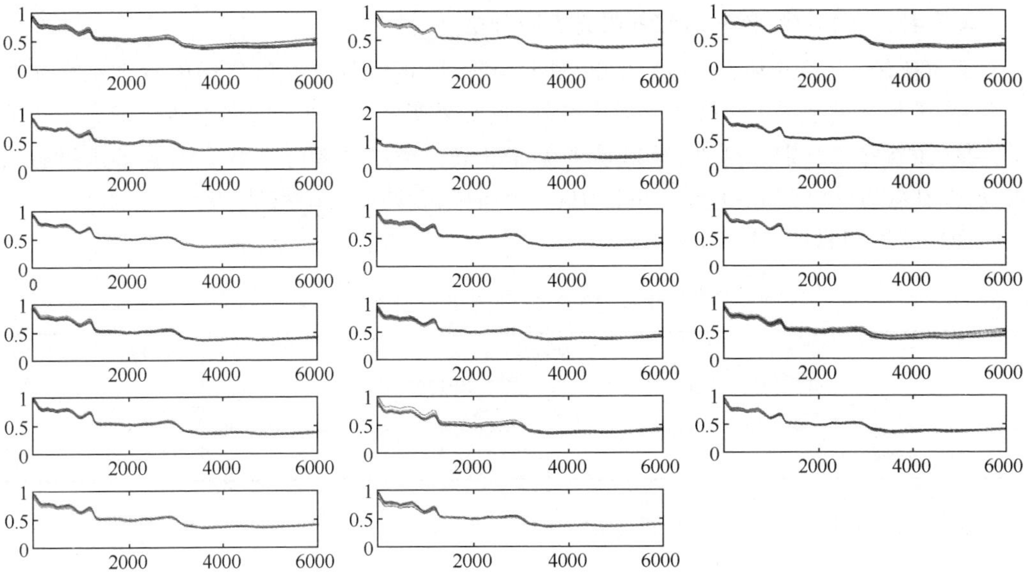

图 6-14 各产地药材的吸光度曲线

4. 判别分析

使用费希尔判别法判别,判别效果如表 6-11 所示。

表 6-11 判别效果的评价

判别函数	判别参数	模拟精度/%	预测精度/%
线性	linear	100	86.12
	diaglinear	41.63	37.14
	pseudolinear	100	56.73
二次	diagquadratic	40.00	32.24
	pseudoquadratic	43.67	26.53

从表 6-11 可知,虽然线性判别比二次判别的精度高,但线性判别的预测精度低于 87%,不理想。

使用费希尔线性判别法在两种模式下对待判样品进行判别,结果如表 6-12 所示。

表 6-12 待判样品的判别结果

编号		4	15	22	30	34	45	74	114	170	209
linear	产地	17	11	1	2	16	3	4	10	9	14
pseudolinear	产地	15	10	1	2	16	1	4	10	9	14

从表 6-12 可知:两种模式下判别的结果相同率 70%,说明结果不理想。

6.5.4.3 合并中红外、近红外吸光度的分析

通过比较表 6-10 和表 6-12 可知，根据中红外、近红外吸光度所做的判别结果仍然有差异，于是尝试把平滑且降维后的中红外、近红外吸光度合并，这样会使得信息量更充足，再使用费希尔判别法判别，结果是否更加准确？考虑到指标个数太大会带来维数灾难，所以在降维时，取标准差最大的前 1000 个指标，合并后的维数是 2000 个。

判别结果如表 6-13 所示。

表 6-13 判别效果的评价

判别参数	模拟精度/%	预测精度/%
linear	100	96.33
pseudolinear	100	97.14

对待判样品进行判别，结果如表 6-14 所示。

表 6-14 待判样品的判别结果

编号		4	15	22	30	34	45	74	114	170	209
linear	产地	17	11	1	2	16	3	4	10	9	14
pseudolinear	产地	17	11	1	2	16	3	4	10	9	14

从表 6-13 和表 6-14 可知：

（1）使用费希尔线性判别法在两种模式下的预测精度很高。

（2）两种模式下判别的结果相同率 100%，说明结果是可靠的。

通过比较发现，使用中红外、近红外的合并数据与单纯使用中红外数据的预测精度相当，判别结果完全相同。因此，仅使用中红外吸光度即可完成判别任务。

6.5.5 问题（4）——鉴别药材的品种和产地

问题（4）描述如下：有一种药材共 399 个，其中，有 256 个药材来自于 3 个品种，有 349 个药材来自于 16 个产地，每一个药材在 5997 个波数上的近红外吸光度是已知的，要求对未知品种、未知产地的药材进行判别。

建模思路：把品种和产地分 2 次依次判别，即可转化为问题（2），从而沿用解决问题（2）的思路和方法。

6.5.5.1 判别品种

建立近红外吸光度矩阵 $\boldsymbol{X}=(x_{ij})$，其中 x_{ij} 为第 i 个药材在第 j 个波数上的吸光度，$i=1,2,\cdots,n,j=1,2,\cdots,m$，取 $n=399,m=5997$。

设 $k_i\in\{1,2,\cdots,t\}$ 为第 i 个药材的产地，$i=1,2,\cdots,n_1$，取 $t=3,n_1=256$。

1. 离群点分析

统计各个品种包含的药材个数，如表 6-15 所示。

表 6-15　各品种包含的药材个数

产地	A	B	C
个数	97	102	57

画出各个品种药材的吸光度曲线,如图 6-15 所示。从该图中可知,所有品种均没有奇异值。

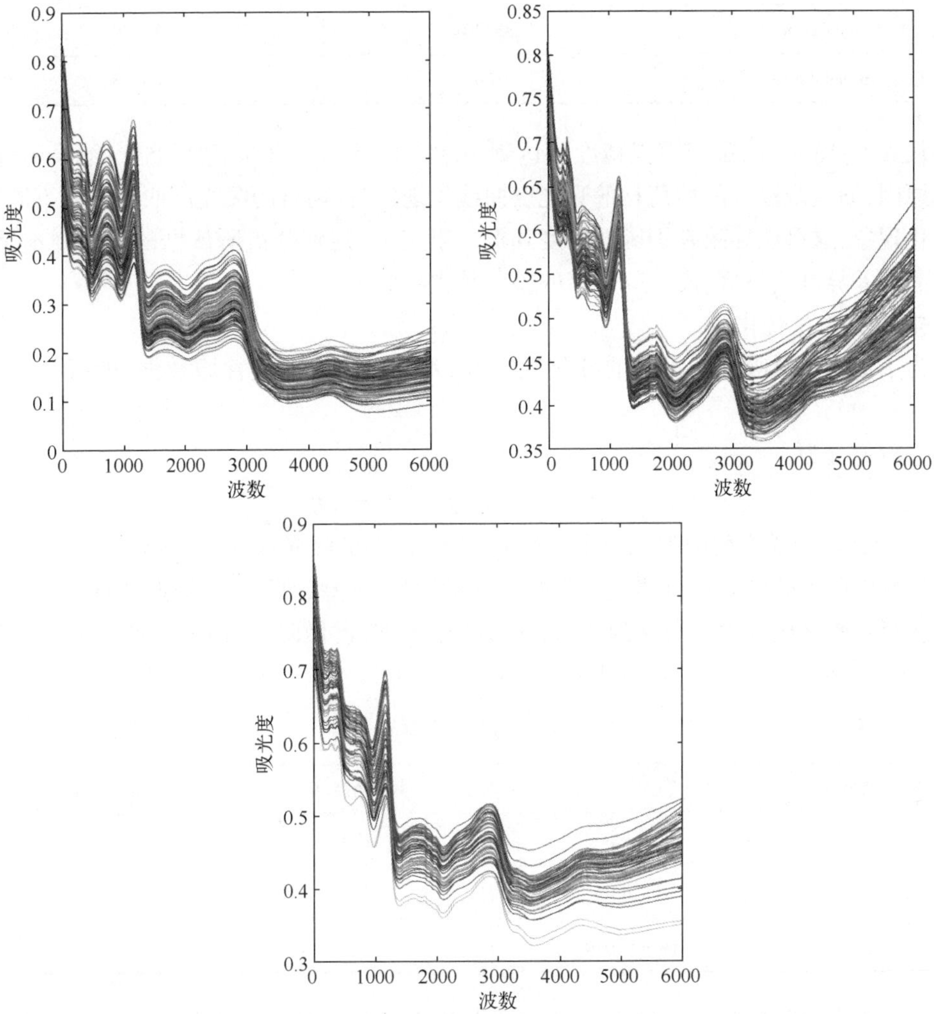

图 6-15　各品种药材的吸光度曲线

2. 平滑处理

针对已知类别和未知类别的样本,将吸光度曲线做平滑处理,平滑后的波数为 5985 个。

3. 降维处理

对指标个数做降维处理。在降维过程中,已知类别和未知类别的样本必须保持指标(波数)相同。取标准差最大的前 1500 个指标。

4. 判别分析

使用费希尔线性判别法进行判别,判别结果如表 6-16 所示。

表 6-16 判别效果的评价

判别参数	模拟精度/%	预测精度/%
linear	100	94.92
diaglinear	83.20	83.20
pseudolinear	100	68.75

从表 6-16 可知,尽管模拟精度可达到 100%,但预测精度未超过 95%,结果不理想。究其原因,通过观察各品种药材的吸光度曲线发现,三种药材的吸光度曲线均有不同程度的分化现象,这可能导致判别函数精度降低。事实上,判别分析所依据的理想样本是:类内样品的差异越小越好,而类间样品的差异越大越好。

5. 判别方法优化

为了消除药材吸光度曲线的分化现象,用差分后的数据代替原数据,即可消除分化现象。

一阶差分为

$$x_j^{(1)}=x_j-x_{j-1},\quad j=2,3,\cdots,m \tag{6-10}$$

式中:x_j为红外光谱序列中第j个吸光度;$x_j^{(1)}$为一阶差分吸光度。

针对一阶差分吸光度再实施一阶差分,便得到二阶差分吸光度,以此类推。

在对原吸光度数据平滑处理之后,先做差分处理,再做降维处理,在此基础上使用费希尔线性判别法进行判别,判别结果如表 6-17 所示。

表 6-17 判别效果的评价

差分阶数	判别参数	模拟精度/%	预测精度/%
一阶	linear	100	100
	diaglinear	99.61	99.61
	pseudolinear	100	100

从表 6-17 可知,使用一阶差分数据显著提高了预测精度。于是基于一阶差分数据使用费希尔线性判别法在两种模式下对待判样品进行判别,结果如表 6-18 所示。

表 6-18 待判样品的判别结果

编号		94	109	140	278	308	330	347
linear	品种	A	A	A	C	C	C	B
pseudolinear	品种	A	A	A	C	C	C	B

从表 6-18 可知,两种模式下的判别结果相同,说明结果是可靠的。

6.5.5.2 判别产地

建立近红外吸光度矩阵 $\boldsymbol{X}=(x_{ij})$，其中 x_{ij} 为第 i 个药材在第 j 个波数上的吸光度，$i=1,2,\cdots,n$，$j=1,2,\cdots,m$，取 $n=399$，$m=5997$。

设 $k_i\in\{1,2,\cdots,t\}$ 表示第 i 个药材的产地，$i=1,2,\cdots,n_1$，取 $t=16$，$n_1=349$。

1. 离群点分析

统计各个产地包含的药材个数，如表 6-19 所示。

表 6-19 各产地包含的药材个数

产地	1	2	3	4	5	6	7	8
个数	30	38	88	65	25	10	9	9
产地	9	10	11	12	13	14	15	16
个数	10	10	9	9	10	8	11	8

画出各个产地药材的吸光度曲线，如图 6-16 所示。从该图中可知，所有产地均没有奇异值。

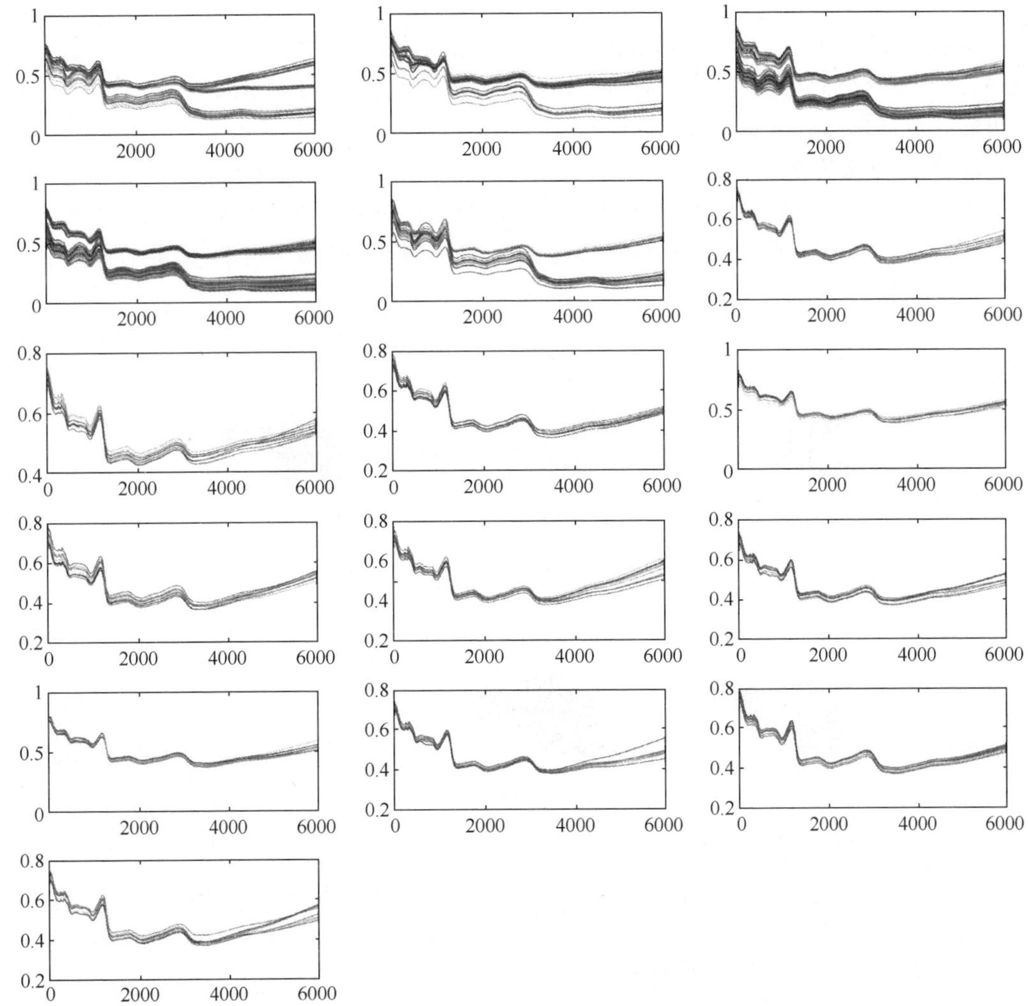

图 6-16 各产地药材的吸光度曲线

2. 平滑处理

针对已知类别和未知类别的样本,将吸光度曲线做平滑处理,平滑后的波数为5985个。

3. 降维处理

对指标个数做降维处理。在降维过程中,已知类别和未知类别的样本必须保持指标(波数)相同。取标准差最大的前1500个指标。

4. 判别分析

使用费希尔线性判别法进行判别,判别结果如表6-20所示。

表6-20 判别效果的评价

判别参数	模拟精度/%	预测精度/%
linear	92.55	39.54
diaglinear	24.93	8.31
pseudolinear	100	28.37

从表6-20可知,尽管模拟精度很高,但预测精度不高,结果不理想。究其原因,通过观察各产地药材的吸光度曲线发现,产地1~5的吸光度曲线均有不同程度的分化现象,这可能导致判别函数精度降低。

5. 判别方法优化

为了消除吸光度曲线分化现象,用差分后的数据代替原数据。针对产地1~5的吸光度曲线做一阶差分处理后,画图观察效果,如图6-17所示,从图中可知,差分后的吸光度曲线不存在分化现象。

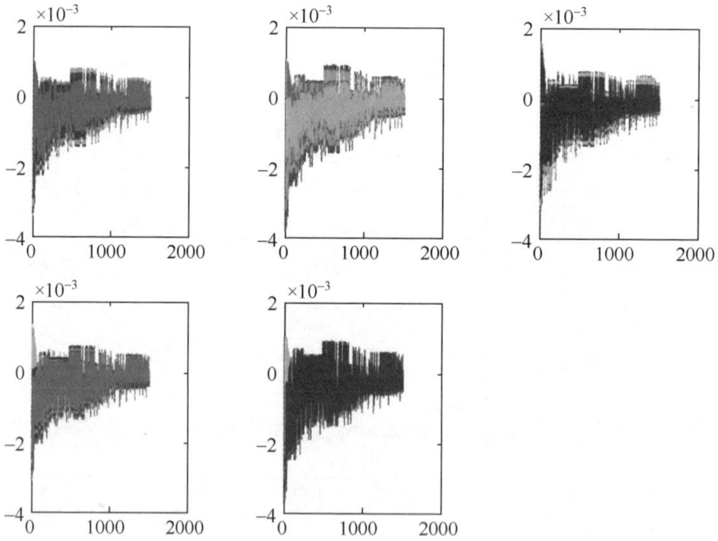

图6-17 一阶差分后的吸光度曲线

使用费希尔线性判别法判别,结果如表6-21所示。

表 6-21　判别效果的评价

差分阶数	判别参数	模拟精度/%	预测精度/%
一阶	linear	100	62. 75
	pseudolinear	100	56. 73
二阶	linear	100	71. 06
	pseudolinear	100	69. 34
三阶	linear	100	71. 35
	pseudolinear	100	66. 48

从表 6-21 可知：

（1）按照预测精度从小到大排序，原数据<一阶差分数据<二阶差分数据<三阶差分数据，但三阶差分比二阶差分提高的幅度不大，故二阶差分较好。

（2）尽管三种差分数据的模拟精度很高，但预测精度不高，结果仍然不理想。究其原因，可能是有的产地的样本量太少。例如，产地 16 只有 8 个药材，样本缺乏代表性。另外，如果针对 A、B、C 类药材分别建立 3 种不同的判别函数来判别产地，一定会提高预测精度。

6. 判别方法的再优化

基于以上分析，把品种判别的结果“回填”到原数据中，以增加样本容量，再把“扩容”后的样本分为 A、B、C 三种，分 3 次判别。

A 品种药材的判别效果如表 6-22 所示。从该表中可知，四阶差分的预测精度最高，达到 89. 23%。

表 6-22　A 品种药材的判别效果

差分阶数	判别参数	模拟精度/%	预测精度/%
一阶	linear	100	72. 31
	pseudolinear	100	79. 23
二阶	linear	100	78. 46
	pseudolinear	100	80. 77
三阶	linear	100	83. 08
	pseudolinear	100	86. 92
四阶	linear	100	81. 54
	pseudolinear	100	89. 23

B 品种药材的判别效果如表 6-23 所示。从该表中可知，一阶差分的预测精度最高，达到 96. 67%。

表 6-23　B 品种药材的判别效果

差分阶数	判别参数	模拟精度/%	预测精度/%
一阶	linear	100	92.67
	pseudolinear	100	96.67
二阶	linear	100	94.00
	pseudolinear	98.67	94.33

C 品种药材的判别效果如表 6-24 所示。从该表中可知,一阶差分的预测精度最高,达到 100%。

表 6-24　C 品种药材的判别效果

差分阶数	判别参数	模拟精度/%	预测精度/%
一阶	linear	100	100
	pseudolinear	100	100

分别针对 A、B、C 品种的药材使用最优的方法对待判样品进行判别,结果如表 6-25 所示。

表 6-25　待判样品的判别结果

差分阶数	判别参数	编号	94	109	140	278	308	330	347
		品种	A	A	A	C	C	C	B
四阶差分	pseudolinear	产地	5	3	3	—	—	—	—
一阶差分	pseudolinear	产地	—	—	—	—	—	—	11
一阶差分	pseudolinear	产地	—	—	—	1	3	4	—

6.6　灵敏度分析

吸光度具有一定的误差,需要进行灵敏度分析。以问题(2)为例,分别令原吸光度数据增加 1%、减少 1%,观察判别结果的变化,结果如表 6-26 和表 6-27 所示。

表 6-26　针对吸光度的灵敏度分析(精度)

吸光度	模拟精度/%	预测精度/%
不变	100	99.54
增加 1%	100	99.54
减少 1%	100	99.54

注:费希尔线性判别法(linear)。

表 6-27　针对吸光度的灵敏度分析(判别结果)

吸光度	编号	3	14	38	48	58	71	79	86	89	110	134	152	227	331	618
不变	产地	6	1	4	7	10	6	9	11	3	4	9	2	5	8	3
增加 1%	产地	6	1	4	7	10	6	9	11	3	4	9	2	5	8	3
减少 1%	产地	6	1	4	7	10	6	9	11	3	4	9	2	5	8	3

注:费希尔线性判别法(linear)。

从表 6-26 和表 6-27 可知,判别结果没有变化,说明判别结果对吸光度绝对不敏感。

6.7 稳健性分析

本文使用的移动平均法取移动窗口期 13,降维处理中取指标个数 1500 均具有主观性,需要做稳健性分析。仍然以问题(2)为例。

6.7.1 移动窗口期

改变移动窗口期,观察判别结果的变化,结果如表 6-28 和表 6-29 所示。

表 6-28　针对移动窗口期的稳健性分析(精度)

移动窗口期	9	11	13(不变)	15	17	19	21
模拟精度/%	100	100	100	100	100	100	100
预测精度/%	99. 24	99. 09	99. 54	99. 54	99. 70	99. 70	99. 54

注:费希尔线性判别法(linear)。

表 6-29　针对移动窗口期的稳健性分析(判别结果)

编号	3	14	38	48	58	71	79	86	89	110	134	152	227	331	618	
13(不变)	产地	6	1	4	7	10	6	9	11	3	4	9	2	5	8	3
17	产地	6	1	4	7	10	6	9	11	3	4	9	2	5	8	3

注:费希尔线性判别法(linear)。

从表 6-28 和表 6-29 可知,随着移动窗口期的增加,预测精度并不是递增的,且判别结果没有变化,说明判别结果对移动窗口期是绝对稳健的。

6.7.2 降维指标个数

改变降维指标个数,观察判别结果的变化,结果如表 6-30 和表 6-31 所示。

表 6-30 针对降维指标个数的稳健性分析(精度)

移动窗口期	1100	1300	1500(不变)	1700	1900
模拟精度/%	100	100	100	100	100
预测精度/%	99.09	99.39	99.54	98.94	98.48

注:费希尔线性判别法(linear)。

表 6-31 针对降维指标个数的稳健性分析(判别结果)

编号	3	14	38	48	58	71	79	86	89	110	134	152	227	331	618	
1500(不变)	产地	6	1	4	7	10	6	9	11	3	4	9	2	5	8	3
1700	产地	6	1	4	7	10	6	9	11	3	4	9	2	5	8	3

注:费希尔线性判别法(linear)。

从表 6-30 和表 6-31 可知,随着降维指标个数的增加,预测精度并不是递增的,且判别结果没有变化,说明判别结果对降维指标个数是绝对稳健的。

6.8 模型的评价和推广

6.8.1 模型优点

(1) 剔除奇异样品消除了干扰。

(2) 使用移动平均法达到了降噪的目的。

(3) 选取标准差最大的若干指标达到了降维的目的。

(4) 使用差分法提高了判别精度。

(5) 使用费希尔线性判别法和系统聚类法,不但精度高,而且计算速度快。

6.8.2 模型缺点

(1) 使用近红外光谱数据针对 A 品种药材的产地判别精度约 90%,未超过 95%,不够理想。

(2) 移动平均法的移动窗口期、降维指标个数具有主观性。

6.8.3 模型推广

本文所建立的标准差降维法、系统聚类法、费希尔线性判别法适合于高维光谱数据的聚类问题和判别问题,如中药材道地性鉴定、蔬菜水果等农产品的种子优选等。

6.9 参考文献

[1] 孙素琴,周群,陈建波. 中药红外光谱分析与鉴定[M]. 北京:化学工业出版社,2010.

[2] 中国大学生在线. 2021 全国大学生数学建模竞赛论文展示[C/OL].(2022-06-18)[2022-07-27]. https://dxs.moe.gov.cn/zx/hd/sxjm/sxjmlw/2020qgdxssxjmjslwzs/.
[3] 梁渝东,李晶鑫,杨勋霖. 基于机器学习的中药材类别与产地鉴别[J]. 工程数学学报,2022,39(增刊1):187-198.
[4] 周小彪,李甫,曹艺帆. 基于鲸鱼优化 LightGBM 的中药材鉴别研究[J]. 工程数学学报,2022,39(增刊1):199-210.
[5] 何秋妍,邓明华. 中药材鉴别的统计建模与分析[J]. 数学建模及其应用,2022,11(1):91-105.
[6] 王积建. 全国大学生数学建模竞赛试题研究:第 3 册[M]. 北京:国防工业出版社,2019.
[7] 符想花. 多元统计分析方法与实证研究[M]. 北京:经济管理出版社,2017.
[8] 朱建平. 应用多元统计分析[M]. 北京:北京大学出版社,2017.

第 7 章　2022D 气象报文信息卫星通信传输

摘　要

本文针对紧急救援任务中地面气象信息的传输问题进行了研究。

针对问题(1),在探索主站间消息传输方案时,依据枚举法思想,从 2~12 个主站,一一列举其传输方案,从 11 个传输方案中收集数据,再从数据中总结规律,分 3 种情形建立了 K_{min} 与 N 的分段函数,当 $N=9$ 时,计算得 $K_{min}=6$,然后列表给出了主站间气象报文的传输方案,最后又分 3 种情形建立了主站间消息的一般传输模型。

针对问题(2),①每个分队的主站消息仍然使用问题(1)的方法传输。②在探索副站向主站传输消息的规律时,采用 2 个副站同时向主站发送的方式,每支分队成功接收该分队至少 1 个副站气象报文的概率为 0.992,达到了要求。③依据枚举法思想,从2~13 个分队,一一列举其传输方案,从 12 个传输方案中收集数据,再从数据中总结规律,建立了 N_{max} 与 K 的函数关系,当 $K=7$ 时,计算得 $N_{max}=8$,列表给出了副站气象报文的传输方案。④使用归纳法建立了副站向主站传输气象报文的一般模型。⑤通过建立二项分布,当 $N=8$ 时,平均有 5.77 个主站能成功接收每支分队至少一个副站的气象报文。⑥通过建立 0-1 分布,当 $N=8$ 时,任一主站平均能成功接收副站消息的个数为 14.08 条。

针对问题(3),①每个分队的主站消息仍然使用问题(1)的方法传输。②让副站每次发送 1.5 条消息,主站每次能够接受到 3 条消息,每支分队成功接收该分队至少 1 个副站的气象报文的概率为 0.992,达到了要求。③依据枚举法思想,从 2~8 个分队,一一列举其传输方案,从 7 个传输方案中总结规律,建立了 N_{max} 与 K 的函数关系,当 $K=8$ 时,计算得 $N_{max}=7$,列表给出了副站气象报文的传输方案。④建立了副站向主站发送消息的一般传输模型。⑤通过建立二项分布得,当 $N=7$ 时,平均有 4.97 个主站能成功接收每支分队至少一个副站的气象报文。⑥通过建立 0-1 分布得,当 $N=7$ 时,任一主站平均能成功接收副站消息的个数为 12.5 条。

灵敏度分析表明,副站发送和接收消息的成功率是一个重要参数,其微小变化将会对有的变量造成较大影响。稳健性分析表明,主站接收分队内至少一个副站气象报文的成功率也是一个重要参数,它的不同取值将会对有关变量造成较大影响。

本文优点是依据枚举法和归纳法的思想和方法,从特殊到一般,从简单到复杂,通过收集数据,再从数据中发现规律,建立的消息传输模型不但原理简单,而且容易操作执行。缺点是对观察得到的规律性结论未给予证明。本文所建立的模型适用于各种紧急救援情况下地面气象信息的传输和共享。

关键词:枚举法;归纳法;二项分布;0-1 分布;数学期望

7.1 问题重述

在某些紧急救援任务中需要空投物资。在地面通信系统瘫痪时,为了获得准确完整的地面气象观测信息,针对任务区域的重要目标点,通常采用派遣气象分队来获取实时气象数据,并通过卫星通信传输数据,从而保障救援任务的顺利完成。现需派遣多支气象分队前往多个区域执行地面气象观测保障任务。一支气象分队在一个区域的三个不同地点设立 1 个观测主站、2 个观测副站。主站部署车载型卫星通信设备 1 套、副站各部署便携型卫星通信设备 1 套。两类卫星通信设备均具有特殊的性能指标。

现拟派遣 N 支分队执行任务,要求每小时各分队所属主、副站对所在地点的气象信息进行一次采集,并按要求通过卫星通信设备进行气象报文的信息共享。

请建立数学模型,解决下列问题:

(1) 要求在 K 分钟内完成 $N(\geq 5)$ 支分队主站间气象报文的信息共享,请研究 $K_{\min}$ 与 N 的关系,并建立 K 分钟内实现 N 个主站间气象报文信息共享的一般传输模型。

(2) 若要求在 K 分钟内完成 N 个主站间气象报文的信息共享,且每个主站满足条件:对每支分队,成功接收该分队至少一个副站的气象报文的概率不低于 0.9。针对 $K(\geq 5)$ 的情形,研究 $N_{\max}$ 与 K 的关系,并建立 K 分钟内满足以上条件的信息传输的一般模型。

(3) 若要求在 $K=8\text{min}$ 内完成 N 个主站间气象报文的信息共享,且每个主站满足条件:对每支分队,成功接收该分队至少一个副站的气象报文的概率不低于 0.97,请给出 $N_{\max}$,以及主站间气象报文信息共享的传输方案与副站气象报文信息的传输方案。

7.2 问题分析

7.2.1 研究现状综述

针对问题(1),关于建立 $K_{\min}$ 与 N 的函数关系,诸多文献从不同角度、或者使用不同方法建立了二者之间的函数关系式,并且给出了几乎一致的结果,即当 $N=9$ 时,$K_{\min}=6$[1-8]。

针对问题(2),关于建立 $N_{\max}$ 与 K 的函数关系,当 $K=7$ 时,$N_{\max}=10$[1],$N_{\max}=9$[2,6,8],$N_{\max}=8$[3],$N_{\max}=6$[7],与此同时,一般性传输方案也不同。

针对问题(3),关于建立 $N_{\max}$ 与 K 的函数关系,当 $K=8$ 时,$N_{\max}=10$[1],$N_{\max}=9$[6],$N_{\max}=8$[2-3],$N_{\max}=7$[7],与此同时,一般性传输方案也不同。

王丹等[6]还对竞赛论文评阅中出现的问题进行了剖析,指出了其中的不足。

7.2.2 本文研究思路

针对问题(1),本题要求完成 $N(\geq 5)$ 支分队主站间气象报文的信息共享(对副站不作要求)；①需要搞清楚字符数、气象报文条数、消息数、上段、下段等概念；②从 $N=2$ 开始探索，在探索中总结主站间气象报文传输的规律，以及 N 与 $K_{\min}$ 之间的关系；③使用归纳法建立当 $N\geqslant 5$ 时的主站间气象报文的传输模型。

针对问题(2)，①每个分队的主站消息仍然使用问题(1)的方法传输，以实现主站信息的共享。②由于每个主站成功接收该分队至少一个副站的气象报文的概率为 $P=1-(1-0.8)^2=0.96>0.9$，所以可采用2个副站同时向主站发送的方式，把每个分队里2个副站的2条消息向所有主站传输，以实现信息共享。③从 $N=2$ 开始，探索各分队2个副站向所有主站传输气象报文的规律，以及 $N_{\max}$ 与 K 之间的关系。④使用归纳法建立副站向主站传输气象报文的一般模型。

针对问题(3)，①每个分队的主站消息仍然使用问题(1)的方法传输，以实现主站信息的共享。②在问题(2)的基础上，让副站每次发送1.5条消息，于是主站每次能够接受3条消息，相当于3个副站的消息，每支分队成功接收该分队至少1个副站的气象报文的概率为 $P=1-(1-0.8)^3=0.992$，由于 $P\geqslant 0.97$，所以这种传输方式可行。③类似于问题(2)，从 $N=2$ 开始探索各分队2个副站向所有主站传输气象报文的规律，以及 $N_{\max}$ 与 K 之间的关系。④使用归纳法建立副站向主站传输气象报文的一般模型。

本文研究路径如图7-1所示。

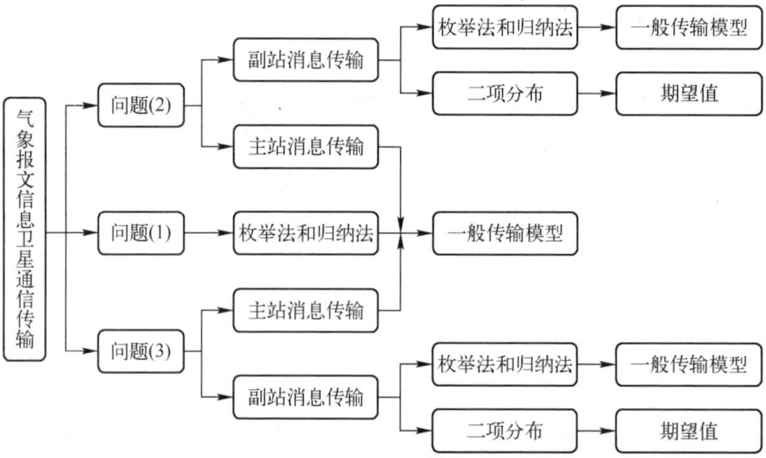

图7-1 研究路径

7.3 符号说明

N——分队(主站)个数；

K_1——副站向各个主站发送消息的轮数；

K——发送消息的轮(分钟)数；

P——主站接收分队内至少一个副站气象报文的实际成功率；

f_1——发送消息的总数(条)；

A_{ij}——第 i 主站能成功接收第 j 分队至少一个副站的气象报文，$i,j=1,2,\cdots,N$；

f_2——接受消息的总数(条)；

$N_{\max}$——N 的最大值；

$K_{\min}$——K 的最小值；

m——$(2N-1)\div3$ 的余数；

h——用四舍五入法对 $N\div3$ 取整；

$E(\xi)$——ξ 的期望；

P_{ij}——A_{ij}发生的概率，$i,j=1,2,\cdots,N$；

A_i——第 i 主站成功接收 N 个分队(至少一个副站)的气象报文，$i=1,2,\cdots,N$；

P_i——A_i发生的概率，$i=1,2,\cdots,N$；

c——任一主站成功接收副站气象报文个数的均值；

q——主站接收分队内至少一个副站气象报文的计划成功率；

p——副站发送和接收消息的成功率。

其余符号在文中给出。

7.4 模型假设

为了简化问题，作如下假设：

(1) 每条消息最多包含 1.5 条气象报文。

(2) 每次传输最多可传 2 条气象报文，分上段、下段分别传输，上段、下段分别包含 1 条气象报文。

(3) 发送两条消息的时间间隔等于 1min。

(4) 每支分队的主站成功接收其他分队至少一个副站的气象报文的概率不低于 0.9。

(5) (固定 i)随机事件 $A_{i1},A_{i2},\cdots,A_{iN}$的发生是相互独立的。

(6) 随机事件 $A_1,A_2,\cdots,A_N$ 的发生是相互独立的。

7.5 模型建立与求解

7.5.1 问题(1)——建立主站信息共享的传输模型

问题分析：本题要求完成 $N(\geqslant5)$ 支分队主站间气象报文的信息共享(对副站不作要求)，可描述为：有 N 个区域，每个区域有 1 个主站，每个主站部署 1 套车载型卫星通信设备，该设备的性能指标如下：

(1) 主站之间只能点到点通信，且不受空间距离的限制。

(2) 发送和接收消息的成功率均为 100%。

(3) 收发消息的主要内容为气象报文，1 条气象报文(含所属站点编号)包含 100 个字符，每条消息最多可包含 158 个字符，同一条消息可分割成上下两个半段分别传输。

（4）每次只能发送 1 条消息，发送 2 条消息的时间间隔不能小于 1min；收发通道相互独立，在发送消息时，可同时接收任意多条消息；发送和接收消息的时间忽略不计。

为了简化问题，根据假设，每条消息最多包含 1.5 条气象报文；每次传输最多可传 2 条气象报文，分上段、下段分别传输，上段、下段分别包含 1 条气象报文；发送 2 条消息的时间间隔等于 1min。

举例来说，对于某一主站，假设有 1 条消息包含 158 个字符，这条消息就由 2 条气象报文组成。在发送时，该消息可分为 2 段发送，上段包含 100 个字符，下段包含 58 个字符，发送上段瞬间完成，相隔 1min 后，再发送下段，也是瞬间完成，一共花费 1min。换句话说，它这次发送了 1 条消息，发送了 2 条气象报文，花费了 1min 时间。

对于该主站，如果它自身有 1 条消息包含 158 个字符，另外又接受了 0.5 条消息，包含 42 个字符，仍然分为 2 段发送，上段包含 100 个字符，下段包含 100 个字符，发送上段瞬间完成，相隔 1min 后，再发送下段，也是瞬间完成，一共花费 1min，换句话说，它这次发送了 1.5 条消息，发送了 2 条气象报文，花费了 1min 时间。

建模思路：从 $N=2$ 开始探索，在探索中总结主站间气象报文传输的规律，以及 N 与 K_{min} 之间的关系，最后使用归纳法建立当 $N \geqslant 5$ 时的主站间气象报文的传输模型。

7.5.1.1 探索规律

（1）当 $N=2$ 时，即只有 2 个分队（称为甲队和乙队），每个分队各有 1 条消息需要发送，甲队发送消息的同时，可接受消息；乙队发送消息的同时，也可接受消息；虽然发送和接受均在瞬间完成，但必须在 1min 之后才能发送下一条消息，故也算是花费 1min 完成了信息共享，即 $K_{min}=1$。

此时，发送的消息共有 2 条，接受的消息也有 2 条。气象报文的传输方案如表 7-1 所示。

表 7-1 主站气象报文的传输方案（$N=2$）

传输轮数序号	发送路径	发送信息所属站点序号（含信息完整性）	此轮后接收站点已有信息所属站点序号（含信息完整性）
1	1→2	1	2;1
1	2→1	2	1;2

注："2;1"中的分号是分界线，分号之前是原有信息，分号之后是本次发送的信息，以此类推。

（2）当 $N=3$ 时，即有 3 个分队，在第 1 轮，3 个分队完成信息共享花费 1min；在第 2 轮，3 个分队完成信息共享也花费 1min，一共花费 2min，即 $K_{min}=2$。

气象报文的传输方案如表 7-2 所示。

表 7-2 主站气象报文的传输方案（$N=3$）

传输轮数序号	发送路径	发送信息所属站点序号（含信息完整性）	此轮后接收站点已有信息所属站点序号（含信息完整性）
1	1→2	1	2;1
1	2→3	2	3;2

续表

传输轮数序号	发送路径	发送信息所属站点序号（含信息完整性）	此轮后接收站点已有信息所属站点序号（含信息完整性）
1	3→1	3	1;3
2	1→3	1	3,2;1
2	2→1	2	1,3;2
2	3→2	3	2,1;3

注:“2;1”中的分号是分界线,分号之前是原有信息,分号之后是本次发送的信息,以此类推。

(3)当 $N=4$ 时,即有 4 个分队,在第 1 轮,每个分队各发送 1 条消息,花费 1min;在第 2 轮,每个分队各发送 1.5 条消息,花费 1min;在第 3 轮,每个分队各发送剩下的 0.5 条消息,花费 1min,一共花费 3min,即 $K_{min}=3$。

气象报文的传输方案如表 7-3 所示。

表 7-3　主站气象报文的传输方案($N=4$)

传输轮数序号	发送路径	发送信息所属站点序号（含信息完整性）	此轮后接收站点已有信息所属站点序号（含信息完整性）
1	1→2	1	2;1
1	2→3	2	3;2
1	3→4	3	4;3
1	4→1	4	1;4
2	1→3	1,4(1)	3,2;1,4(1)
2	2→4	2,1(1)	4,3;2,1(1)
2	3→1	3,2(1)	1,4;3,2(1)
2	4→2	4,3(1)	2,1;4,3(1)
3	1→4	1(2)	4,3,2,1(1);1(2)
3	2→1	2(2)	1,4,3,2(1);2(2)
3	3→2	3(2)	2,1,4,3(1);3(2)
3	4→3	4(2)	3,2,1,4(1);4(2)

注:“2;1”中的分号是分界线,分号之前是原有信息,分号之后是本次发送的信息,以此类推。

类似地,继续列出当 $N=5,6,\cdots,12$ 时的气象报文传输方案。

7.5.1.2　建立 N 与 K_{min} 的关系

根据 $N=4,5,\cdots,12$ 时的气象报文传输方案,分 3 种情况进行汇总,即 $(2N-1)\div 3$ 的余数分别为 0、1、2 时,汇总结果如表 7-4 所示。

表 7-4　主站传输信息的汇总

余数	N	K	发送的总信息	接受的总信息
0	5	3	5+1. 5×5×2	5+1. 5×5×2
	8	5	8+1. 5×8×4	8+1. 5×8×4
	11	7	11+1. 5×11×6	11+1. 5×11×6
1	4	3	4+1. 5×4×1+0. 5×4	4+1. 5×4×1+0. 5×4
	7	5	7+1. 5×7×3+0. 5×7	7+1. 5×7×3+0. 5×7
	10	7	10+1. 5×10×5+0. 5×10	10+1. 5×10×5+0. 5×10
2	6	4	6+1. 5×6×2+1×6	6+1. 5×6×2+1×6
	9	6	9+1. 5×9×4+1×9	9+1. 5×9×4+1×9
	12	8	12+1. 5×12×6+1×12	12+1. 5×12×6+1×12

从表 7-4 可以看出，不论哪一种情况，发送的总信息都等于接受的总信息，而且总信息的汇总具有明显的规律性。

设 N 表示分队（主站）个数，K 表示发送轮数（分钟数），m 表示 $(2N-1)\div 3$ 的余数，$m=0,1,2$，f_1 表示发送的总信息，f_2 表示接受的总信息，于是

$$f_1=f_2=\begin{cases}N+1.5N(K-1), & m=0\\ N+1.5N(K-2)+0.5N, & m=1\\ N+1.5N(K-2)+N, & m=2\end{cases} \tag{7-1}$$

如果从另一角度计算接受的总信息，由于每个分队接收的总信息是 $N-1$ 条，所以 N 个分队接收的总信息为

$$f_2=N(N-1) \tag{7-2}$$

在实际中，发送的总信息与接受的总信息不一定相等。通常情况下，发送的总信息不低于接受的总信息，则 $f_1\geqslant f_2$，即

$$\begin{cases}N+1.5N(K-1)\geqslant N(N-1), & m=0\\ N+1.5N(K-2)+0.5N\geqslant N(N-1), & m=1\\ N+1.5N(K-2)+N\geqslant N(N-1), & m=2\end{cases} \tag{7-3}$$

解得

$$\begin{cases}K\geqslant \dfrac{2N-1}{3}, & m=0\\ K\geqslant \dfrac{2N+1}{3}, & m=1\\ K\geqslant \dfrac{2N}{3}, & m=2\end{cases} \tag{7-4}$$

即

$$K_{min}=\begin{cases}\frac{2N-1}{3}, & m=0\\ \frac{2N+1}{3}, & m=1\\ \frac{2N}{3}, & m=2\end{cases} \tag{7-5}$$

例如,当 $m=0$ 时,有$(N,K_{min})=(2,1),(5,3),(8,5),(11,7)$。

当 $m=1$ 时,有$(N,K_{min})=(4,3),(7,5),(10,7)$。

当 $m=2$ 时,有$(N,K_{min})=(3,2),(6,4),(9,6),(12,8)$。

以上计算结果均符合实际情况,说明式(7-5)是正确的。

7.5.1.3 模型求解

当 $N=9$ 时,$m=2$,$K_{min}=6$,即至少需要发送 6 轮,至少 6min 才能完成 9 个分队的信息共享。

气象报文的传输方案如表 7-5 所示。

表 7-5 主站气象报文的传输方案($N=9,K=6$)

传输轮数序号	发送路径	发送信息所属站点序号(含信息完整性)	此轮后接收站点已有信息所属站点序号(含信息完整性)
1	1→2	1	2;1
1	2→3	2	3;2
…	…	…	…
1	8→9	8	9;8
1	9→1	9	1;9
2	1→3	1,9(1)	3,2;1,9(1)
2	2→4	2,1(1)	4,3;2,1(1)
…	…	…	…
2	8→1	8,7(1)	1,9;8,7(1)
2	9→2	9,8(1)	2,1;9,8(1)
3	1→4	1(2),9	4,3,2,1(1);1(2),9
3	2→5	2(2),1	5,4,3,2(1);2(2),1
…	…	…	…
3	8→2	8(2),7	2,1,9,8(1);8(2),7
3	9→3	9(2),8	3,2,1,9(1);9(2),8
4	1→5	9,8(1)	5,4,3,2,1;9,8(1)
4	2→6	1,9(1)	6,5,4,3,2;1,9(1)
…	…	…	…

续表

传输轮数序号	发送路径	发送信息所属站点序号（含信息完整性）	此轮后接收站点已有信息所属站点序号（含信息完整性）
4	8→3	7,6(1)	3,2,1,9,8;7,6(1)
4	9→4	8,7(1)	4,3,2,1,9;8,7(1)
5	1→6	9(2),8	6,5,4,3,2,1,9(1);9(2),8
5	2→7	1(2),9	7,6,5,4,3,2,1(1);1(2),9
…	…	…	…
5	8→4	7(2),6	4,3,2,1,9,8,7(1);7(2),6
5	9→5	8(2),7	5,4,3,2,1,9,8(1);8(2),7
6	1→7	8	7,6,5,4,3,2,1,9;8
6	2→8	9	8,7,6,5,4,3,2,1;9
…	…	…	…
6	8→5	6	5,4,3,2,1,9,8,7;6
6	9→6	7	6,5,4,3,2,1,9,8;7

注："2;1"中的分号是分界线，分号之前是原有信息，分号之后是本次发送的信息，以此类推。

7.5.1.4 建立一般传输模型

一般传输模型要分 3 种情况。采用由特殊到一般的方法进行归纳。

1. 当 $m=0$ 时的一般传输模型

(1) 当 $m=0$ 时，取 $N=11$，则 $K_{\min}=7$，其气象报文的传输规律如下：

第 1 轮，发送路径 $n \to n+1, n=1,2,\cdots,N$，发送信息所属站点序号：$n$。

第 2 轮，发送路径 $n \to n+2, n=1,2,\cdots,N$，发送信息所属站点序号：$n, n-1(1)$。

第 3 轮，发送路径 $n \to n+3, n=1,2,\cdots,N$，发送信息所属站点序号：$n(2), n-1$。

第 4 轮，发送路径 $n \to n+4, n=1,2,\cdots,N$，发送信息所属站点序号：$n-1, n-2(1)$。

第 5 轮，发送路径 $n \to n+5, n=1,2,\cdots,N$，发送信息所属站点序号：$n-1(2), n-2$。

第 6 轮，发送路径 $n \to n+6, n=1,2,\cdots,N$，发送信息所属站点序号：$n-2, n-3(1)$。

第 7 轮，发送路径 $n \to n+7, n=1,2,\cdots,N$，发送信息所属站点序号：$n-2(2), n-3$，结束。

其中，$n(1)$、$n(2)$ 分别表示第 n 站点的上段和下段消息，其他类似情况也是如此。

(2) 根据以上 7 轮传输，使用归纳法可得出一般传输模型为：

第 1 轮，发送路径：$n \to n+1, n=1,2,\cdots,N$，发送信息所属站点序号：$n$。

第 k 轮，发送路径：$n \to n+k, n=1,2,\cdots,N$，发送信息所属站点序号：$n-\dfrac{k-2}{2}$，$n-\dfrac{k}{2}(1)$。

第 $k+1$ 轮，发送路径：$n \to n+k+1, n=1,2,\cdots,N$，发送信息所属站点序号：$n-\dfrac{k-2}{2}(2)$，

$n-\frac{k}{2}$。

其中，$k=2,4,6,\cdots$，当 $k+1=K_{\min}$ 时结束。

如果 $n+k>N$，则令 $n+k-N$，以满足 $1\leqslant n+k\leqslant N$。下文遇到这种情况也是如此。

2. 当 $m=1$ 时的一般传输模型

(1) 当 $m=1$ 时，取 $N=10$，则 $K_{\min}=7$，其气象报文的传输规律如下：

第 1 轮，发送路径 $n\to n+1$，$n=1,2,\cdots,N$，发送信息所属站点序号：n。

第 2 轮，发送路径 $n\to n+2$，$n=1,2,\cdots,N$，发送信息所属站点序号：n，$n-1(1)$。

第 3 轮，发送路径 $n\to n+3$，$n=1,2,\cdots,N$，发送信息所属站点序号：$n(2)$，$n-1$。

第 4 轮，发送路径 $n\to n+4$，$n=1,2,\cdots,N$，发送信息所属站点序号：$n-1$，$n-2(1)$。

第 5 轮，发送路径 $n\to n+5$，$n=1,2,\cdots,N$，发送信息所属站点序号：$n-1(2)$，$n-2$。

第 6 轮，发送路径 $n\to n+6$，$n=1,2,\cdots,N$，发送信息所属站点序号：$n-2$，$n-3(1)$。

第 7 轮，发送路径 $n\to n+7$，$n=1,2,\cdots,N$，发送信息所属站点序号：$n-2(2)$，结束。

(2) 根据以上 7 轮传输，使用归纳法可得出一般传输模型为：

第 1 轮，发送路径：$n\to n+1$，$n=1,2,\cdots,N$，发送信息所属站点序号：n。

第 k 轮，发送路径：$n\to n+k$，$n=1,2,\cdots,N$，发送信息所属站点序号：$n-\frac{k-2}{2}$，$n-\frac{k}{2}(1)$。

第 $k+1$ 轮，发送路径：$n\to n+k+1$，$n=1,2,\cdots,N$，发送信息所属站点序号：$n-\frac{k-2}{2}(2)$，$n-\frac{k}{2}$。

第 $K_{\min}-1$ 轮，发送路径：$n\to n+K_{\min}-1$，$n=1,2,\cdots,N$，发送信息所属站点序号：$n-\frac{K_{\min}-3}{2}$，$n-\frac{K_{\min}-1}{2}(1)$。

第 $K_{\min}$ 轮，发送路径：$n\to n+K_{\min}$，$n=1,2,\cdots,N$，发送信息所属站点序号：$n-\frac{K_{\min}-3}{2}(2)$。

其中，$k=2,4,6,\cdots,K_{\min}-3$。

3. 当 $m=2$ 时的一般传输模型

(1) 当 $m=2$ 时，取 $N=12$，则 $K_{\min}=8$，其气象报文的传输规律如下：

第 1 轮，发送路径 $n\to n+1$，$n=1,2,\cdots,N$，发送信息所属站点序号：n。

第 2 轮，发送路径 $n\to n+2$，$n=1,2,\cdots,N$，发送信息所属站点序号：n，$n-1(1)$。

第 3 轮，发送路径 $n\to n+3$，$n=1,2,\cdots,N$，发送信息所属站点序号：$n(2)$，$n-1$。

第 4 轮，发送路径 $n\to n+4$，$n=1,2,\cdots,N$，发送信息所属站点序号：$n-1$，$n-2(1)$。

第 5 轮，发送路径 $n\to n+5$，$n=1,2,\cdots,N$，发送信息所属站点序号：$n-1(2)$，$n-2$。

第 6 轮，发送路径 $n\to n+6$，$n=1,2,\cdots,N$，发送信息所属站点序号：$n-2$，$n-3(1)$。

第 7 轮，发送路径 $n\to n+7$，$n=1,2,\cdots,N$，发送信息所属站点序号：$n-2(2)$，$n-3$。

第 8 轮，发送路径 $n\to n+8$，$n=1,2,\cdots,N$，发送信息所属站点序号：$n-3$，结束。

(2) 根据以上 8 轮传输，使用归纳法可得出一般传输模型为：

第 1 轮，发送路径：$n\to n+1$，$n=1,2,\cdots,N$，发送信息所属站点序号：n。

第 k 轮，发送路径：$n \to n+k$，$n=1,2,\cdots,N$，发送信息所属站点序号：$n-\frac{k-2}{2}$，$n-\frac{k}{2}$（1）。

第 $k+1$ 轮，发送路径：$n \to n+k+1$，$n=1,2,\cdots,N$，发送信息所属站点序号：$n-\frac{k-2}{2}$（2），$n-\frac{k}{2}$。

第 K_{min} 轮，发送路径：$n \to n+K_{min}$，$n=1,2,\cdots,N$，发送信息所属站点序号：$n-\frac{K_{min}-2}{2}$。

其中，$k=2,4,6,\cdots,K_{min}-2$。

7.5.2 问题(2)——建立副站信息共享的传输模型

问题描述：为了提高气象信息的地理密度，除了实现主站间气象报文的信息共享外，还需要使用副站气象信息加以补充。每个主站必须满足条件：每支分队成功接收该分队至少一个副站的气象报文的概率不低于 0.9。

问题分析：由于副站发送和接收消息的成功率均为 0.8，但主站发送和接收消息的成功率均为 1，故每个主站成功接收该分队至少一个副站的气象报文的概率为

$$P=1-(1-0.8)^2=0.96 \tag{7-6}$$

由于 $P>0.9$，所以在传输信息时，采用 2 个副站同时向主站发送的方式。

当某分队 2 个副站向分队内的主站发送消息后，为了实现信息共享，它们还要向其他分队的主站发送消息。假设：每支分队的主站成功接收其他分队至少一个副站的气象报文的概率不低于 0.9。于是各个分队的 2 个副站也同时向其他分队的主站发送消息以实现信息共享。

这样一来，就可以使用问题(1)的思路和方法，把每个分队里 2 个副站的 2 条消息向所有主站进行传输，以实现信息共享。

每个分队的主站仍然使用问题(1)的方法发送消息，以实现主站间的信息共享。

由于每部通信设备的收发通道相互独立，在发送消息时，可同时接收任意多条消息，所以，当每个主站在发送消息时，也接受了其他分队的主站、副站的消息。最后，每个分队的主站均获得了其他分队主站、副站的信息，实现了信息共享。

建模思路：从 $N=2$ 开始探索，在探索中总结各分队 2 个副站向所有主站传输气象报文的规律，以及 N_{max} 与 K 之间的关系，最后使用归纳法建立副站向主站传输气象报文的一般模型。

7.5.2.1 探索规律

(1) 当 $N=2$ 时，即只有 2 个分队（称为甲队和乙队）。

第 1 步，每个分队的主站先把自身的信息实现共享，$K_{min}=1$，即花费 1min 实现主站间的信息共享。与此同时，甲队的 2 个副站分别向甲队的主站发送消息，乙队的 2 个副站分别向乙队的主站发送消息。

第 2 步，在第 2min，甲队的 2 个副站分别向乙队的主站发送消息，乙队的 2 个副站分别向甲队的主站发送消息，花费 1min。

于是，$K=2$，副站气象报文的传输方案如表 7-6 所示。

表 7-6　副站气象报文的传输方案($N=2,K=2$)

传输轮数序号	发送路径	发送信息所属站点序号(含信息完整性)	此轮后接收站点已有信息所属站点序号(含信息完整性)
1	1a,1b→1	1a,1b	①1a,1b
1	2a,2b→2	2a,2b	②2a,2b
2	1a,1b→2	1a,1b	②2a,2b;1a,1b
2	2a,2b→1	2a,2b	①1a,1b;2a,2b

注:(1) ①表示第 1 分队的主站,以此类推;

(2) 分号之前是原有信息,分号之后是本次发送信息,以此类推。

由于 $N=3,4$ 的结果与 $N=2$ 类似,所以这里略去,直接给出 $N=5$ 的情形。

(2) 当 $N=5$ 时,即有 5 个分队(主站),$m=0$,$K_{\min}=3$。

第 1 轮,每个分队的主站先把自身的信息实现共享,即花费 1min 实现主站间的信息共享。与此同时,每个分队的 2 个副站分别向队内的主站发送消息。

第 2、3 轮,在第 2、3 分钟,每个分队的主站继续传输自身的信息,而每个分队的 2 个副站依次轮流向其他分队的主站发送消息。

第 4 轮,在第 4 分钟,每个分队的 2 个副站继续轮流向其他分队的主站发送消息,同时,每个分队的主站开始向其他分队的主站转发消息,每个主站每次转发 1.5 条消息。

第 5 轮,在第 5 分钟,每个分队的副站停止发送消息,每个分队的主站继续依次轮流向其他分队的主站转发消息,由于每个主站仅剩余 0.5 条消息未接受,所以每个主站转发剩余的 0.5 条消息。

于是,$K=5$,副站气象报文的传输方案如表 7-7 所示。

表 7-7　副站气象报文的传输方案($N=5,K=5$)

传输轮数序号	发送路径	发送信息所属站点序号(含信息完整性)	此轮后接收站点已有信息所属站点序号(含信息完整性)	备注
1	1a,1b→1	1a,1b	①1a,1b	
1	2a,2b→2	2a,2b	②2a,2b	
1	3a,3b→3	3a,3b	③3a,3b	
1	4a,4b→4	4a,4b	④4a,4b	
1	5a,5b→5	5a,5b	⑤5a,5b	
2	1a,1b→2	1a,1b	②2a,2b;1a,1b	
2	2a,2b→3	2a,2b	③3a,3b;2a,2b	
2	3a,3b→4	3a,3b	④4a,4b;3a,3b	
2	4a,4b→5	4a,4b	⑤5a,5b;4a,4b	
2	5a,5b→1	5a,5b	①1a,1b;5a,5b	
3	1a,1b→3	1a,1b	③3a,3b,2a,2b;1a,1b	
3	2a,2b→4	2a,2b	④4a,4b,3a,3b;2a,2b	
3	3a,3b→5	3a,3b	⑤5a,5b,4a,4b;3a,3b	
3	4a,4b→1	4a,4b	①1a,1b,5a,5b;4a,4b	

续表

传输轮数序号	发送路径	发送信息所属站点序号（含信息完整性）	此轮后接收站点已有信息所属站点序号（含信息完整性）	备注
3	5a,5b→2	5a,5b	②2a,2b,1a,1b;5a,5b	
4	1a,1b→4	1a,1b	④4a,4b,3a,3b,2a,2b;1a,1b,5a,5b(1)	主站也传输
4	2a,2b→5	2a,2b	⑤5a,5b,4a,4b,3a,3b;2a,2b,1a,1b(1)	主站也传输
4	3a,3b→1	3a,3b	①1a,1b,5a,5b,4a,4b;3a,3b,2a,2b(1)	主站也传输
4	4a,4b→2	4a,4b	②2a,2b,1a,1b,5a,5b;4a,4b,3a,3b(1)	主站也传输
4	5a,5b→3	5a,5b	③3a,3b,2a,2b,1a,1b;5a,5b,4a,4b(1)	主站也传输
5	1→5	1b(2)	⑤5a,5b,4a,4b,3a,3b,2a,2b,1a,1b(1);1b(2)	主站也传输
5	2→1	2b(2)	①1a,1b,5a,5b,4a,4b,3a,3b,2a,2b(1);2b(2)	主站也传输
5	3→2	3b(2)	②2a,2b,1a,1b,5a,5b,4a,4b,3a,3b(1);3b(2)	主站也传输
5	4→3	4b(2)	③3a,3b,2a,2b,1a,1b,5a,5b,4a,4b(1);4b(2)	主站也传输
5	5→4	5b(2)	④4a,4b,3a,3b,2a,2b,1a,1b,5a,5b(1);5b(2)	主站也传输

注：(1) ①表示第1分队的主站，以此类推；

(2) 分号之前是原有信息，分号之后是本次发送信息，以此类推。

类似地，继续列出当 $N=6,7,\cdots,13$ 时的气象报文传输方案。

7.5.2.2 建立 K 与 N_{max} 的关系

副站信息的一般传输模型要分副站→主站，主站→主站两种情况。

如图7-2所示，从第1轮开始，任一副站向各个主站发送其信息，直至第 K_1 轮结束，并且规定：副站只传1条消息而不传0.5条消息。从第1轮开始，任一主站向各个主站共享其信息，传输方式为问题(1)建立的模型，直至第 K_{min} 轮结束，从第 $K_{min}+1$ 轮开始，主站转发副站的信息，直至第 K 轮结束。

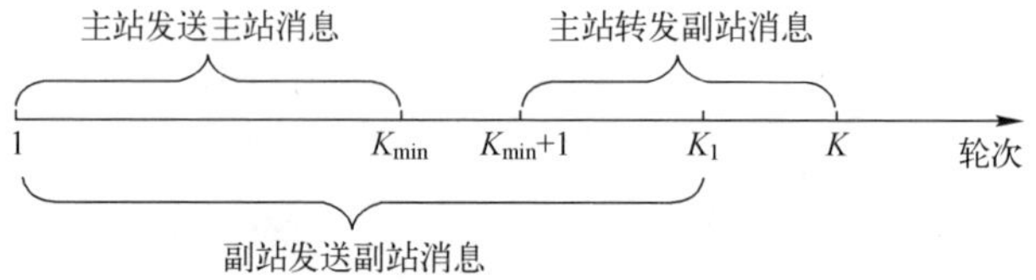

图7-2 主站、副站信息传输轮次

K_1 的确定方法：如果副站发送的消息与主站发送的消息开始重复时，那么副站停止发送(剩余的交给主站发送，因为主站发送的效率高，每次能够发送1.5条消息，而副站每次只能发送1条)，此时的前一轮就是第 K_1 轮。例如，在第5轮，副站发送的消息与主站发送的消息开始重复了，那么副站停止发送，$K_1=4$。

K 的确定方法：如果每个主站都接受了其他所有副站的消息时，就停止发送，此时的轮数就是第 K 轮。例如，在第5轮之后，每个主站都接受了其他所有副站的消息，此时传输任务已经完成了，于是 $K=5$。

根据 $N=2,3,4,\cdots,13$ 时的副站气象报文传输方案，对有关特征进行提取汇总，如表7-8中第1~8列所示。从表7-8可以看出，$K_{min}\leqslant K_1\leqslant K\leqslant N$。

表 7-8　从副站信息传输过程中提取的特征

N	m	K_{min}	K_1	K	副站发送量	主站转发量	接受总量	调整后的副站发送量	调整后的主站转发量
2	0	1	2	2	2×2×2	0	2×2×2	2×2×1	2×2×1
3	2	2	3	3	2×3×3	0	2×3×3	2×3×2	2×3×1
4	1	3	4	4	2×4×3	1×4+1×4	2×4×4	2×4×3	2×4×1
5	0	3	4	5	2×5×4	1. 5×5+0. 5×5	2×5×5	2×5×3	2×5×2
6	2	4	5	5	2×6×5	0. 5×6+1. 5×6	2×6×6	2×6×4	2×6×2
7	1	5	6	6	2×7×6	1×7+1×7	2×7×7	2×7×5	2×7×2
8	0	5	7	7	2×8×7	1. 5×8+0. 5×8	2×8×8	2×8×5	2×8×3
9	2	6	8	8	2×9×8	0. 5×9+1. 5×9	2×9×9	2×9×6	2×9×3
10	1	7	9	9	2×10×8	1×10+1. 5×10+1. 5×10	2×10×10	2×10×7	2×10×3
11	0	7	9	10	2×11×9	1. 5×11+1. 5×11+1×11	2×11×11	2×11×7	2×11×4
12	2	8	10	11	2×12×10	0. 5×12+1. 5×12×2+0. 5×12	2×12×12	2×12×8	2×12×4
13	1	9	12	12	2×13×11	1. 5×13+1. 5×13+1×13	2×13×13	2×13×9	2×13×4

从表 7-8 可知,接受的总信息量为 $2NN$ 条。但副站发送的信息量、主站转发的信息量没有规律,于是把副站发送的信息量取出一部分调剂到主站转发量中,结果如表 7-8 中第 9～10 列所示。

调整后的副站发送信息量、主站转发信息量具有明显的规律,副站发送的信息量为 $2NK_{min}$ 条,主站转发的信息量为 $2Nh$ 条,其中,

$$h=\left[\frac{N}{3}\right] \tag{7-7}$$

式中:$\left[\frac{N}{3}\right]$为对$\frac{N}{3}$四舍五入取整。

在副站信息共享条件下,有

$$2NK_{min}+2Nh=2NN \tag{7-8}$$

在实际中,发送的总信息与接受的总信息不一定相等。通常情况下,发送的总信息不低于接受的总信息,则

$$2NK_{min}+2Nh\geqslant 2NN \tag{7-9}$$

化简得

$$N\leqslant K_{min}+h \tag{7-10}$$

根据表 7-8 可知,K_{min}与 K 具有线性关系,于是拟合得

$$K_{min}=0.755K+0.327 \tag{7-11}$$

拟合优度 $R^2=0.987$,拟合精度非常高。又 $h=\left[\frac{N}{3}\right]$,故 $h\approx\frac{N}{3}$,一起代入式(7-10)化简得

$$N\leqslant 1.13K+0.49 \tag{7-12}$$

于是有

$$N_{max}=\lfloor 1.13K+0.49\rfloor \tag{7-13}$$

例如，$(K,N_{max})=(5,6),(6,7),(7,8),(8,9),(9,10),(10,11),(11,12),(12,14)$，基本符合实际。

7.5.2.3 建立一般传输模型

下面建立副站向主站发送消息的模型和主站转发副站消息的模型。

1) 副站向主站发送消息的模型

副站向主站传输模型为：第 k 轮，发送路径：$n \to n+k-1$，$n=1,2,\cdots,N$，发送信息所属站点序号：na，nb，其中，$k=1,2,\cdots,K_1$。

2) 主站转发副站消息的模型

当 $1 \leqslant k \leqslant K_{min}$ 时，主站不参与转发副站消息。

当 $k \geqslant K_{min}+1$ 时，主站参与转发副站消息，传输模型为：

第 k 轮，发送路径：$n \to n+k-1$，$n=1,2,\cdots,N$，发送信息所属站点序号：$(n+k)a$，$(n+k)b(1)$。

第 $k+1$ 轮，发送路径：$n \to n+k-1$，$n=1,2,\cdots,N$，发送信息所属站点序号：$(n+k)b(2)$，$(n+k+1)a$。

当 $k=K$ 或 $k+1=K$ 时，结束。

例如，当 $K=7$ 时，$N_{max}=8$，即至多可完成 8 个主站间气象报文的信息共享。副站气象报文的传输方案如表 7-9 所示。

表 7-9 副站气象报文的传输方案（$N=8$，$K=7$）

传输轮数序号	发送路径	发送信息所属站点序号（含信息完整性）	此轮后接收站点已有信息所属站点序号（含信息完整性）	备注
1	1a,1b→1	1a,1b	①1a,1b	
1	2a,2b→2	2a,2b	②2a,2b	
…	…	…	…	
1	8a,8b→8	8a,8b	⑧8a,8b	
2	1a,1b→2	1a,1b	②2a,2b;1a,1b	
2	2a,2b→3	2a,2b	③3a,3b;2a,2b	
…	…	…	…	
2	8a,8b→1	8a,8b	①1a,1b;8a,8b	
3	1a,1b→3	1a,1b	③3a,3b,2a,2b;1a,1b	
3	2a,2b→4	2a,2b	④4a,4b,3a,3b;2a,2b	
…	…	…	…	
3	8a,8b→2	8a,8b	②2a,2b,1a,1b;8a,8b	
4	1a,1b→4	1a,1b	④4a,4b,3a,3b,2a,2b;1a,1b	
4	2a,2b→5	2a,2b	⑤5a,5b,4a,4b,3a,3b;2a,2b	
…	…	…	…	
4	8a,8b→3	8a,8b	③3a,3b,2a,2b,1a,1b;8a,8b	
5	1a,1b→5	1a,1b	⑤5a,5b,4a,4b,3a,3b,2a,2b;1a,1b	

续表

传输轮数序号	发送路径	发送信息所属站点序号（含信息完整性）	此轮后接收站点已有信息所属站点序号（含信息完整性）	备注
5	2a,2b→6	2a,2b	⑥6a,6b,5a,5b,4a,4b,3a,3b;2a,2b	
…	…	…	…	
5	8a,8b→4	8a,8b	④4a,4b,3a,3b,2a,2b,1a,1b;8a,8b	
6	1a,1b→6	1a,1b	⑥6a,6b,5a,5b,4a,4b,3a,3b,2a,2b;1a,1b,7a,7b(1)	主站参与
6	2a,2b→7	2a,2b	⑦7a,7b,6a,6b,5a,5b,4a,4b,3a,3b;2a,2b,8a,8b(1)	主站参与
…	…	…	…	…
6	8a,8b→5	8a,8b	⑤5a,5b,4a,4b,3a,3b,2a,2b,1a,1b;9a,9b,6a,6b(1)	主站参与
7	1a,1b→7	1a,1b	⑦7a,7b,6a,6b,5a,5b,4a,4b,3a,3b,2a,2b,8a,8b(1);1a,1b,8b(2)	主站参与
7	2a,2b→8	2a,2b	⑧8a,8b,7a,7b,6a,6b,5a,5b,4a,4b,3a,3b,1a,1b(1);2a,2b,1b(2)	主站参与
…	…	…	…	…
7	8a,8b→6	8a,8b	⑥6a,6b,5a,5b,4a,4b,3a,3b,2a,2b,1a,1b,7a,7b(1);8a,8b,7b(2)	主站参与

7.5.2.4 成功接收副站消息的主站个数期望

问题要求：平均有多少个主站能成功接收每支分队至少一个副站的气象报文。

设 A_{ij} 表示第 i 主站能成功接收第 j 分队至少一个副站的气象报文，P_{ij} 表示 A_{ij} 发生的概率。根据前文所述，$P_{ij}=0.96, i,j=1,2,\cdots,N$。

设 A_i 表示第 i 主站能成功接收 N 个分队（至少一个副站）的气象报文，P_i 表示 A_i 发生的概率，根据假设，（固定 i）随机事件 $A_{i1},A_{i2},\cdots,A_{iN}$ 的发生是相互独立的，则

$$P_i=0.96^N,\quad i=1,2,\cdots,N \tag{7-14}$$

根据假设，随机事件 $A_1,A_2,\cdots,A_N$ 的发生是相互独立的。由于 A_i 只有发生和不发生两种可能，如果 N 个事件有 k 个发生了，就意味着有 k 个主站能成功接收每支分队至少一个副站的气象报文。

设 ξ 是一个随机变量，$k=0,1,2,\cdots,N$，$\xi=k$ 表示事件 $A_i(i=1,2,\cdots,N)$ 中有 k 个发生了，显然，ξ 服从二项分布，即 $\xi\sim B(N,0.96^N)$，于是 ξ 的期望

$$E(\xi)=0.96^N N \tag{7-15}$$

例如，当 $N=8$ 时，$E(\xi)=5.77$，即平均有 5.77 个主站能成功接收每支分队至少一个副站的气象报文。

7.5.2.5 主站成功接收副站消息个数的期望

问题要求：任一主站平均能成功接收副站的多少条气象报文。

在副站发送主站中，每条消息只有发送成功和发送失败 2 种可能，设 $\eta=1$ 表示发送成功，$\eta=0$ 表示发送失败，相应地，$P(\eta=1)=0.8$，$P(\eta=0)=0.2$，于是 η 服从 0-1 分布，其数学期望为 $E(\eta)=0.8$，于是每个主站平均能成功接收 $2\times0.8K_1$ 条消息。

同理，在主站转发主站中，每个主站平均能成功接收 $1.5\times0.96(K-K_{\min})$ 条消息，于是任一主站平均能成功接收副站气象报文的个数为

$$c=1.6K_1+1.44(K-K_{\min}) \tag{7-16}$$

例如，当 $N=8$ 时，$K=7$，$K_1=7$，$K_{min}=5$，计算得，$c=14.08$，即任一主站平均能成功接收副站消息的个数为 14.08 条。

7.5.3 问题(3)——提升成功率的传输方案

题目要求：如果每支分队成功接收该分队至少一个副站的气象报文的概率不低于 0.97，那么 $N_{max}=?$ 主站间信息共享的传输方案是什么，副站信息的传输方案是什么？

问题分析：要提高成功率，最简单的方法是重复发送，但重复发送又降低了效率，因此必须在确保成功率和效率的前提下制定传输方案。在问题(2)中，副站向主站每次(轮)发送 1 条消息(至多 150 个字符，上段至多 100 个，下段至多 50 个)，其实副站每次最多可以发送 1.5 条消息(至多 200 个字符，上段至多 100 个，下段至多 100 个)，于是主站每次最多能够接受 3 条消息，相当于 3 个副站的消息，每支分队成功接收该分队至少 1 个副站的气象报文的概率为

$$P=1-(1-0.8)^3=0.992 \tag{7-17}$$

由于 $P\geqslant 0.97$，所以这种传输方式可行。

建模思路：类似于问题(2)，从 $N=2$ 开始探索各分队 2 个副站向所有主站传输气象报文的规律，以及 N_{max} 与 K 之间的关系，最后使用归纳法建立副站向主站传输气象报文的一般模型。

7.5.3.1 探索规律

(1) 当 $N=2$ 时，即只有 2 个分队(称为甲队和乙队)。

第 1 轮，每个分队的主站先把自身的信息实现共享，$K_{min}=1$，即花费 1min 实现主站间的信息共享。与此同时，甲队的 2 个副站互传消息，乙队的 2 个副站互传消息。

此轮结束，每个分队内的 2 个副站实现了信息共享，2 个主站实现了信息共享。

第 2 轮，在第 2 分钟，甲队的 2 个副站分别向分队内主站发送 1.5 条消息，副站 1a 有 1a，1b(1)或 1a(1)，1b 两种选择，副站 1b 也有 1a，1b(1)或 1a(1)，1b 两种选择，搭配起来一共有 4 种发送结果，不论哪一种发送结果(不妨设 1a，1b(1)，1a，1b(1))，都相当于发送了 3 个副站的消息，主站以 0.992 的概率接受了至少一个副站的消息。与此同时，乙队的 2 个副站分别向分队内主站发送 1.5 条消息。

此轮结束，每个主站接受了分队内 2 个副站的消息。

第 3 轮，在第 3 分钟，甲队的 2 个副站分别向乙队主站发送 1.5 条消息，乙队的 2 个副站分别向甲队主站发送 1.5 条消息，每个主站均以 0.992 的概率接受了其他分队至少一个副站的消息。

此轮结束，每个主站不但接受了其他主站的消息，而且接受了所有分队、所有副站的消息。

在第 3 轮，还有一种方式，甲队主站向乙队主站转发 1.5 条副站消息，乙队主站向甲队主站转发 1.5 条副站消息，每个主站均以 100%的概率接受了其他分队副站的消息。但这种方式还需要增加 1 轮(1min)来传输剩下的 0.5 条消息，从传输效率上考虑是不可取的。

于是，$K=3$，副站气象报文的传输方案如表 7-10 所示。

表 7-10　副站气象报文的传输方案($N=2,K=3$)

传输轮数序号	发送路径	发送信息所属站点序号（含信息完整性）	此轮后接收站点已有信息所属站点序号（含信息完整性）
1	[1a]→[1b]	1a	[1b]1b;1a
1	[1b]→[1a]	1b	[1a]1a;1b
1	[2a]→[2b]	2a	[2b]2b;2a
1	[2b]→[2a]	2b	[2a]2a;2b
2	[1a]→(1)	1a,1b(1)	(1)1a,1b
2	[1b]→(1)	1a,1b(2)	
2	[2a]→(2)	2a,2b(1)	(2)2a,2b
2	[2b]→(2)	2a,2b(2)	
3	[1a]→(2)	1a,1b(1)	(2)2a,2b;1a,1b(1),1a,1b(2)
3	[1b]→(2)	1a,1b(2)	
3	[2a]→(1)	2a,2b(1)	(1)1a,1b;2a,2b(1),2a,2b(2)
3	[2b]→(1)	2a,2b(2)	

注：[1a]表示 1 分队的副站 1a,(1)表示 1 分队的主站,“;”之前表示原消息,之后表示现发消息,以此类推。

类似地,继续列出当 $N=3,4,\cdots,8$ 时的气象报文传输方案,由于篇幅限制,下面仅给出 $N=7$ 的探索过程。

(2) 当 $N=7$ 时,即只有 7 个分队。

由于 $K_{\min}=5$,故花费 5min 才能实现主站间的信息共享,因此在第 1~5 轮,主站之间实现信息共享。下面仅探索副站消息的传输规律。

第 1 轮,每个分队内的 2 个副站互传消息。此轮结束,每个分队内的 2 个副站实现了信息共享。

第 2 轮,每个分队的 2 个副站分别向分队内主站发送 1.5 条消息(不妨设 $ia,ib(1)$, $ia,ib(1)$, $i=1,2,\cdots,5$)。此轮结束,每个主站接受了分队内 2 个副站的消息。

第 3 轮,1 队的 2 个副站分别向 2 队主站发送 1.5 条消息,2 队的 2 个副站分别向 3 队主站发送 1.5 条消息,以此类推,7 队的 2 个副站分别向 1 队主站发送 1.5 条消息。

第 4、5 轮与第 3 轮类似,至第 5 轮结束,每个主站接受了 8 个副站的消息。还剩下 6 个副站的消息需要传输。如果 6 条消息由主站转发来完成信息共享,虽然成功率是 100%,但需要 4 轮(4min)。如果 6 条消息由副站轮流发送来完成信息共享,虽然成功率是 99.2%,但需要 3 轮(3min)。相比之下,从发送效率来考虑,选择由副站轮流发送来完成较好。

至第 8 轮结束,每个主站不但接受了其他主站的消息,而且接受了所有分队、所有副站的消息。

于是,$K=8$,副站气象报文的传输方案如表 7-11 所示。

表 7-11　副站气象报文的传输方案($N=7,K=8$)

传输轮数序号	发送路径	发送信息所属站点序号（含信息完整性）	此轮后接收站点已有信息所属站点序号（含信息完整性）
1	[1a]→[1b]	1a	[1b]1b;1a
1	[1b]→[1a]	1b	[1a]1a;1b
1	[2a]→[2b]	2a	[2b]2b;2a
1	[2b]→[2a]	2b	[2a]2a;2b
…	…	…	…
1	[7a]→[7b]	7a	[7b]7b;7a
1	[7b]→[7a]	7b	[7a]7a;7b
2	[1a]→(1)	1a,1b(1)	(1)1a,1b
2	[1b]→(1)	1a,1b(2)	
2	[2a]→(2)	2a,2b(1)	(2)2a,2b
2	[2b]→(2)	2a,2b(2)	
…	…	…	…
2	[7a]→(7)	7a,7b(1)	(7)7a,7b
2	[7b]→(7)	7a,7b(2)	
3	[1a]→(2)	1a,1b(1)	(2)2a,2b;1a,1b(1),1a,1b(2)
3	[1b]→(2)	1a,1b(2)	
3	[2a]→(3)	2a,2b(1)	(3)3a,3b;2a,2b(1),2a,2b(2)
3	[2b]→(3)	2a,2b(2)	
…	…	…	…
3	[7a]→(1)	7a,7b(1)	(1)1a,1b;7a,7b(1),7a,7b(2)
3	[7b]→(1)	7a,7b(2)	
4	[1a]→(3)	1a,1b(1)	(3)3a,3b,2a,2b;1a,1b(1),1a,1b(2)
4	[1b]→(3)	1a,1b(2)	
4	[2a]→(4)	2a,2b(1)	(4)4a,4b,3a,3b;2a,2b(1),2a,2b(2)
4	[2b]→(4)	2a,2b(2)	
…	…	…	…
4	[7a]→(2)	7a,7b(1)	(2)2a,2b,1a,1b;7a,7b(1),7a,7b(2)
4	[7b]→(2)	7a,7b(2)	
5	[1a]→(4)	1a,1b(1)	(4)4a,4b,3a,3b,2a,2b;1a,1b(1),1a,1b(2)
5	[1b]→(4)	1a,1b(2)	
5	[2a]→(5)	2a,2b(1)	(5)5a,5b,4a,4b,3a,3b;2a,2b(1),2a,2b(2)
5	[2b]→(5)	2a,2b(2)	
…	…	…	…
5	[7a]→(3)	7a,7b(1)	(3)3a,3b,2a,2b,1a,1b;7a,7b(1),7a,7b(2)
5	[7b]→(3)	7a,7b(2)	

续表

传输轮数序号	发送路径	发送信息所属站点序号（含信息完整性）	此轮后接收站点已有信息所属站点序号（含信息完整性）
6	[1a]→(5)	1a,1b(1)	(5)5a,5b,4a,4b,3a,3b,2a,2b;1a,1b(1),1a,1b(2)
6	[1b]→(5)	1a,1b(2)	
6	[2a]→(6)	2a,2b(1)	(6)6a,6b,5a,5b,4a,4b,3a,3b;2a,2b(1),2a,2b(2)
6	[2b]→(6)	2a,2b(2)	
…	…	…	…
6	[7a]→(4)	7a,7b(1)	(4)4a,4b,3a,3b,2a,2b,1a,1b;7a,7b(1),7a,7b(2)
6	[7b]→(4)	7a,7b(2)	
7	[1a]→(6)	1a,1b(1)	(6)6a,6b,5a,5b,4a,4b,3a,3b,2a,2b;1a,1b(1),1a,1b(2)
7	[1b]→(6)	1a,1b(2)	
7	[2a]→(7)	2a,2b(1)	(7)7a,7b,6a,6b,5a,5b,4a,4b,3a,3b;2a,2b(1),2a,2b(2)
7	[2b]→(7)	2a,2b(2)	
…	…	…	…
7	[7a]→(5)	7a,7b(1)	(5)5a,5b,4a,4b,3a,3b,2a,2b,1a,1b;7a,7b(1),7a,7b(2)
7	[7b]→(5)	7a,7b(2)	
8	[1a]→(7)	1a,1b(1)	(7)7a,7b,6a,6b,5a,5b,4a,4b,3a,3b,2a,2b;1a,1b(1),1a,1b(2)
8	[1b]→(7)	1a,1b(2)	
8	[2a]→(1)	2a,2b(1)	(1)1a,1b,7a,7b,6a,6b,5a,5b,4a,4b,3a,3b;2a,2b(1),2a,2b(2)
8	[2b]→(1)	2a,2b(2)	
…	…	…	…
8	[7a]→(6)	7a,7b(1)	(6)6a,6b,5a,5b,4a,4b,3a,3b,2a,2b,1a,1b;7a,7b(1),7a,7b(2)
8	[7b]→(6)	7a,7b(2)	

注：[1a]表示 1 分队的副站 1a,(1)表示 1 分队的主站,“;”之前表示原消息,之后表示现发消息,以此类推。

7.5.3.2 建立 K 与 N_{max} 的关系

在第 1 轮,同一个分队内的 2 个副站互发消息,有 $2N$ 条;其余 $K-1$ 轮,发出的消息有 $3N(K-1)$ 条,于是

$$f_1=f_2=2N+3N(K-1) \tag{7-18}$$

换一个角度,接受的消息有

$$f_2=3NN \tag{7-19}$$

在实际中,发送的总信息与接受的总信息不一定相等。通常情况下,发送的总信息不低于接受的总信息,则

$$2N+3N(K-1)\geqslant 3NN$$

解得

$$N\leqslant K-\frac{1}{3}$$

即

$$N_{max}=K-1 \tag{7-20}$$

例如,$(K,N_{max})=(3,2),(4,3),(5,4),(6,5),(7,6),(8,7)$,完全符合实际。

7.5.3.3 建立一般传输模型

下面建立副站消息的一般传输模型。

第1轮,发送路径:$na \to nb, n=1,2,\cdots,N$,发送信息所属站点序号:$na$。同时,$nb \to na$, $n=1,2,\cdots,N$,发送信息所属站点序号:nb。

第 k 轮,发送路径:$na \to n+k-2, n=1,2,\cdots,N$,发送信息所属站点序号:$na, nb(1)$。同时,$nb \to n+k-2, n=1,2,\cdots,N$,发送信息所属站点序号:$na, nb(2)$。

$k=1,2,\cdots,K$,当 $k=K$ 时,结束。

7.5.3.4 成功接收副站消息的主站个数期望

问题要求:平均有多少个主站能成功接收每支分队至少一个副站的气象报文。

已知2个副站互传消息的成功率为0.96,主站接受3个副站消息的成功率为0.992,根据乘法原理和副站消息传输模型可知,第 i 主站能成功接收第 j 分队至少一个副站气象报文的概率为

$$P_{ij}=0.96\times0.992=0.95232, \quad i,j=1,2,\cdots,N \tag{7-21}$$

根据假设,(固定 i)随机事件 $A_{i1}, A_{i2}, \cdots, A_{iN}$ 的发生是相互独立的,于是第 i 主站能成功接收 N 个分队(至少一个副站)气象报文的概率为

$$P_i=0.95232^N, \quad i=1,2,\cdots,N \tag{7-22}$$

根据假设,随机事件 $A_1, A_2, \cdots, A_N$ 的发生是相互独立的,由于 A_i 只有发生和不发生两种可能,如果 N 个事件有 k 个发生了,就意味着有 k 个主站能成功接收每支分队至少一个副站的气象报文。

设 ξ 是随机变量,$k=0,1,2,\cdots,N$,$\xi=k$ 表示事件 $A_i(i=1,2,\cdots,N)$ 中有 k 个发生了,显然,$\xi \sim B(N, 0.95232^N)$,于是

$$E(\xi)=0.95232^N N \tag{7-23}$$

例如,当 $N=7$ 时,$E(\xi)=4.97$,即平均有4.97个主站能成功接收每支分队至少一个副站的气象报文。

7.5.3.5 主站成功接收副站消息个数的期望

问题要求:任一主站平均能成功接收副站的多少条气象报文。

在副站互传消息中,每个副站能接收0.8条消息,于是每个副站有1.8条消息,实际上2个副站共享了消息,共享的数量仍然是1.8条。在副站发送主站中,每个主站接收2个副站消息的成功率为0.992,于是任一主站平均能成功接收副站气象报文的个数为

$$c=1.8\times0.992(K-1)=1.7856N_{max} \tag{7-24}$$

例如,当 $K=8$ 时,$N_{max}=7$,副站消息一共有14条,计算得 $c=12.5$,即任一主站平均能成功接收副站消息的个数为12.5条。

7.6 灵敏度分析

已知副站发送和接收消息的成功率均为80%,该成功率的微小变化是否对 $E(\xi)$ 和 c

的取值有显著影响呢？这就需要做灵敏度分析，下面以问题(2)为例进行分析。

7.6.1 针对 $E(\xi)$ 的灵敏度分析

设 p 表示副站发送和接收消息的成功率，则

$$P_{ij}=1-(1-p)^2,\quad i,j=1,2,\cdots,N \tag{7-25}$$

$$P_i=[1-(1-p)^2]^N,\quad i=1,2,\cdots,N \tag{7-26}$$

$$E(\xi)=N[1-(1-p)^2]^N \tag{7-27}$$

令 $E(\xi)=y$，则 y 关于 p 的弹性为

$$\frac{Ey}{Ep}=y'_p\times\frac{p}{y}=\frac{2(1-p)N}{2-p} \tag{7-28}$$

当 $N=8,p=0.8$ 时，$\frac{Ey}{Ep}=2.67$，这表明，如果 p 增加1%，那么 $E(\xi)$ 将增加2.67%，说明 $E(\xi)$ 关于 p 值的微小变化比较敏感。

7.6.2 针对 c 的灵敏度分析

此时，

$$c=2pK_1+1.5[1-(1-p)^2](K-K_{\min}) \tag{7-29}$$

c 关于 p 的弹性为

$$\frac{Ec}{Ep}=c'_p\times\frac{p}{c}=\frac{p[2K_1+3(K-K_{\min})(1-p)]}{c} \tag{7-30}$$

当 $N=8$ 时，$K=7,K_1=7,K_{\min}=5$，计算得，$\frac{Ec}{Ep}=0.86$，这表明，如果 p 增加1%，那么 c 将增加0.86%，说明 c 关于 p 值的微小变化不敏感。

7.7 稳健性分析

设 q 表示主站接收分队内至少一个副站气象报文计划成功率，q 的不同对 $N_{\max}$ 的取值影响有多大？这就需要作稳健性分析。

在问题(2)中，当 $q=0.9$ 时，$N_{\max}=\lfloor 1.13K+0.49\rfloor$，$(K,N_{\max})=(5,6),(6,7),(7,8),(8,9)$。

在问题(3)中，当 $q=0.97$ 时，$N_{\max}=K-1$，$(K,N_{\max})=(5,4),(6,5),(7,6),(8,7)$。

通过比较可知，q 的不同取值对 $N_{\max}$ 的影响比较大。

7.8 模型的评价和推广

7.8.1 模型优点

(1) 依据枚举法思想，对 N 取不同的值，一一列举其传输方案，从这些传输方案中收

集数据，再从数据中总结规律，建立了 $K_{\min}=f(N)$、$N_{\max}=f(K)$ 函数关系式，以及主站、副站消息传输的一般模型，不但原理简单，而且规律性强，容易操作执行，并且给后续计算 $E(\xi)$ 和 c 也带来了方便。

(2) 通过合理假设 ξ 服从二项分布，从而利用二项分布的数学期望建立了 $E(\xi)$ 的计算公式。

(3) 通过建立 0-1 分布，从而利用 0-1 分布的数学期望建立了 c 的计算公式。

7.8.2 模型缺点

(1) 在 $q=0.97$ 的前提下，建立的 $N_{\max}=f(K)$ 函数关系式，虽然简单，但计算结果偏小，未能达到最大化。

(2) 使用枚举法和归纳法得到的规律性结论，未给予严格的证明。

7.8.3 模型推广

本文所建立的模型适用于各种紧急救援情况下地面气象信息的传输和共享，如由地震、台风、暴雨、泥石流引起的自然灾害，为了实施救援需要在短时间内把地面气象信息进行传输和共享。

7.9 参考文献

[1] 陈辉，李玉叶，刘鑫宇．多站点气象报文信息共享传输优化模型研究[J]．赤峰学院学报(自然科学版)，2023，39(9)：22-26.

[2] 张庭辉，王婉莹，何润婷．共享气象报文的信息传输模型[J]．数学建模及其应用，2023，12(2)：81-89.

[3] 朱莉．气象报文信息共享方案的理论研究与优化设计[J]．南通职业大学学报，2023，37(1)：55-59.

[4] 张彭飞，汤菁．气象报文信息卫星通信传输[J]．中国科技信息，2022(23)：45-48.

[5] 徐翠翠．气象报文信息卫星通信传输的优化模型研究[J]．自动化应用，2023，64(14)：231-233.

[6] 王丹，毛紫阳，吴孟达．气象报文信息卫星通信传输方案设计[J]．数学建模及其应用，2023，12(2)：74-80.

[7] 房丽．气象报文信息卫星通信传输问题的研究：以 2022 年全国大学生数学建模 D 题为例[J]．中国宽带，2023(8)：115-117.

[8] 闫晨曦，李鹏，唐世伟，等．卫星通信传输最优方案研究[J]．数学建模及其应用，2023，12(2)：90-98.

第 8 章　2022E 小批量物料的生产安排

摘　要

本文针对多品种、小批量物料的生产计划问题开展了研究。

对数据进行了整理。一是把日期不连续的补充完整后使其连续。二是从日期中提取出星期，再把星期转换为周次，一共 177 周。三是把频次（天数）低于 177 的物料淘汰，剩余 40 种。四是把剩余物料的需求量和单价按周汇总，再把需求量的非零时间点（周数）个数统计出来，取非零时间点最多的 10 种物料作为问题（1）的备选物料。

针对问题（1），确定了完备性、稳增性和大额性作为选择重点关注物料的准则，最终选择了 6 种物料。通过时序图可知，这 6 种物料的需求量和价格均具有平稳性。分别使用移动平均法、指数平滑法、自回归模型（AR）建立了周需求量预测模型，并使用 RMSE 指标对预测误差进行评估，在建模之前，进行了离群点分析和平稳性检验，剔除了离群点，序列通过了平稳性检验。预测误差评估结果显示，使用 AR 模型对 6 种物料需求量预测，平均预测误差最小（7.77），因此，在问题（2）建立生产计划模型时，使用 AR 模型对需求量进行预测。

针对问题（2），在库存量服从正态分布的前提下，建立了安全库存量的计算公式。以每周的生产量作为决策变量，建立了递推型生产模型，得到了每周的生产量、库存量、缺货量和服务水平，再汇总得到平均服务水平。计算结果显示，6 种物料的平均服务水平为 89.0%～99.3%，说明递推型生产模型是可行的。

针对问题（3），在问题（2）递推型生产模型基础上，引入物料价格，得到每周的库存成本及总成本，给每周的安全库存减去一个非负调节量，把平均服务水平不低于 85%作为约束条件，把总成本作为目标函数求最小值，建立了递推型优化生产模型，使用启发式算法找到了可行解。结果显示，6 种物料的平均服务水平为 85.1%～89.5%，并且总库存成本有了显著的下降，说明递推型优化生产模型取得了预期效果。

针对问题（4），一是把问题（2）的递推型生产模型推广到了 $k=2$，结果显示，6 种物料的平均服务水平为 85.2%～99.5%。二是把问题（3）的递推型优化生产模型推广到了 $k=2$，结果显示，6 种物料的平均服务水平为 85.1%～88.9%。最后，把以上两种模型推广到了 $k\geqslant 2$。

针对平均服务水平关于需求量的微小变化做了灵敏度分析，结果表明：平均服务水平关于需求量比较敏感。

本文在估计正态分布参数 σ 时使用了 5 步移动平均法平滑数据，具有一定的主观性。稳健性分析表明，当移动步长适当变化时，参数 σ 变化的幅度较小。

本文优点是：使用自回归模型（AR）进行预测，虽然方法较复杂，但误差较小。使用概率分布方法建立了安全库存计算公式。建立的递推型生产模型计算效率高，建立的递推型优化生产模型优化效果显著。不足之处是在求解递推型优化模型时会出现卡顿现象。

本文所建立的需求量预测模型、递推型优化模型可以推广到多品种、小批量生产计划的制定问题中。

关键词：移动平均法；指数平滑法；AR 模型；正态分布；安全库存

8.1 问题重述

某电子产品制造企业面临以下问题：在多品种、小批量的物料生产中，事先无法知道物料的实际需求量。企业希望运用数学方法，分析已有的历史数据，帮助企业合理地安排物料生产。

请建立数学模型，解决下列问题：

（1）根据物料的历史数据，从物料需求出现的频数、数量、趋势和销售单价等方面考虑，选择 6 种应当重点关注的物料，建立物料需求的周预测模型，并对预测模型的精度进行评估。

（2）从需求量的预测值、需求特征、库存量和缺货量等方面综合考虑，提供一种制定生产计划的方法，从第 101 周开始，在每周初，制定本周的物料生产计划安排生产，直至第 177 周为止，使得平均服务水平不低于 85%。

（3）在库存量与服务水平之间达到某种平衡，调整现有的周生产计划。

（4）如果本周计划生产的物料只能在两周及以后使用，请重新考虑问题 2 和问题 3，即如果本周计划生产的物料只能在 $k(\geqslant 2)$ 周及以后使用，应如何制定生产计划？

8.2 问题分析

8.2.1 研究现状综述

文献[1]从需求的不确定性、有货率两个角度分析了如何设置安全库存量，如果需求量相对稳定，且呈正态分布时，则利用需求的标准差来量化需求的不确定性。如果需求量具有趋势性时，则利用需求与预测之间误差的标准差来量化需求的不确定性。从企业的自身能力、客户期望、同行表现三个方面来确定有货率指标，在此基础上定义了需求周期内的安全库存计算公式。文献[2]把采购提前期引入到安全库存计算公式中，提出了需求不规则分布下生鲜农产品安全库存设置方法。

学生优秀论文 E014[3]，针对问题（1），选择了水平型、上升型、下降型的 6 种物料，使用三次指数平滑法进行预测。针对问题（2），在三次指数平滑法中，水平型、上升型、下降型物料的加权系数分别取 0.3、0.8、0.4，保证平均服务水平超过 85%，但有的物料平均库存量高达 198.63 件/周。针对问题（3），使用“强化参数法”和“联合调整法”对服务水平和库存量进行平衡,所有物料平均库存量均有不同程度的下降,并且平均服务水平超过了85%。针对问题(4),当提前期 $k=2$ 时,对"强化参数法"和"联合调整法"进行了改进,倾向于增加库存量来避免持续缺货,不足之处是有 3 种物料的平均服务水平未达到 85%。

学生优秀论文 E029[4],针对问题(1),从频次、连续性、稳定性的角度选择了 6 种物料,使用加权移动平均法、指数平滑法、ARIMA 模型预测后进行误差比较,发现 ARIMA 模型的平均相对误差最小,故选用 ARIMA 模型进行预测。不足之处是误差评估选用了相对误差,事实上,如果实际需求量等于 0,则相对误差不存在。针对问题(2),引入了安全库存,建立了生产计划的优化模型,计算结果显示,6 种物料的平均服务水平均超过了 85%,不足之处是安全库存带有主观性。针对问题(3),在问题(2)的基础上把安全库存量的加权系数从 0.5 降低到 0.3,但库存量与服务水平降低的幅度不大,效果不理想。针对问题(4),在问题(2)和问题(3)的基础上,把生产模型推广到提前期 $k=2$ 和 $k>2$。

文献[5]对该赛题进行了讲评,针对问题(1),确定了频次、单价、需求量、占用资金等筛选准则,指出了可用的需求量预测模型有:简单平均法、移动平均法、加权移动平均法、指数平滑法、线性回归法,以及其他更复杂的方法。从选定的 6 种物料的预测误差来看,移动平均法的精度最高。针对问题(2),介绍了 2 种情况下的安全库存的定义,给出了需求量服从正态分布和指数分布情况下物料的平均服务水平,以及生产计划。针对问题(3),使用简单平均法作需求量预测,通过调整安全库存的系数,使得平均服务水平达到85%,求解得到了生产计划。最后针对论文评阅中出现的问题进行了剖析。

8.2.2 本文研究思路

先进行数据整理:一是日期是否连续,如果不连续就补充完整使其连续。二是从日期中提取出星期,再把星期转换为周次,一共 177 周。三是初步筛选物料,把频次(天数)低于 177 的物料淘汰。四是把剩余物料的需求量和单价按周汇总。五是把剩余物料需求量的非零时间点(周数)个数统计出来,取非零时间点最多的 10 种物料,作为问题(1)的备选物料。

针对问题(1),①确定选择重点关注物料的准则,分别是完备性、稳增性和大额性,从 10 种物料中选择重点关注的 6 种物料。②分别使用移动平均法、指数平滑法和 AR 模型建立周需求量预测模型,并使用 RMSE 指标对预测误差进行评估,在建模之前,还要对时间序列进行离群点分析、平稳性检验。③使用第 1~100 周的数据(需求量)进行建模,根据 6 种物料的平均预测误差的大小,选择预测误差最小的预测方法进行预测。④使用优选的预测模型,对第 101~177 周的需求量进行预测,预测值作为制定生产计划的依据。

针对问题(2),要建立生产计划模型,必须把每周的生产量作为决策变量,把平均服务水平作为目标,建立递推型生产模型,再根据每周末的库存量得出每周的有货率,最后统计出平均服务水平,如果平均服务水平达标,就输出生产计划;否则,就调整生产计划。

针对问题(3),库存成本与服务水平是两个具有增函数关系的变量,要使得库存成本最小化,就必须降低服务水平,进而必须降低库存量和生产量,于是在问题(2)递推模型的基础上,给每周的安全库存减去一个非负调节量,相当于把安全库存从常数变成了变量,如果某周的价格高,就让该周的库存量减少,从而达到降低库存成本的目的;否则,就让该周的库存量增加或不变,以保持平均服务水平达到要求。

针对问题(4),首先,把问题(2)的递推型生产模型推广到 $k=2$,并求解给出生产计划。其次,把问题(3)的递推型优化生产模型推广到 $k=2$,并求解给出生产计划。最后,把以上两种模型推广到 $k\geq 2$。

本文研究路径如图 8-1 所示。

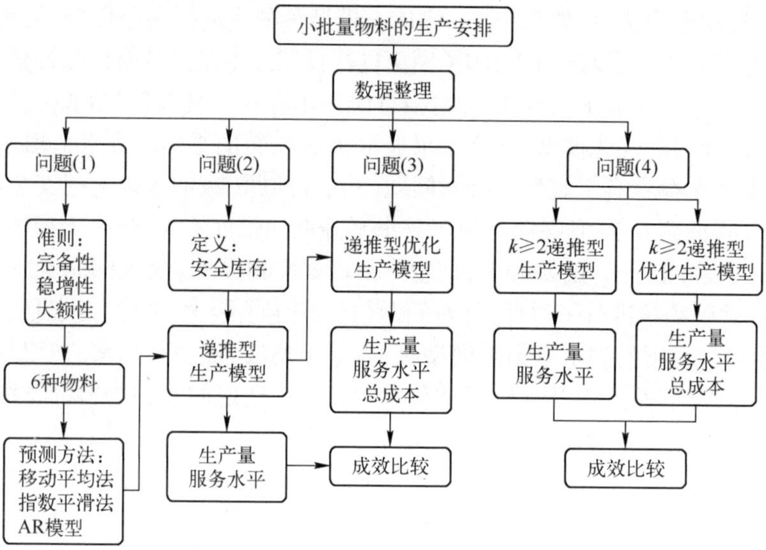

图 8-1　研究路径

8.3　符号说明

y_t——第 t 周的观测值,$t=1,2,\cdots,T$;

T——总周数,本文 $T=177$;

N——移动平均的项数;

w——指数平滑法的加权系数;

α——平均服务水平阈值,取 $\alpha=0.85$;

p——AR 模型的阶数;

Z_α——与 α 对应的标准差系数;

k——加工物料提前期;

e_i——第 i 周物料的库存量;

S——安全库存量;

a_i——第 i 周物料的库存盈亏量;

c_i——第 i 周物料的实际需求量;

b_i——第 i 周物料的缺货量;

$\hat{c}_i$——第 i 周物料的预测需求量;

β_i——第 i 周服务水平;

p_i——第 i 周物料的价格;

β——平均服务水平;

C_i——第 i 周的库存成本;

C——总库存成本;

d_i——第 i 周安全库存的调节量。

其余符号在文中给出。

8.4　模型假设

为了简化问题,作如下假设:

(1) 每周从星期一开始,至星期日结束。

(2) 所有物料的需求量和销售单价的数据是准确无误的。

(3) 本周计划生产的物料,只能在下周及以后使用。

(4) 库存量和缺货量分别指物料在周末的库存量和缺货量。

(5) 第 100 周末的库存量和缺货量均为零。

(6) 第 100 周的生产量恰好等于第 101 周的实际需求量,这是由于提前 1 周已经拿到了订单。

(7) 需求量是平稳的,不存在增长或下降趋势。

(8) 需求量 X 服从正态分布,即 $X \sim N(\mu, \sigma^2)$。

(9) 缺货要补充。

(10) 服务水平=1-缺货量/实际需求量。

8.5 模型建立与求解

8.5.1 数据整理

问题分析:本文提供了以“日”为时间单位的时间序列,由于 4 个问题均要求以“周”为时间单位,故需要把时间序列转换为以“周”为时间单位。

数据整理思路:①检查日期是否连续,如果不连续,就补充完整。②从日期中提取出星期。③把星期转换为周次,即第 1 周、第 2 周,直至第 177 周。④初步筛选物料,把频次低于 177 的物料淘汰,缩小选择范围。⑤把剩余物料的需求量和单价按周汇总,其中需求量按周求和,单价按周求平均价格。

下面进行数据整理。

经过检查,发现日期不连续,有 4 处间断,分别是:从“2019/1/30”到“2019/2/12”,从“2020/1/21”到“2020/2/12”,从“2021/2/8”到“2021/2/20”,从“2022/1/28”到“2022/2/8”。

为了把日期间断处补充完整,虚拟一个物料,编号为“111”,需求量和单价均赋值“1”。

根据假设,每周从星期一开始,至星期日结束,于是可从日期中提取出星期几,例如,从“2019/1/2”中提取出星期是“3”。

把“2019/1/2”所在周记作第 1 周,2019 年 1 月 7 日—13 日为第 2 周,以此类推,一共有 177 周。

经过统计,所有物料一共有 284 种,最大频次(天数)是 1224 次,最小频次(天数)是 179 次。把频次低于 177 的物料淘汰,剩下 40 种物料。

根据假设,所有物料的需求量和销售单价的数据是准确无误的,把 40 种物料的需求量按周求和,单价按周求平均价格,再按照周计算销售额。

如果某个物料某周的需求量为 0,则称该时间点为零时间点,否则称为非零时间点。

把 40 种物料的非零时间点(周数)个数统计出来,并按照降序排列,取前 10 种物料,其描述统计结果如表 8-1 所示。

表 8-1　前 10 种物料的描述统计结果

序号	物料编码	非零时间点个数	零时间点个数	周均需求量	周均单价/元	周均销售额/元
1	6004020918	157	20	12.50	2039.70	28574.58
2	6004020656	154	23	8.13	62.56	585.29
3	6004020375	154	23	4.99	276.67	1583.08
4	6004100008	151	26	6.91	1513.85	12231.75
5	6004010256	150	27	8.95	1149.20	12202.58
6	6004020503	149	28	17.01	186.00	3758.67
7	6004020374	148	29	6.21	223.05	1658.95
8	6004020504	145	32	3.01	3002.96	11037.93
9	6004020847	137	40	2.69	1708.72	5909.04
10	6004020921	134	43	5.28	1818.42	12644.89

以物料 1(编码 6004020918)为例,其时间序列如表 8-2 所示。

表 8-2　物料 1 的时间序列

时间/周	需求量	单价/元	销售额/元
1	0	0	0
2	4	2307.91	9231.62
3	9	2319.85	20878.68
4	6	2308.11	13848.63
5	0	0	0
…	…	…	…
176	50	2401.80	120089.75
177	13	2385.85	31016.01

画出物料 1 的需求量和单价时序图,如图 8-2 所示。从该图中可知,物料 1 的需求量是平稳的,单价也是平稳的。

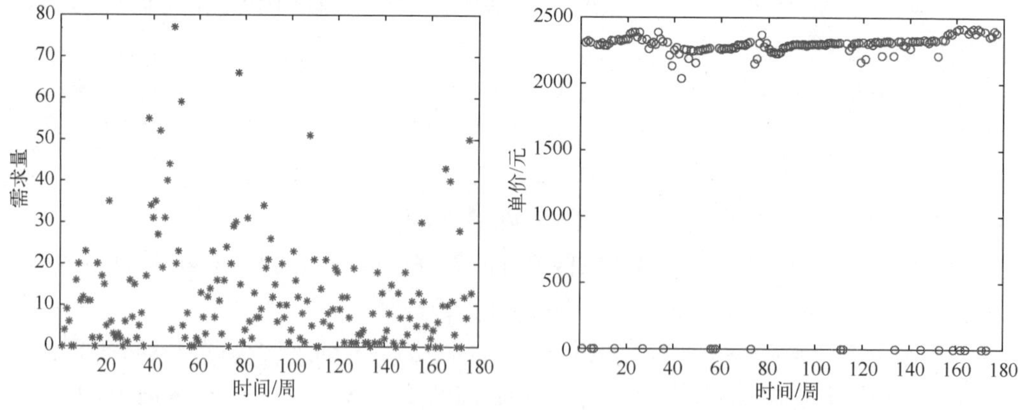

图 8-2　物料 1 的需求量和单价时序图

8.5.2 问题(1)——选择6种物料并建立周需求量预测模型

题目要求根据物料的历史数据,从物料需求出现的频数、数量、趋势和销售单价等方面考虑,选择 6 种应当重点关注的物料,建立周需求量预测模型,并对预测模型的精度进行评估。

问题分析:本小题的重点是针对时间序列建立预测模型,而时间序列预测模型的前提是时间序列必须尽可能完整,即每个时间点都尽可能有非零数据。这是因为,如果时间序列断断续续且毫无规律,那么本质上是不能预测的。于是物料需求出现的频次成为首要考虑的因素,频次越多的物料越好。

在时间序列尽可能完备的前提下,物料的需求量越平稳越好,这意味着该物料具有持续的市场需求;或者需求量具有增长趋势的物料越好,这意味着该物料具有成长性。反之,需求量具有减少趋势的物料就不能重点关注,这意味着该物料将要退出市场。

在时间序列尽可能完备的前提下,物料的销售单价越大,就越应该得到重点关注,这意味着该物料所占用的资金越大。考虑到有的物料需求量大,但单价低;而有的物料需求量小,但单价高,因此把需求量与单价转化为销售额,销售额越大的物料越好。

总之,选择重点关注的物料的准则有 3 个,分别是完备性、稳增性(平稳性或增长性)和大额性。

建模思路:①根据完备性、稳增性和大额性,从 10 种物料中选择被重点关注的 6 种物料。②建立周需求量预测模型,针对 6 种物料的需求量进行预测,并对预测精度进行评估。③从多种预测模型中选择预测误差最小的模型作为最终的预测模型。

8.5.2.1 选择 6 种物料

从 10 种物料中选择 6 种物料的步骤如下:

第 1 步,根据完备性要求,物料 9、10 的零时间点个数最多,分别为 40、43 个,故淘汰。

第 2 步,根据大额性要求,物料 2 的周均销售额最小,为 585.29 元,故淘汰。

第 3 步,根据稳增性要求,从剩余 7 种物料中淘汰 1 个。

从图 8-2 可知,物料 1 的需求量是平稳的,符合稳增性要求。

画出物料 3 的需求量和单价时序图,如图 8-3 所示。从该图中可知,物料 3 的需求量和价格是平稳的,符合稳增性要求。

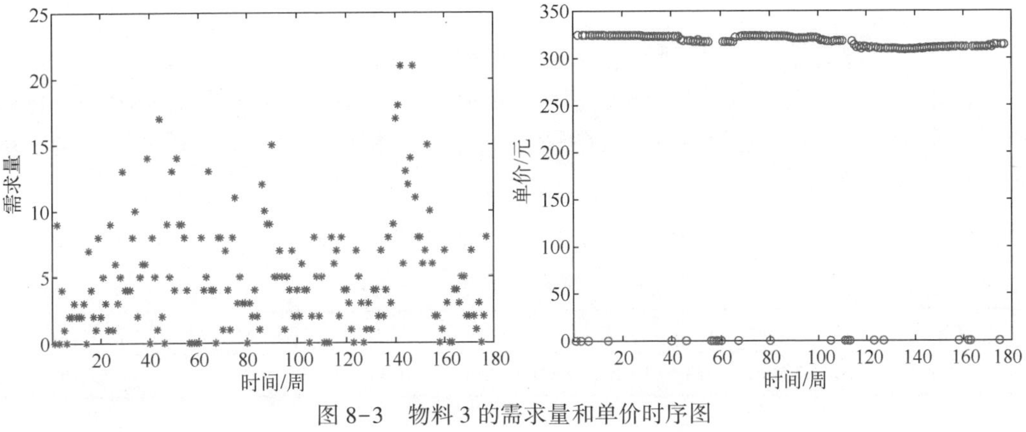

图 8-3 物料 3 的需求量和单价时序图

画出物料 4 的需求量和单价时序图，如图 8-4 所示。从该图中可知，物料 4 的需求量和价格是平稳的，符合稳增性要求。

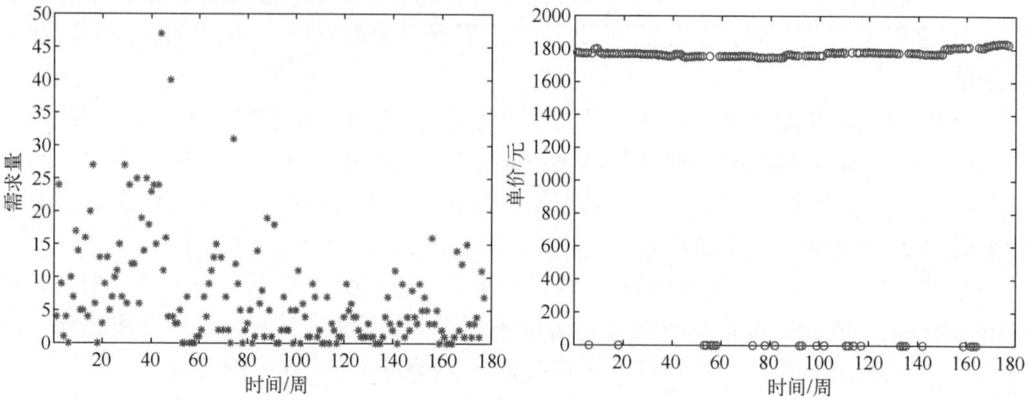

图 8-4　物料 4 的需求量和单价时序图

画出物料 5 的需求量和单价时序图，如图 8-5 所示。从该图中可知，物料 5 的需求量和价格都经历了先上升、再下降的过程，可能是有一段时间供不应求所致。考虑到自第 100 周之后，需求量呈现下降趋势，不符合稳增性要求，故淘汰。

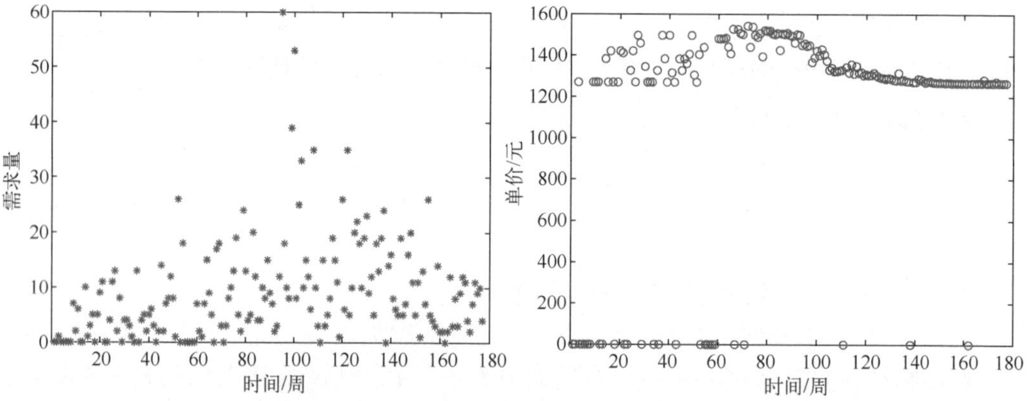

图 8-5　物料 5 的需求量和单价时序图

为了稳妥起见，继续考查剩余物料 6~8 的稳增性。

画出物料 6~8 的需求量和单价时序图，如图 8-6~图 8-8 所示。从三图中可知，物料 6 的需求量略微有上升趋势，但价格是平稳的，物料 7、物料 8 的需求量和价格都是平稳的，这 3 种物料均符合稳增性要求。

综上所述，选择的 6 种需要重点关注的物料如表 8-3 所示。

表 8-3　重点关注的 6 种物料编码

序号	1	2	3	4	5	6
物料编码	6004020918	6004020375	6004100008	6004020503	6004020374	6004020504

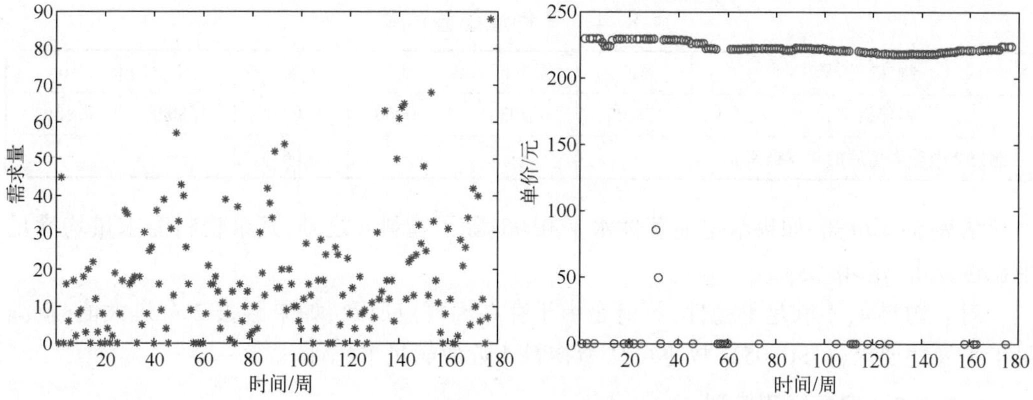

图 8-6　物料 6 的需求量和单价时序图

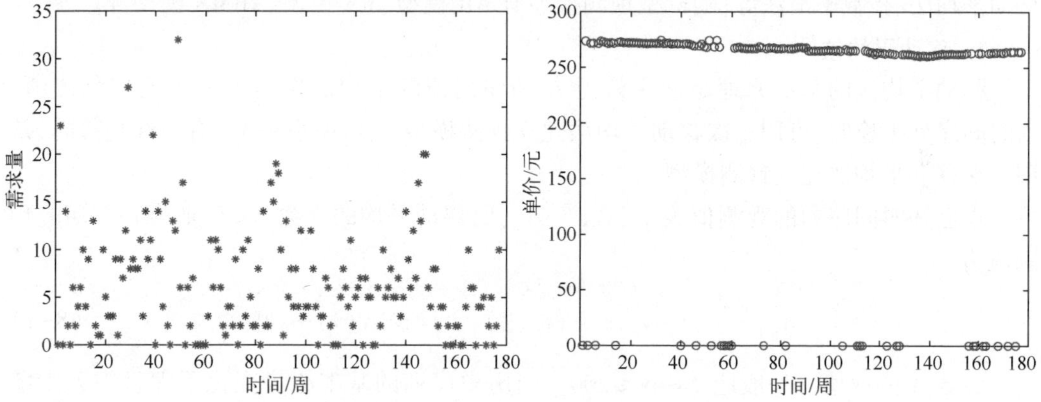

图 8-7　物料 7 的需求量和单价时序图

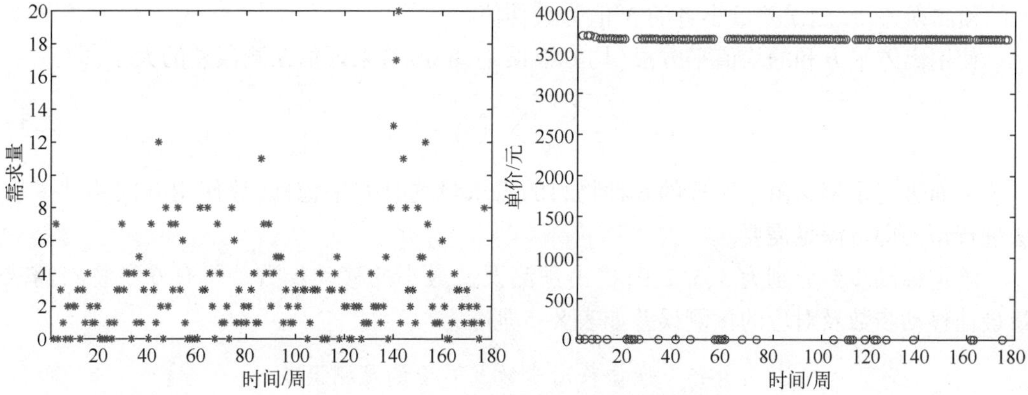

图 8-8　物料 8 的需求量和单价时序图

8.5.2.2　平稳性检验

对所选的 6 种物料进行平稳性检验，使用 Daniel 检验方法[6]，检验结果如表 8-4 所示。

表 8-4　平稳性检验结果

物料序号	1	2	3	4	5	6
相伴概率 p'	1.8017	0.2933	2.0000	0.0274	1.8088	0.1364
删去 2 个最大值后的相伴概率 p'	—	—	—	0.0616	—	—

从表 8-4 可知,如果给定显著性水平 0.05,除了物料 4 之外,其余物料需求量均满足平稳性要求($p'>0.05$)。

对于物料 4,不满足平稳性,可能是由于存在离群点所致,如果删去 2 个最大值,就满足了平稳性要求($p'>0.05$),故也可认为物料 4 近似满足平稳性。

8.5.2.3　建立预测模型

针对时间序列进行预测的模型,可分为确定型和随机型两种类型,确定型预测模型有移动平均法、指数平滑法等;随机型预测模型有 AR 模型、MA 模型、ARMA 模型等。

1. 移动平均法[7]

移动平均法的基本原理是使用最近 N 期序列值的平均值作为未来一期的预测值。当时间序列平稳时,可用一次移动平均法建立预测模型。当时间序列具有线性趋势时,常用二次移动平均法建立预测模型。

设已知时间序列的观测值为 $y_1,y_2,\cdots,y_T$,取移动平均的项数 $N<T$,则第 $t+1$ 期的预测值为

$$\hat{y}_{t+1}=\frac{1}{N}(y_t+y_{t-1}+\cdots+y_{t-N+1}),\quad t=N,N+1,\cdots,T \tag{8-1}$$

参数 N 的取值。一般地,$5\leqslant N\leqslant 200$。当历史序列的基本趋势变化不大且序列中随机变动成分较多时,N 取值要大一些,否则 N 取值小一些。如果序列存在确定的季节变动周期,那么 N 取值为周期长度。选择 N 的最佳取值的一个有效方法是,比较不同取值 N 的预测误差,预测误差最小者的 N 值为最佳值。

使用离差平方和的均值平方根(均方根误差,RMSE)来评估预测误差的大小,即

$$s=\sqrt{\frac{1}{T-N}\sum_{t=N+1}^{T}(\hat{y}_t-y_t)^2} \tag{8-2}$$

下面进行求解。由于所选的 6 种物料的需求量均具有平稳性,故使用一次移动平均法进行预测即可满足需要。

给定移动步数分别为 3、5、7、9,找出预测误差最小的移动步数。所有 6 种物料需求量最佳移动步数及对应的预测误差如表 8-5 所示。

表 8-5　最佳移动步数及对应的预测误差

物料新序号	1	2	3	4	5	6
最佳移动步数	3	5	7	7	5	3
预测误差	13.65	4.06	6.90	16.52	5.56	3.09

从表 8-5 可知,对于物料 1 的需求量来说,使用 3 步移动平均法进行预测,误差最小(13.65),故可使用 3 步移动平均法对物料 1 进行预测。其余物料以此类推。

画出物料 1 的需求量预测值,并与实际值对照,如图 8-9 所示。从图中可知,预测值与实际值比较接近,说明预测精度较高。

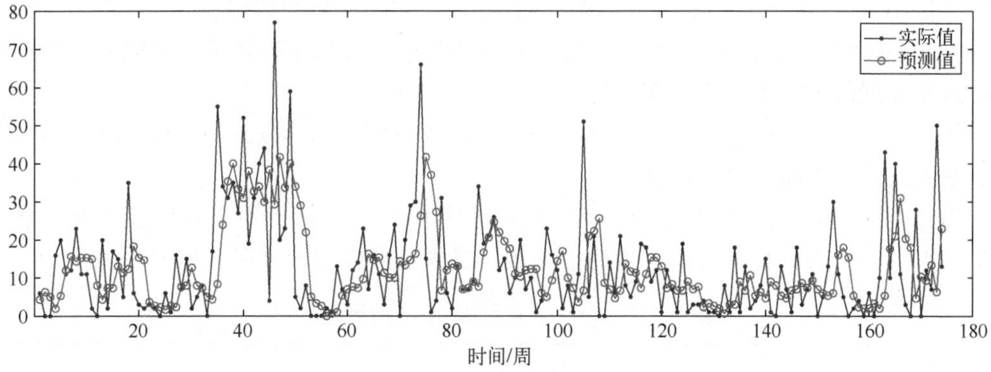

图 8-9　物料 1 的需求量预测值与实际值的比较

2. 指数平滑法[7]

指数平滑法的基本原理体现在两个方面,一是历史时间越近,对未来的影响就越大;二是不断用预测误差来修正新的预测值。

当时间序列平稳时,使用一次指数平滑法即可满足预测要求。当时间序列具有线性趋势时,必须作二次指数平滑,即二次指数平滑法。当时间序列具有二次曲线趋势时,则需要三次指数平滑法。

设已知时间序列观测值为 $y_1, y_2, \cdots, y_t, \cdots, y_T$,一次指数平滑递推公式为

$$S_t^{(1)} = wy_t + (1-w)S_{t-1}^{(1)}, \quad t=1,2,\cdots,T \tag{8-3}$$

式中:$S_0^{(1)}$ 为初值;w 为加权系数。

以第 t 期的指数平滑值 $S_t^{(1)}$ 作为第 $t+1$ 期的预测值$\hat{y}_{t+1}$,即

$$\hat{y}_{t+1} = S_t^{(1)}, \quad t=1,2,\cdots,T \tag{8-4}$$

加权系数 w 的选择很关键。根据实践经验,w 的取值范围一般以 0.1~0.3 为宜。如何进一步确定 w 的最佳取值,通常要结合理论分析和模型对比的方法来进行。由式(8-4)可以看出,w 的大小体现了在第 $t+1$ 期的预测值中第 t 期的实际值和第 t 期的预测值所占的比重。w 越大,第 t 期的实际值的作用越大,第 t 期的预测值的作用越小,反之亦然。

将式(8-4)改写为

$$\hat{y}_{t+1} = \hat{y}_t + w(y_t - \hat{y}_t) \tag{8-5}$$

式(8-5)表明,第 $t+1$ 期的预测值是根据第 t 期的预测误差的大小将第 t 期的预测值修正而得到的,w 的作用体现了修正的幅度,w 越大,修正的幅度越大。此外,w 的大小还起着控制参加平均的历史数据的个数的作用,w 越大意味着参加平均的历史数据越少。由此,可以得到选择 w 值的一些基本准则:

(1) 如果时间序列波动不大,比较平稳,则 w 应该取小一点,如 0.1~0.5,以降低修正幅度,使得预测值能够包含较长时间序列的信息。

(2) 如果时间序列波动较大,则 w 应该取大一点,如 0.6~0.8,这样可以偏重新数据对模型进行大幅度地修正,以便迅速跟上预测目标的新变化。

在实际中,w 还可以多取几个值,通过比较预测误差的大小来确定。

初值 $S_0^{(1)}$ 的确定。当时间序列的数据较多(如 20 个以上)时,初始值对以后的预测值影响很小,可以选择第 1 期的数据作为初始值;当时间序列的数据较少(如 20 个以下)时,初始值对以后的预测值影响很大,此时必须认真研究如何正确确定初始值。一般可以选择最初几期的数据的平均值作为初始值。

下面进行求解。在本题中,由于所选的 6 种物料的需求量均具有平稳性,故使用一次指数平滑法进行预测即可满足需要。

给定初值$\hat{y}_1=y_1$,给定加权系数 w 的取值范围[0.1,0.2,…,0.9],找出预测误差最小的加权系数。所有 6 种物料需求量的最佳加权系数及对应的预测误差如表 8-6 所示。

表 8-6　最佳加权系数及对应的预测误差

物料序号	1	2	3	4	5	6
最佳加权系数	0.2	0.3	0.2	0.2	0.2	0.3
预测误差	13.28	4.02	7.01	16.14	5.65	3.07

从表 8-6 可知,对于物料 6 的需求量来说,给定加权系数 $w=0.3$,使用指数平滑法进行预测,误差最小(3.07),其余物料以此类推。

画出物料 6 的需求量预测值,并与实际值对照,如图 8-10 所示。从该图中可知,预测值与实际值比较接近,说明预测精度较高。

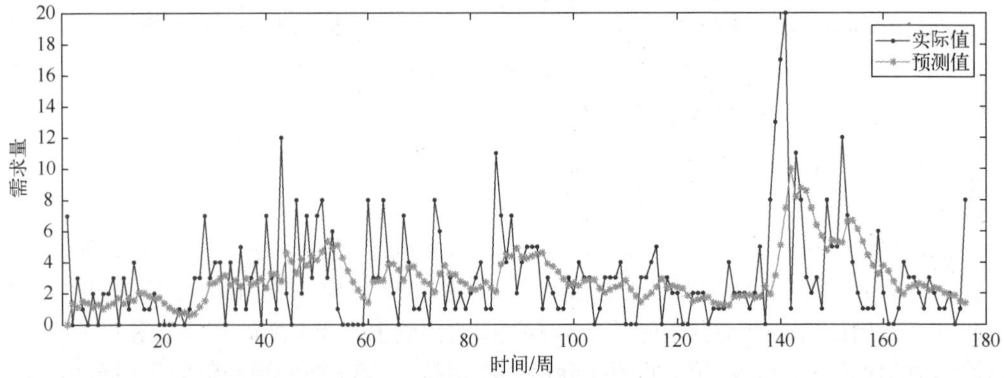

图 8-10　物料 6 的需求量预测值与实际值的比较

3. AR 模型

具有以下结构的模型称为 p 阶自回归模型[7-8],记作 AR(p):

$$y_t=\phi_0+\phi_1 y_{t-1}+\phi_2 y_{t-2}+\cdots+\phi_p y_{t-p}+\varepsilon_t \tag{8-6}$$

即在 t 时刻的随机变量 Y_t 的取值 y_t 是前 p 期 $y_{t-1},y_{t-2},\cdots,y_{t-p}$ 的多元线性回归函数,认为 y_t 主要受过去 p 期序列值的影响。y_t 是零均值平稳序列。ε_t 是白噪声序列,即独立正态同分布序列,记作 $\varepsilon_t \sim \text{NID}(0,\sigma_a^2)$,$y_t$ 与 $y_{t-p-j}(j=1,2,\cdots)$ 无关。

常用的建立 AR 模型的方法是 Box-Jenkine 建模法[7],下面进行简要介绍。

使用 BIC 准则确定阶数 p,其计算公式为

$$\text{BIC}(p)=\ln\sigma_a^2+\frac{p\ln T}{T} \tag{8-7}$$

分别取 $p=1,2,3,\cdots$，当 BIC 准则达到最小值时，就是模型的最优阶数 p^*。

在 AR(p)模型参数估计之前，需要作离群点分析，并把离群点用适当值代替，以消除奇异值的影响。

定义 1：设 q_1,q_3 分别表示一列数的下四分位数(25%)和上四分位数(75%)，$q=q_3-q_1$，则处于$[q_1-\lambda q, q_3+\lambda q]$之外的数据都是异常值(离群点)，其中 λ 是调节系数，通常取 $\lambda=1.5$。

在本文中，把超过上限 $q_3+\lambda q$ 的离群点用剩余数据的最大值代替，把低于下限 $q_1-\lambda q$ 的离群点用剩余数据的最小值代替。

在离群点分析之后，还要作零均值化处理和平稳性检验，只有零均值平稳时间序列，才能建立 AR(p)模型。

零均值化就是用(离群点分析之后的)原数据减去均值。设已知时间序列观测值为 $y_1,y_2,\cdots,y_t,\cdots,y_T$，则

$$y_i^{(0)}=y_t-\mu,\quad i=1,2,\cdots,T \tag{8-8}$$

其中，$\mu=\dfrac{1}{T}\sum_{i=1}^{T}y_t$，于是序列$\{y_i^{(0)}\}$成为零均值序列。

综上所述，建立 AR(p)模型的流程为：离群点分析→零均值化→平稳性检验→白噪声检验→模型定阶→参数估计→模型检验(残差的白噪声检验)→误差检验→模型优化→预测。

下面针对物料需求量序列建立 AR(p)模型。设物料需求量序列为 $y_1,y_2,\cdots,y_t,\cdots,y_T$，$T=177$，使用前 100 个数据作建模，预测后 77 个数据，最后完成预测误差的评估。

离群点分析之后，再作零均值化、平稳性检验和白噪声检验，结果如表 8-7 所示。

表 8-7　各物料需求量均值与检验结果

物料序号	1	2	3	4	5	6
均值	13.66	4.83	9.07	14.88	6.86	2.78
平稳性检验相伴概率	0.001	0.001	0.001	0.001	0.001	0.001
白噪声检验相伴概率	0.000	0.034	0.000	0.000	0.013	0.023

注：(1) 平稳性使用单位根检验；

(2) 白噪声使用χ^2 检验；

(3) 显著性水平是 0.05。

从表 8-7 可知：

(1) 在平稳性检验中，所有 6 种物料的相伴概率均小于 0.05，故拒绝原假设，认为序列平稳。

(2) 在白噪声检验中，所有 6 种物料的相伴概率均小于 0.05，故拒绝原假设，认为序列不是白噪声序列。

因此，6 种物料的需求量序列均可建立 AR(p)模型。

接下来确定模型的阶数，取 $p=1,2,\cdots,10$，画出 BIC 的折线图，观察最小值来确定最优的阶数。

以物料 3 为例，画出 BIC 的演变趋势，如图 8-11 所示。从该图中可知，当 $p=3$ 时，

BIC 取得最小值,故建立 AR(3)模型比较合适。

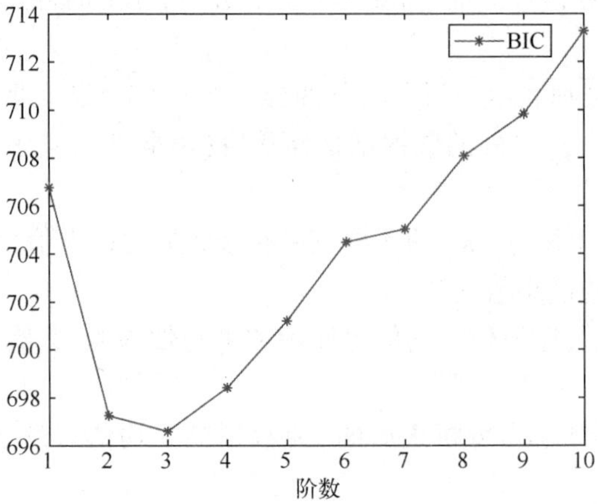

图 8-11　物料 3 的 BIC 演变趋势

所有 6 种物料 AR(p)模型的阶数、参数和白噪声检验如表 8-8 所示。从表 8-8 中可知:

(1) 在针对残差的白噪声检验中,6 种物料的相伴概率均大于 0.05,说明残差是白噪声序列,模型有效。

(2) 从估计的参数来看,没有绝对值特别小的参数,故模型不再优化。

以物料 3 为例,其零均值序列的 AR(3)模型表达式为

$$\hat{y}_t^{(0)} = 0.1101 y_{t-1}^{(0)} + 0.2692 y_{t-2}^{(0)} + 0.2224 y_{t-3}^{(0)}, \quad t=4,5,\cdots,T \tag{8-9}$$

初值$\hat{y}_t^{(0)} = y_t^{(0)}$, $t=1,2,3$。

再进行零均值化的还原,即

$$\hat{y}_t = \hat{y}_t^{(0)} + 9.07, \quad t=1,2,\cdots,T \tag{8-10}$$

建立了 AR(p)模型之后,可对原始序列中后 77 个需求量进行预测,预测误差如表 8-8 所示。

表 8-8　AR(p)模型的阶数、参数估计、白噪声检验与误差检验结果

物料序号	1	2	3	4	5	6
阶数	3	3	3	3	2	3
ϕ_1	0.2552	0.0344	0.1101	0.1727	0.0443	0.0678
ϕ_2	0.1529	0.1574	0.2692	0.2182	0.3123	0.1506
ϕ_3	0.2252	0.2018	0.2224	0.1601	—	0.2050
白噪声检验相伴概率	0.994	0.974	0.994	0.831	0.948	0.932
预测误差	11.94	4.22	4.36	18.45	4.24	3.40

注:(1) 使用最小二乘法作参数估计;

(2) 白噪声使用χ^2 检验法;

(3) 显著性水平 0.05。

画出(101~177 个)实际需求量与预测需求量的比较图,以物料 3 为例,如该图 8-12 所示。从该图中可知,实际值与预测值吻合较好,说明所建立的 AR(3)模型的精度较高。

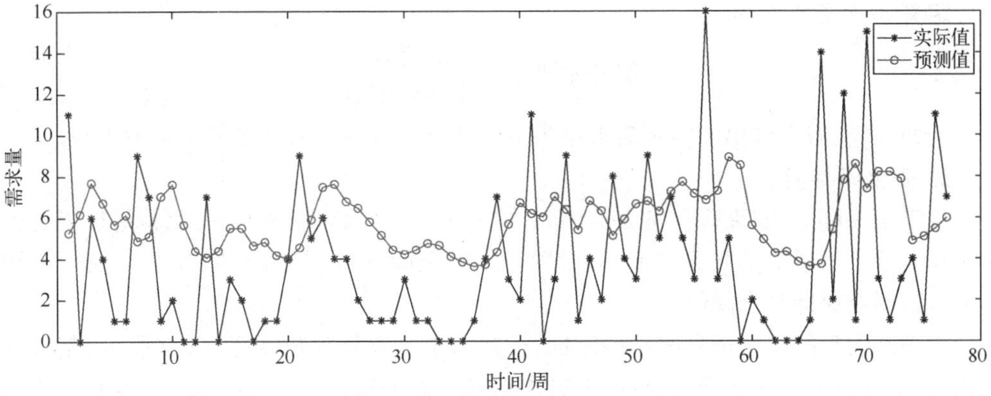

图 8-12 物料 3 实际需求量与预测需求量的比较

4. 三种模型的比较

某预测模型针对 6 种物料需求量进行预测的平均误差为

$$\bar{s} = \frac{1}{6}\sum_{i=1}^{6} s_i$$

计算结果显示,移动平均法、指数平滑法、AR 模型的平均预测误差分别为 8.30、8.37、7.77,可见,AR 模型的预测精度最高,因此,在建立生产计划模型时,使用 AR 模型对需求量进行预测。

8.5.3 问题(2)——建立生产计划模型

题目要求:物料使用提前期为 1 周,建立生产计划模型,即在第 100 周初制定生产计划并开始生产,以满足第 101 周的需求,以此类推,直至在第 176 周初制定生产计划并生产,以满足第 177 周的需求,第 177 周不生产,平均服务水平不低于 85%。

问题分析:要建立生产计划模型,必须把每周的生产量作为决策变量,把平均服务水平作为目标,建立库存量递推模型,再根据每周末的库存量得出每周是否满足了顾客的需求,最后统计出平均服务水平,如果平均服务水平达标,就输出生产计划;否则,就调整生产计划。

根据假设,当 $k=1$ 时,本周计划生产的物料,只能在下周使用;库存量和缺货量分别指物料在周末的库存量和缺货量;第 100 周末的库存量和缺货量均为零;第 100 周的生产量恰好等于第 101 周的实际需求量。

建模思路:①要定义服务水平。②定义安全库存量。③确定生产量,从第 100~177 周,一共有 78 个。④确定每周的库存量和缺货量。⑤根据每周的库存量、缺货量可得到服务水平。⑥汇总计算出 77 周的平均服务水平。如果平均服务水平达标,则生产计划有效;否则需要提高生产计划。

8.5.3.1 模型建立

1. 服务水平

服务水平有两种定义方法。

定义 2:服务水平即有货率,是指需求量不超过库存量的概率[1]。例如,在 100 次需求订单中,有 80 次满足订单需求,有货率为 80%,每次订单只有满足和不满足两种结果。

定义 3:服务水平为

$$服务水平=1-\frac{缺货量}{实际需求量}$$

例如,某次需求订单的实际需求量为 100,而缺货量为 30,则服务水平为 70%。

2. 安全库存量

从定义 3 可知,如果库存量太低,那么缺货量就会增高,服务水平就会降低,因此企业在实际经营中为了提高服务水平,就设置一个安全库存量(即最小库存量),使得平均服务水平达到或保持某个阈值。

考虑到物料的需求量具有不确定性,故把需求量看作随机变量,根据假设,需求量是平稳的,不存在增长或下降趋势;需求量 X 服从正态分布,即 $X\sim N(\mu,\sigma^2)$,其中 μ 是 X 的均值,σ 是 X 的标准差。需求量 X 的概率密度函数为 $f(x)$,于是,根据定义 2,有货率与库存量的关系如图 8-13 所示。

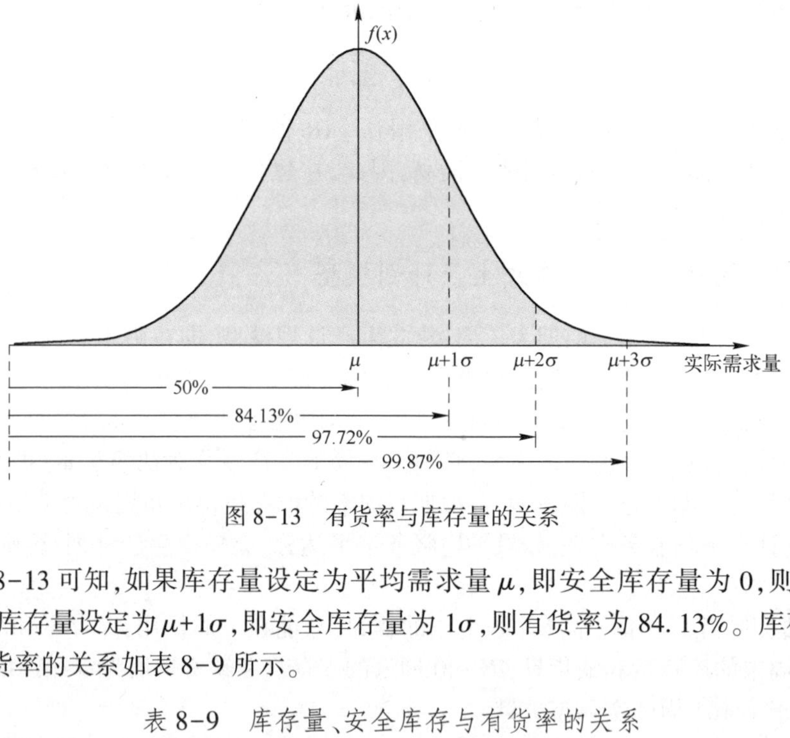

图 8-13 有货率与库存量的关系

由图 8-13 可知,如果库存量设定为平均需求量 μ,即安全库存量为 0,则有货率为 50%;如果库存量设定为 $\mu+1\sigma$,即安全库存量为 1σ,则有货率为 84.13%。库存量、安全库存与有货率的关系如表 8-9 所示。

表 8-9 库存量、安全库存与有货率的关系

库存量	μ	$\mu+1\sigma$	$\mu+2\sigma$	$\mu+3\sigma$
安全库存量	0	1σ	2σ	3σ
有货率	50%	84.13%	97.72%	99.87%

反过来,如果给定有货率 α,可以得到分位数,再转换为标准差系数 Z_α,于是安全库存为 $Z_\alpha\sigma$。

设物料使用的提前期为 k,安全库存量为 S,则[2]

$$S = \sqrt{k} Z_{\alpha} \sigma \tag{8-11}$$

3. 生产量、库存量与缺货量

根据假设,缺货要补充。设物料的库存盈亏量为 a,库存量为 e,缺货量为 b,实际需求量为 c,生产量为 x,则它们的关系为

$$a = S + x - b - c \tag{8-12}$$

$$e = \begin{cases} a, & a \geqslant 0 \\ 0, & a < 0 \end{cases} \tag{8-13}$$

$$b = \begin{cases} 0, & a \geqslant 0 \\ -a, & a < 0 \end{cases} \tag{8-14}$$

4. 递推型生产模型

如果企业已经具有若干历史需求量数据,需要对未来的生产计划进行安排,那么取出部分历史需求量数据进行参数估计,再建立库存量递推模型,就可以得出平均服务水平。

设第 i 周物料的库存量为 e_i,缺货量为 b_i,实际需求量为 c_i,预测需求量为 $\hat{c}_i$,生产量为 x_i,它们非负且为整数,第 i 周物料的库存盈亏量为 a_i,$a_i \in (-\infty, +\infty)$,$i = 1, 2, \cdots, 78$,$i = 1$ 表示第 100 周,$i = 78$ 表示第 177 周,以此类推。

生产量要满足以下条件:如果本周的库存盈亏量减去下周预测需求量、安全库存之后还大于或等于 0,则不生产;否则就生产,生产量为二者的差值,于是第 i 周的生产量为

$$x_i = \begin{cases} 0, & a_i - (\hat{c}_{i+1} + S) \geqslant 0 \\ \hat{c}_{i+1} + S - a_i, & a_i - (\hat{c}_{i+1} + S) < 0 \end{cases}, \quad i = 2, 3, \cdots, 77 \tag{8-15}$$

根据假设,第 1 周及倒数第 1 周的生产量为

$$\begin{cases} x_1 = c_2 \\ x_{78} = 0 \end{cases} \tag{8-16}$$

库存盈亏量满足以下条件:本周的库存盈亏量 = 上周生产量 + 上周库存量 - 本周实际需求量,于是第 i 周的库存盈亏量为

$$a_i = x_{i-1} + a_{i-1} - c_i, \quad i = 2, 3, \cdots, 78 \tag{8-17}$$

根据假设,第 1 周的库存盈亏量为

$$a_1 = 0 \tag{8-18}$$

第 i 周的库存量为

$$e_i = \begin{cases} a_i, & a_i \geqslant 0 \\ 0, & a_i < 0 \end{cases}, \quad i = 1, 2, \cdots, 78 \tag{8-19}$$

第 i 周的缺货量为

$$b_i = \begin{cases} 0, & a_i \geqslant 0 \\ -a_i, & a_i < 0 \end{cases}, \quad i = 1, 2, \cdots, 78 \tag{8-20}$$

设第 i 周的服务水平为 β_i,根据假设,服务水平以定义 3 为准,则

$$\beta_i = \begin{cases} 1 - \dfrac{b_i}{c_i}, & b_i < c_i, \quad c_i \neq 0 \\ 0, & b_i \geqslant c_i, \quad c_i \neq 0 \\ 2(\text{不存在}), & c_i = 0 \end{cases}, \quad i = 1, 2, \cdots, 78 \tag{8-21}$$

设平均服务水平为 β,则

$$\beta = \frac{1}{h}\sum_{j=1}^{h}\hat{\beta}_j \tag{8-22}$$

其中,$\{\hat{\beta}_j\}(j=1,2,\cdots,h)$ 表示 $\{\beta_i\}(i=2,3,\cdots,78)$ 中剔除了 $\beta_i=2$ 之后剩下的那些值,即 $\{\hat{\beta}_j\}=\{\beta_i|\beta_i\neq 2\}$。

题目要求平均服务水平不低于阈值,则

$$\beta\geqslant\alpha \tag{8-23}$$

变量约束为

$$\begin{cases} x_i,e_i,b_i\geqslant 0 \text{ 且为整数} \\ a_i\in(-\infty,+\infty)\text{ 且为整数} \\ \beta_i\in[0,1],\beta\in[0,1] \end{cases} \tag{8-24}$$

由式(8-15)~式(8-24)构成了递推型生产模型。

如果平均服务水平不满足要求,就需要调整生产计划,可以通过提高安全库存量来提高服务水平。

8.5.3.2 参数估计和假设检验

这里,已知的参数有 $\alpha=0.85$,需要估计的参数有 Z_α,σ。

参数估计和假设检验的步骤如下:

第 1 步,确定样本数据。取前 100 个实际需求量 c_i 作为样本,$i=1,2,\cdots,100$。

第 2 步,使用 5 步移动平均法消除随机影响,让数据变得平滑一些。

第 3 步,再剔除离群点,消除极端数据的影响。

第 4 步,使用矩估计法[9]估计正态分布的参数 μ,σ。

第 5 步,使用 K-S 检验法(Kolmogorov-Smirnov)[9]进行正态分布检验。

第 6 步,检验通过之后,根据 $\alpha=0.85$ 计算出分位数,再转换为标准差系数 $Z_\alpha=1.0364$。

参数估计和假设检验结果如表 8-10 所示。

表 8-10 各物料需求量的参数估计和假设检验结果

物料序号	λ	是否服从	相伴概率 p'	μ	σ
1	0.7	是	0.0593	11.6395	6.4083
2	1.5	是	0.5000	4.8234	2.1141
3	1.2	是	0.0581	8.9891	5.3607
4	1.4	是	0.0599	14.7674	7.9007
5	1.5	是	0.0835	6.8151	3.2396
6	1.5	是	0.2438	2.8884	1.4731

注:显著性水平 0.05。

从表 8-10 可知:

(1) 物料 1 需求量的离群点最多,剔除之后服从正态分布($p'>0.05$)。

(2) 物料 2 需求量服从正态分布的程度最大($p'=0.5000$)。

以物料 6 为例,画出需求量的正态分布检验 P-P 图,如图 8-14 所示。从该图中可知,所有数据点随机分布在直线附近,表明需求量服从正态分布。

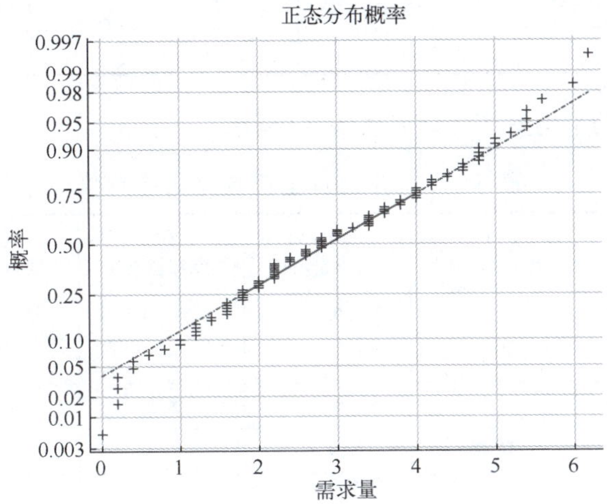

图 8-14 需求量的正态分布检验

8.5.3.3 模型求解与检验

根据假设,提前期 $k=1$。实际需求量 c_i 和预测需求量 $\hat{c}_i$ 由问题(1)已经得到。

如果平均服务水平不满足要求,就需要提高安全库存量。设 d 表示安全库存的非负调节量,$d \geqslant 0$ 且为整数。

使用启发式算法编程求解,步骤如下:

第 1 步,给定物料需求量的标准差 σ、提前期 $k=1$、平均服务水平的阈值 $\alpha=0.85$,标准差系数 Z_α、实际需求量 c_i、预测需求量 $\hat{c}_i$。

第 2 步,计算生产量 x_i、库存量 e_i、缺货量 b_i、服务水平 β_i、平均服务水平 β。

第 3 步,如果 $\beta<\alpha$,则 $S=S+d$,返回第 2 步,否则转到第 4 步。

第 4 步,输出生产量 x_i、库存量 e_i、缺货量 b_i、服务水平 β_i、平均服务水平 β,结束。

以物料 1 为例,第 101~110 周的生产量、实际需求量、库存量、缺货量和服务水平如表 8-11 所示。

表 8-11 物料 1 第 101~110 周的生产计划

周	生产量/件	实际需求量/件	库存量/件	缺货量/件	服务水平
101	19	23	0	0	1
102	18	16	3	0	1
103	14	12	9	0	1
104	0	2	21	0	1
105	4	8	13	0	1
106	0	1	16	0	1
107	12	11	5	0	1

续表

周	生产量/件	实际需求量/件	库存量/件	缺货量/件	服务水平
108	61	51	0	34	0.333
109	2	5	22	0	1
110	27	21	3	0	1

所有 6 种物料的平均生产计划如表 8-12 所示。

表 8-12　各物料生产计划的平均值

物料序号	物料编码	平均生产量/件	平均实际需求量/件	平均库存量/件	平均缺货量/件	平均服务水平
1	6004020918	9.9	9.8	11.1	1.9	0.941
2	6004020375	5.1	5.2	2.7	1.0	0.917
3	6004100008	3.8	3.8	8.3	0.1	0.993
4	6004020503	18.2	19.1	11.0	4.7	0.890
5	6004020374	5.1	5.2	4.6	0.5	0.955
6	6004020504	3.1	3.2	2.4	0.7	0.933

从表 8-12 可知：所有 6 种物料的平均服务水平在 89.0%~99.3%之间，说明递推型生产模型是有效的，所得到的生产计划是可行的。

8.5.4　问题(3)——引入价格的生产计划模型

如果单方面提高服务水平，势必会提高库存量，从而提高了资金占有量，降低了盈利。从问题(2)的生产计划可以看出，物料 3 的平均服务水平竟然达到了 99.3%，因此，有必要把物料的价格引入研究范围，在库存成本最小化的前提下重新制定生产计划。

题目要求：从服务水平和库存成本相平衡的角度，制定生产计划。

问题分析：库存成本与服务水平是两个具有增函数关系的变量，要使得库存成本最小化，就必须降低服务水平，进而必须降低库存量、生产量、安全库存量，直至安全库存量为 0，于是在问题(2)递推型生产模型的基础上，给每周的安全库存减去一个非负调节量，相当于把安全库存从常数变成了变量，如果某周的价格高，就让该周的库存量减少，从而达到降低库存成本的目的；否则，就让该周的库存量增加或不变，以保持平均服务水平达到要求。

建模思路：①在问题(2)递推型生产模型的基础上，引入物料每周的价格，得到每周的库存成本及总成本。②给安全库存减去一个非负调节量。③把平均服务水平作为约束条件，使其不低于阈值，把总成本作为目标函数求最小值，建立优化模型。④使用启发式算法，找到安全库存的可行解。

8.5.4.1　模型建立

设第 i 周物料的价格为 p_i，库存成本为 C_i，则

$$C_i=e_ip_i,\quad i=1,2,\cdots,78 \tag{8-25}$$

设总成本为 C，且令总成本求最小值，即

$$\min C = \sum_{i=2}^{78} C_i \tag{8-26}$$

设施加在安全库存上的非负调节量为 d_i,$d_i \geqslant 0$,则

$$S_i = \sqrt{k} Z_\alpha \sigma - d_i, \quad i = 1,2,\cdots,78 \tag{8-27}$$

$x_i, a_i, e_i, b_i, \beta_i, \beta$ 的定义或约束条件不变,见式(8-15)~式(8-23)。

变量约束为

$$\begin{cases} x_i, e_i, b_i, S_i, d_i \geqslant 0 \text{ 且为整数}, \\ a_i \in (-\infty, +\infty) \text{ 且为整数}, \\ \beta_i \in [0,1], \beta \in [0,1], \\ C_i \geqslant 0. \end{cases} \tag{8-28}$$

由式(8-15)~式(8-23)、式(8-25)~式(8-28)构成了递推型优化生产模型。

求解递推型优化生产模型之后,如果平均服务水平不满足要求,就通过提高安全库存量来提高服务水平。

8.5.4.2 模型求解

设平均服务水平阈值 α 的伸缩区间为 $[\alpha, \alpha+g]$,其中,g 表示区间长度,$g \geqslant 0$。h 表示安全库存的二次调节量,$h \geqslant 0$ 且为整数。

使用启发式算法编程求解,步骤如下:

第 1 步,给定物料需求量的标准差 σ、提前期 $k=1$、平均服务水平的阈值 $\alpha=0.85$,标准差系数 Z_α、实际需求量 c_i、预测需求量 $\hat{c}_i$、价格 p_i、平均服务水平初值 $\beta_0=1$,目标函数值的初值 $C_0=+\infty$,g 的初值为 $g_0=0.001$。

第 2 步,给定迭代次数 $i=1$。

第 3 步,在 $[0,\sigma]$ 内有放回随机抽样,得到 $d_i(i=2,\cdots,77)$,令 $d_1=d_{78}=0$,计算 $S_i, i=1,2,\cdots,78$。

第 4 步,计算生产量 x_i、库存盈亏量 a_i、库存量 e_i、缺货量 b_i、服务水平 β_i、平均服务水平 β,库存成本 C_i、目标函数值 C。

第 5 步,如果 $\beta>\alpha+g$,则 $S_i=S_i-h$;如果 $\beta<\alpha$,则 $S_i=S_i+h$,返回第 4 步,否则转到第 6 步。

第 6 步,如果 $C \leqslant C_0$,则 $C_0=C$。

第 7 步,令 $i=i+1$,返回第 3 步,如此循环 10 次之后,转到第 8 步。

第 8 步,输出生产量 x_i、库存量 e_i、缺货量 b_i、服务水平 β_i、平均服务水平 β_0,目标函数值 C_0,结束。

在求解过程中可能会出现卡顿,而且循环次数越大,卡顿的可能性越大。究其原因,是因为在有放回抽样中,有时候得到的 $d_i(i=2,\cdots,77)$ 导致生产量 $x_i<0$ 而无解。如果出现卡顿,就再次启动程序,直至获得可行解为止。

以物料 1 为例,第 101~110 周的生产量、实际需求量、库存量、缺货量和服务水平如表 8-13 所示。

表 8-13　物料 1 第 101~110 周的生产计划

周	生产量/件	实际需求量/件	库存量/件	缺货量/件	服务水平
101	3	2	0	0	1
102	4	4	0	1	0.75
103	3	3	0	0	1
104	3	3	0	0	1
105	0	0	3	0	2
106	1	1	2	0	1
107	4	3	0	0	1
108	3	3	1	0	1
109	2	3	1	0	1
110	5	4	0	1	0.75

注：服务水平=2 表示不存在。

所有 6 种物料的平均生产计划如表 8-14 所示。

表 8-14　各物料生产计划的平均值

物料序号	物料编码	平均 生产量/件	平均实际 需求量/件	平均 库存量/件	平均 缺货量/件	平均 服务水平
1	6004020918	9.8	9.8	5.2	3.4	0.851
2	6004020375	5.1	5.2	1.8	1.4	0.858
3	6004100008	3.7	3.8	2.6	0.9	0.895
4	6004020503	18.1	19.1	7.9	5.8	0.852
5	6004020374	5.1	5.2	2.5	1.3	0.851
6	6004020504	3.1	3.2	1.6	0.9	0.884

从表 8-14 可知：

(1) 所有 6 种物料的平均服务水平在 85.1%~89.5%之间，说明递推型优化生产模型是有效的，得到的生产计划是可行的。

(2) 物料 3 的平均服务水平还有下降的空间，如果扩大迭代次数，也能降低到 85%附近。

8.5.4.3　模型检验

把引入价格前后的最优值进行比较，如表 8-15 所示。从表中可知，引入价格之后的生产计划，平均服务水平有了显著下降，总成本有不同程度的下降(除物料 4 之外)，尤其是物料 3 下降幅度较大，说明递推型优化模型是有效的。相比之下，总成本下降的幅度较小，主要原因一方面是价格比较平稳，另一方面是迭代次数较少。

表 8-15　引入价格前后的效果比较

物料序号		1	2	3	4	5	6
平均服务水平	优化前	0.941	0.917	0.993	0.890	0.955	0.933
	优化后	0.851	0.858	0.895	0.852	0.851	0.884

续表

物料序号		1	2	3	4	5	6
总成本/万元	优化前	153.7	4.7	88.5	13.0	6.0	46.9
	优化后	94.5	4.5	36.3	13.6	5.2	45.8

8.5.5 问题(4)——提前期为 k 的生产计划模型

题目要求：在提前期为 $k=2$ 的条件下，分别在不考虑价格和考虑价格的条件下建立生产计划模型，再推广到 $k\geqslant 2$。

建模思路：首先，把问题(2)的递推型生产模型推广到 $k=2$，并求解给出生产计划。其次，把问题(3)的递推型优化生产模型推广到 $k=2$，并求解给出生产计划。最后，把以上两种模型推广到 $k\geqslant 2$。

8.5.5.1 不考虑价格的生产模型

1. 模型建立

下面把物料提前期 $k=1$ 时的递推型生产模型推广到 $k=2$。

此时，物料订单提前 2 周拿到，需要把时间序列基期提前到第 99 周，于是总的时间点扩大到了 79 个，如图 8-15 所示。

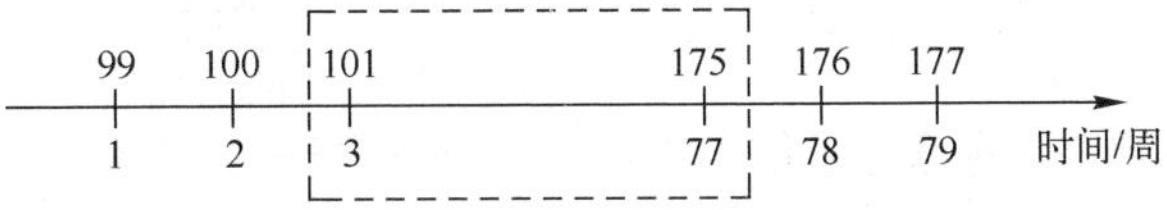

图 8-15　时间点示意图

在第 1、2 周的生产量等于实际需求量，相应地，在第 78、79 周的生产量等于 0。

第 i 周的生产量为

$$x_i=\begin{cases}0, & a_i-(\hat{c}_{i+2}+S)\geqslant 0\\ \hat{c}_{i+2}+S-a_i, & a_i-(\hat{c}_{i+2}+S)<0\end{cases},\quad i=3,4,\cdots,77 \tag{8-29}$$

前 2 周及倒数 2 周的生产量为

$$\begin{cases}x_i=c_{i+2}, & i=1,2\\ x_i=0, & i=78,79\end{cases} \tag{8-30}$$

第 i 周的库存盈亏量为

$$\begin{cases}a_i=x_{i-2}+a_{i-1}-c_i, & i=3,4,\cdots,79\\ a_i=0, & i=1,2\end{cases} \tag{8-31}$$

第 i 周的库存量为

$$e_i=\begin{cases}a_i, & a_i\geqslant 0\\ 0, & a_i<0\end{cases},\quad i=1,2,\cdots,79 \tag{8-32}$$

第 i 周的缺货量为

$$b_i=\begin{cases}0, & a_i\geqslant 0\\ -a_i, & a_i<0\end{cases},\quad i=1,2,\cdots,79 \tag{8-33}$$

第 i 周的服务水平为

$$\beta_i=\begin{cases}1-\dfrac{b_i}{c_i}, & b_i<c_i, \quad c_i\neq 0\\ 0, & b_i\geqslant c_i, \quad c_i\neq 0\\ 2(\text{不存在}), & c_i=0\end{cases} \quad i=1,2,\cdots,79 \tag{8-34}$$

平均服务水平为

$$\beta=\frac{1}{h}\sum_{j=1}^{h}\hat{\beta}_j \tag{8-35}$$

其中，$\{\hat{\beta}_j\}(j=1,2,\cdots,h)$表示$\{\beta_i\}(i=3,4,\cdots,79)$中剔除了$\beta_i=2$之后剩下的那些值，即$\{\hat{\beta}_j\}=\{\beta_i|\beta_i\neq 2\}$。

平均服务水平不低于阈值，即

$$\beta\geqslant\alpha \tag{8-36}$$

变量约束为

$$\begin{cases}x_i,e_i,b_i\geqslant 0 \text{ 且为整数}\\ a_i\in(-\infty,+\infty)\text{ 且为整数}\\ \beta_i\in[0,1],\beta\in[0,1]\end{cases} \tag{8-37}$$

由式(8-29)~式(8-37)构成了$k=2$时的递推型生产模型。

2. 模型求解

令$k=2$，使用问题(2)的算法求解。

以物料1为例，生产计划如表8-16所示。

表8-16　物料1第101~110周的生产计划

周	生产量/件	实际需求量/件	库存量/件	缺货量/件	服务水平
101	23	23	0	0	1
102	25	16	0	0	1
103	9	12	11	0	1
104	0	2	34	0	1
105	0	8	35	0	1
106	0	1	34	0	1
107	6	11	23	0	1
108	54	51	0	28	0.451
109	59	5	0	27	0
110	12	21	6	0	1

所有6种物料的平均生产计划如表8-17所示。

表8-17　各物料生产计划的平均值

物料序号	物料编码	平均 生产量/件	平均实际 需求量/件	平均 库存量/件	平均 缺货量/件	平均 服务水平
1	6004020918	9.2	9.7	22.6	2.7	0.883
2	6004020375	5.1	5.1	6.6	1.5	0.869

续表

物料序号	物料编码	平均生产量/件	平均实际需求量/件	平均库存量/件	平均缺货量/件	平均服务水平
3	6004100008	3.7	3.7	13.0	0.0	0.995
4	6004020503	18.4	18.9	26.9	4.8	0.852
5	6004020374	5.1	5.2	8.6	0.6	0.939
6	6004020504	3.1	3.2	5.0	1.1	0.852

从表8-17可知:6种物料的平均服务水平在85.2%~99.5%之间,说明其生产计划是可行的。

8.5.5.2 考虑价格的生产计划模型

1. 模型建立

下面把物料提前期 $k=1$ 时的递推型优化模型推广到 $k=2$。

第 i 周物料的库存成本为

$$C_i = e_i p_i,\quad i=1,2,\cdots,79 \tag{8-38}$$

总成本求最小值,即

$$\min C = \sum_{i=3}^{79} C_i \tag{8-39}$$

第 i 周的安全库存量为

$$S_i = \sqrt{k} Z_\alpha \sigma - d_i,\quad i=1,2,\cdots,79 \tag{8-40}$$

$x_i, a_i, e_i, b_i, \beta_i, \beta$ 的定义及约束条件不变,见式(8-29)~式(8-36)。

变量约束为

$$\begin{cases} x_i, e_i, b_i, S_i, d_i \geqslant 0 \text{ 且为整数} \\ a_i \in (-\infty, +\infty) \text{ 且为整数} \\ \beta_i \in [0,1], \beta \in [0,1] \\ C_i \geqslant 0 \end{cases} \tag{8-41}$$

由式(8-29)~式(8-36)、式(8-38)~式(8-41)构成了 $k=2$ 时的递推型优化生产模型。

2. 模型求解

下面进行求解,令 $k=2$,使用问题(3)的启发式算法求解。

以物料1为例,第101~110周的生产计划如表8-18所示。

表8-18 物料1第101~110周的生产计划

周	生产量/件	实际需求量/件	库存量/件	缺货量/件	服务水平
101	14	23	0	0	1
102	22	16	0	0	1
103	16	12	2	0	1
104	0	2	22	0	1

续表

周	生产量/件	实际需求量/件	库存量/件	缺货量/件	服务水平
105	0	8	30	0	1
106	0	1	29	0	1
107	5	11	18	0	1
108	50	51	0	33	0. 3529
109	61	5	0	33	0
110	17	21	0	4	0. 8095

所有 6 种物料的平均生产计划如表 8-19 所示。

表 8-19　各物料生产计划的平均值

物料序号	物料编码	平均 生产量/件	平均实际 需求量/件	平均 库存量/件	平均 缺货量/件	平均 服务水平
1	6004020918	9. 1	9. 7	17. 4	3. 6	0. 855
2	6004020375	5. 0	5. 1	5. 8	1. 5	0. 857
3	6004100008	3. 6	3. 7	4. 4	0. 9	0. 851
4	6004020503	18. 4	18. 9	24. 9	4. 9	0. 850
5	6004020374	5. 1	5. 2	5. 3	1. 0	0. 863
6	6004020504	3. 1	3. 2	4. 2	0. 9	0. 889

从表 8-19 可知:所有 6 种物料的平均服务水平为 85. 1%~88. 9%,说明递推型优化生产模型得到的生产计划是可行的。

8. 5. 5. 3　模型检验

把引入价格前后的计算结果进行比较,如表 8-20 所示。从该表中可知,引入价格之后,6 种物料的平均服务水平进入了合理区间,物料 3、5、6 的总库存成本有不同程度的下降,特别是物料 3 的效果非常显著,但物料 1、2、4 的总成本没有下降,主要原因一方面是价格比较平稳,另一方面是迭代次数太少。总体来说递推型优化生产模型是有效的,生产计划是可行的。

表 8-20　引入价格前后的效果比较

物 料 序 号		1	2	3	4	5	6
平均 服务水平	优化前	0. 883	0. 869	0. 995	0. 852	0. 939	0. 852
	优化后	0. 855	0. 857	0. 851	0. 850	0. 863	0. 889
总成本 /万元	优化前	300. 0	12. 7	142. 1	35. 9	12. 9	122. 4
	优化后	319. 7	14. 3	62. 7	43. 4	11. 1	120. 6

8. 5. 5. 4　模型推广

1. 不考虑价格的推广模型

下面把物料提前期 $k=2$ 时的递推型生产计划模型推广到 $k\geqslant 2$。

设时间点个数为 T，$T=77+k$。例如，当 $k=1$ 时，$T=78$；当 $k=2$ 时，$T=79$。

第 i 周的生产量为

$$x_i=\begin{cases}0, & a_i-(\hat{c}_{i+k}+S)\geqslant 0\\ \hat{c}_{i+k}+S-a_i, & a_i-(\hat{c}_{i+k}+S)<0\end{cases},\quad i=k+1,k+2,\cdots,T-k \tag{8-42}$$

前 k 周及倒数后 k 周的生产量为

$$\begin{cases}x_i=c_{i+k}, & i=1,2,\cdots,k\\ x_i=0, & i=T-k+1,T-k+2,\cdots,T\end{cases} \tag{8-43}$$

第 i 周的库存盈亏量为

$$\begin{cases}a_i=x_{i-k}+a_{i-1}-c_i, & i=k+1,k+2,\cdots,T\\ a_i=0, & i=1,2,\cdots,k\end{cases} \tag{8-44}$$

第 i 周的库存量为

$$e_i=\begin{cases}a_i, & a_i\geqslant 0\\ 0, & a_i<0\end{cases},\quad i=1,2,\cdots,T \tag{8-45}$$

第 i 周的缺货量为

$$b_i=\begin{cases}0, & a_i\geqslant 0\\ -a_i, & a_i<0\end{cases},\quad i=1,2,\cdots,T \tag{8-46}$$

第 i 周的服务水平为

$$\beta_i=\begin{cases}1-\dfrac{b_i}{c_i}, & b_i<c_i, & c_i\neq 0\\ 0, & b_i\geqslant c_i, & c_i\neq 0\\ 2(\text{不存在}), & & c_i=0\end{cases},\quad i=1,2,\cdots,T \tag{8-47}$$

平均服务水平为

$$\beta=\frac{1}{h}\sum_{j=1}^{h}\hat{\beta}_j \tag{8-48}$$

其中，$\{\hat{\beta}_j\}$ $(j=1,2,\cdots,h)$ 表示 $\{\beta_i\}$ $(i=k+1,k+2,\cdots,T)$ 中剔除了 $\beta_i=2$ 之后剩下的那些值，即 $\{\hat{\beta}_j\}=\{\beta_i\mid\beta_i\neq 2\}$。

平均服务水平不低于阈值，即

$$\beta\geqslant\alpha \tag{8-49}$$

变量约束为

$$\begin{cases}x_i,e_i,b_i\geqslant 0\ \text{且为整数}\\ a_i\in(-\infty,+\infty)\ \text{且为整数}\\ \beta_i\in[0,1],\beta\in[0,1]\end{cases} \tag{8-50}$$

由式(8-42)～式(8-50)构成了 $k\geqslant 2$ 时的递推型生产计划模型。

2. 考虑价格的推广模型

下面把物料提前期 $k=2$ 时的优化模型推广到 $k\geqslant 2$。

第 i 周物料的库存成本为

$$C_i = e_i p_i, \quad i = 1, 2, \cdots, T \tag{8-51}$$

总成本求最小值,即

$$\min C = \sum_{i=k+1}^{T} C_i \tag{8-52}$$

第 i 周的安全库存为

$$S_i = \sqrt{k} Z_\alpha \sigma - d_i, \quad i = 1, 2, \cdots, T \tag{8-53}$$

$x_i, a_i, e_i, b_i, \beta_i, \beta$ 的定义与约束条件不变,如式(8-42)~式(8-49)所示。变量约束见式(8-41)。

由式(8-51)~式(8-53)、式(8-42)~式(8-49)、式(8-41)构成了 $k \geqslant 2$ 时的递推型优化生产模型。

8.6 灵敏度分析

虽然需求量和价格都具有一定的波动性,但相比之下,需求量的波动性更大,故选择需求量进行灵敏度分析。以问题(2)为例,令需求量增加 1、减少 1,观察平均服务水平的变化,结果如图 8-16 所示。

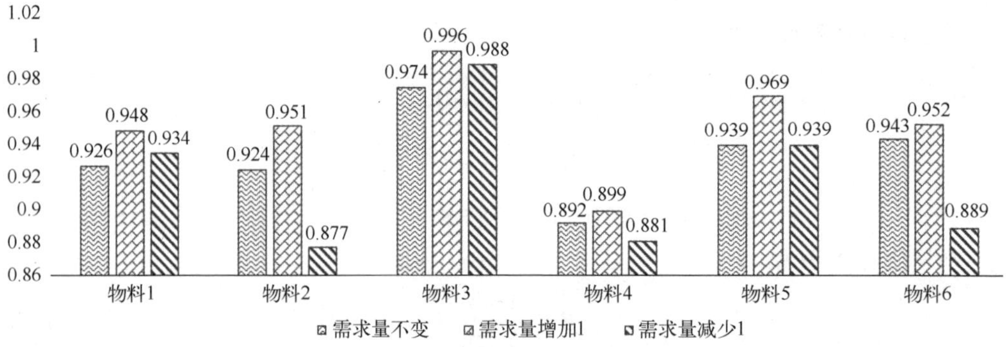

图 8-16　平均服务水平关于需求量的灵敏度分析

从图 8-16 可知,物料 1、物料 3~5 的平均服务水平变化较小,而物料 2、物料 6 的变化较大,说明平均服务水平关于需求量比较敏感。

8.7 稳健性分析

本文在估计参数 σ 时使用 5 步移动平均法平滑数据,具有一定的主观性,需要针对移动步数作稳健性分析。仍然以问题(2)为例,计算结果如图 8-17 所示。

从图 8-17 可知,在不同的移动步数下,参数 σ 变化的幅度较小,说明参数 σ 的稳健性较强。

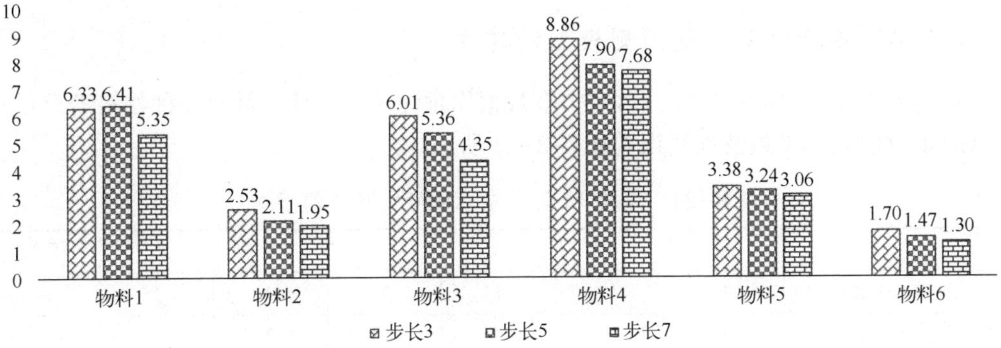

图 8-17　不同移动步数下的 σ

8.8　进一步研究

在问题(1)中,由于 AR 模型比移动平均法、指数平滑法的预测误差更小,所以本文使用了 AR 模型对物料的需求量进行了预测。进一步考虑,是否 MA 模型、ARMA 模型、ARIMA 模型比 AR 模型的预测误差更小呢?

8.8.1　MA 模型简介[7]

设 $X_t(t=1,2,\cdots)$ 是零均值平稳序列,具有以下结构的模型称为 q 阶移动平均模型,记作 MA(q):

$$X_t=a_t-\theta_1 a_{t-1}-\theta_2 a_{t-2}-\cdots-\theta_q a_{t-q} \tag{8-54}$$

MA(q)模型的基本假设:X_t 仅与 $a_{t-1},a_{t-2},\cdots,a_{t-q}$ 有关,而与 $a_{t-q-j}(j=1,2,\cdots)$ 无关,a_t 是白噪声序列,即独立正态同分布序列,记作 $a_t\sim \mathrm{NID}(0,\sigma_a^2)$。

8.8.2　ARMA 模型简介[7]

设 $X_t(t=1,2,\cdots)$ 是零均值平稳序列,具有以下结构的模型称为自回归移动平均模型,记作 ARMA(p,q):

$$X_t=\varphi_1 X_{t-1}+\varphi_2 X_{t-2}+\cdots+\varphi_p X_{t-p}+a_t-\theta_1 a_{t-1}-\theta_2 a_{t-2}-\cdots-\theta_q a_{t-q} \tag{8-55}$$

ARMA(p,q)模型的基本假设:X_t 与 $X_{t-1},X_{t-2},\cdots,X_{t-p}$ 和 $a_{t-1},a_{t-2},\cdots,a_{t-q}$ 有关,而与 $X_{t-p-j}(j=1,2,\cdots)$ 无关,还与 $a_{t-q-j}(j=1,2,\cdots)$ 无关,a_t 是白噪声序列,即独立正态同分布序列,记作 $a_t\sim \mathrm{NID}(0,\sigma_a^2)$。

当 $q=0$ 时,是 AR(p)模型;当 $p=0$ 时,是 MA(q)模型。

Box-Jenkine 建模法仍然适用于 ARMA 模型。

8.8.3　ARIMA 模型简介[7]

如果时间序列 $X_t(t=1,2,\cdots)$ 具有向上或向下的趋势,则称为非平稳序列。差分运算具有强大的确定性信息提取能力,许多非平稳序列经过差分后会显示出平稳序列的性质,这时称这个非平稳序列为差分平稳序列。对于差分平稳序列,就转化为 ARMA 模型了。

8.8.4 各物料需求量预测模型的建立

使用前100个数据作建模,剩余77个数据作预测误差估计。针对6种物料需求量建立ARIMA模型,其参数及预测误差如表8-21所示。

表8-21 各物料需求量ARIMA模型的参数

物料	1	2	3	4	5	6	平均
AR模型阶数 p	3	1	1	2	0	1	—
差分阶数 d	0	0	0	0	0	0	—
MA模型阶数 q	0	1	1	0	2	3	—
预测误差	13.98	5.52	4.33	18.41	4.45	4.48	8.53

从表8-21可知,6种物料的差分阶数均为0,这与问题(1)的平稳性检验结果一致;6种物料预测误差的平均值为8.53,这比纯AR模型的预测误差(7.77)稍大一点,因此,不论从模型的简单性考虑,还是从预测误差考虑,建立AR模型较好。

8.9 模型的评价和推广

8.9.1 模型优点

(1) 使用自回归模型(AR)对物料的需求量进行预测,虽然方法较复杂,但误差较小。

(2) 在假设需求量服从正态分布的情况下使用概率分布方法建立了安全库存计算公式,该定义也适用于指数分布等其他分布。

(3) 在不考虑物料价格的条件下建立了递推型生产模型,模型简单,计算效率高。

(4) 在考虑物料价格的条件下建立了递推型优化生产模型,模型简单,优化效果显著。

8.9.2 模型缺点

(1) 在求解递推型优化生产模型时,编写的MATLAB程序在迭代时可能会出现卡顿,如果出现卡顿,就需要多次尝试才能获得结果。

(2) 本文所建立的移动平均法、指数平滑法和自回归模型(AR)仅适用于平稳性时间序列,对于有增长或下降趋势的时间序列不适用。

8.9.3 模型推广

本文所建立的需求量预测模型、递推型生产模型、递推型优化生产模型可以推广到具有平稳性的多品种、小批量生产计划制定问题中。

8.10 参考文献

[1] 周鹏. 如何科学设置安全库存[J]. 现代工业经济和信息化,2021,11(6):166-169.

[2] 潘丽,戴澍. 不确定环境下生鲜农产品安全库存设置研究[J]. 现代商贸工业,2020, 41(33):37-39.
[3] 中国大学生在线. 2022 全国大学生数学建模竞赛论文展示[C/OL].(2022-11-06)[2023-07-10]. https://dxs.moe.gov.cn/zx/a/hd_sxjm_sxjmlw_2022qgdxssxjmjslwzs/221106/1820273.shtml.
[4] 中国大学生在线. 2022 全国大学生数学建模竞赛论文展示[C/OL].(2022-11-06)[2023-07-10]. https://dxs.moe.gov.cn/zx/a/hd_sxjm_sxjmlw_2022qgdxssxjmjslwzs/221106/1820271.shtml.
[5] 中国大学生在线. 2022 全国大学生数学建模竞赛 E 题讲评:小批量物料的生产安排[EB/OL].(2023-04-04)[2023-7-10]. https://dxs.moe.gov.cn/zx/a/hd_sxjm_sxjmstjp_2022sxjmstjp/230404/1834986.shtml.
[6] 司守奎,孙兆亮. 数学建模算法与应用[M]. 2 版. 北京:国防工业出版社,2015.
[7] 王振龙,胡永宏. 应用时间序列分析[M]. 北京:科学出版社,2007.
[8] 张良均,杨坦,肖刚,等. MATLAB 数据分析与挖掘实战[M]. 北京:机械工业出版社,2015.
[9] 马明,冶建华,张申贵,等. 随机数学建模方法及其应用:概率模型[M]. 北京:科学出版社,2013.

第 9 章　2023D 圈养湖羊的空间利用率

摘　要

本文针对圈养湖羊的空间利用率问题进行了研究。

根据圈养湖羊的生产机理，在连续生产情况下，把养殖场看作由 6 个种群组成的系统，把基础母羊 1 胎的生产过程看作连续生产线，把基础母羊分为 12 个批次依次"投产"。

针对问题(1)，把 6 个种群的羊只数量换算成占用的羊栏数，再汇总，把总羊栏数作为总需求量，把 112 个羊栏作为总供给量，列出方程组(记作方程组 A)，就可以估算基础母羊数量的上限。在估算下限的时候，设定一个最差的生产方案，列出方程组(记作方程组 B)。经过估算，基础母羊数量为 358~416 只，种公羊数量为 8~9 只，年化出栏羊只 1088~1268 只。如果期望每年至少出栏 1500 只，羊栏缺口为 21~43 个。

针对问题(2)，以年化出栏羊只数量为目标函数求最大值，以基础母羊数、种公羊数为决策变量，以现有羊栏数为约束条件，如果把基础母羊分为 12 批次投产(生产周期为 240 天)，就建立整数线性规划模型(记作模型 A)获得最优解，基础母羊 396 只，种公羊 8 只，年化出栏羊只数量 1204 只，剩余 5 个羊栏未利用。如果把基础母羊分为 11.45 批次依次投产(生产周期为 229 天)，就建立线性规划模型(记作模型 B)获得最优解，基础母羊 416 只，种公羊 9 只，年化出栏羊只数量 1326 只，剩余 1 个羊栏未利用。

针对问题(3)，把不确定性因素作为随机变量，假设它们服从均匀分布，在模型 B 的基础上建立随机优化模型(记作模型 C)，使用计算机仿真方法模拟 10000 次获得了近似解，基础母羊 385 只，种公羊 10 只，生产周期 228.5 天，生产批次 11.4 个，使用羊栏 96.8 个，年化出栏 1182.8 只。

灵敏度分析表明，在基础母羊的怀孕期和哺乳期，以及羔羊育肥期，基础母羊数量关于羊栏容量比较敏感。通过稳健性分析可知，把种公羊按照"一班倒""两班倒"或"三班倒"模式与基础母羊交配，基础母羊的数量变化很小，说明基础母羊数量关于种公羊的值班模式是比较稳健的。

本文优点是，由整数线性规划模型(模型 A)获得的最优生产方案，其各项参数值具有很强的可操作性。由推广后的线性规划模型(模型 B)获得的最优生产方案，具有很强的应用性和灵活性。由随机优化模型(模型 C)获得的最优生产方案，具有很强的客观性。缺点是处于交配期的基础母羊的受孕及产仔情况是以整体为单位计算的，而不是以个体为单位计算的。

本文所建立的模型可以推广到圈养的、哺乳类动物的资源分配问题中，如牛栏、羊栏、猪舍的分配,动物园中老虎、狮子、熊猫活动场地的分配等。

关键词:整数线性规划模型;随机线性规划模型;计算机仿真;种群;生产批次

9.1 问题重述

湖羊是国家级绵羊保护品种,规模化的圈养养殖场需要考虑的一个重要因素是空间利用率。为保障效益,需要通过制定生产计划来优化养殖场的空间利用率。这里的生产计划,主要是决定什么时间开始对多少可配种的基础母羊进行配种,控制羊只的繁育期,进而调节对羊栏的需求量,以确保有足够多的羊栏,同时尽量减少羊栏闲置。

请建立数学模型,解决以下问题:

(1) 在羊栏数 112 个的条件下估计养殖场基础母羊、种公羊、年化出栏羊只数量的范围;在年化出栏羊只数量不低于 1500 只的条件下估计羊栏缺口。

(2) 在问题(1)的基础上,对 112 个标准羊栏给出具体的生产方案,使得年化出栏羊只数量最大。

(3) 在考虑不确定性的情况下,制定具体的生产方案,使得整体方案的期望损失最小。

9.2 问题分析

9.2.1 研究现状综述

针对问题(2),文献[1]将种公羊与基础母羊以 1∶14、1∶28、1∶42、1∶50 的不同比例配置,分成 1~4 批,每批最短相差 21 天配种,结果表明,选择 1∶42 分三批,每批相差 21 天配种,年化出栏羊只数最多,但此配置方案的羊栏每天使用量并不平衡。为了提高羊栏使用率,考虑增加配种批次进行优化,结果表明,9 只公羊,408 只母羊,配种间隔 22 天,配种数量为第 1 批 48 只,第 2~10 批每批 40 只,羊栏使用率达 97.27%,年出栏羊约 1300 只。文献[2]采用分期分批连续方式安排交配,根据交配期、怀孕期、哺乳期、休整期、育肥期等 5 个阶段的期长、容量、流转倍率等参数值,建立各期羊栏需求数的计算模型。针对养殖场现有的羊栏规格,经试算搜索得到其羊只的最佳流转速度,年化出栏羊只数量最大为 1260 只。

针对问题(3),文献[2]针对 5 项不确定因素,构建参数重新选定的计算公式,并在合理范围内调整哺乳期和空怀期时长,得到多种备选方案,再通过分层次计算比较各方案的期望损失,确定最优方案,年化出栏羊只数量最大为 1208 只。

文献[3]针对问题(1)建立了初等模型,获得了基础母羊数量范围是 336~441 只,年化出栏羊只数量范围是 1071~1405 只。针对问题(2)建立了整数线性规划模型,由于模型太复杂无法直接求解,于是通过简化和改进,获得了最优生产方案,其中基础母羊数量是 416 只,种公羊是 9 只。针对问题(3),在考虑诸多不确定因素及调控手段的情况下建立了计算机仿真模型。最后对评阅过程中出现的问题进行了评述。

总之,关于本赛题研究的文献目前还较少,内容不够全面,方法不够多样,过程不够详细。

9.2.2 本文研究思路

本文根据圈养湖羊的生产机理,把养殖场看作一个系统,把羊栏数量看作资源,把基础母羊、种公羊、羔羊看作不同的种群,把基础母羊的产仔过程看作连续生产线,把生产线上不同的生产阶段(空怀期、交配期、怀孕期和哺乳期)也看作不同的种群,于是该系统中一共有 6 个种群,每个种群需要占用一定数量的羊栏,如何分配羊栏才能使得空间利用率最大?或者年化出栏羊只数量最大?这样就转化为资源分配问题了,只要建立优化模型就可以解决。

针对问题(1),其又分为 2 个小题,一是在 112 个羊栏的前提下估算基础母羊的上限和下限;二是反过来,在每年出栏至少 1500 只的前提下估算羊栏的缺口。把怀孕期增加 11 天,使得怀孕期变成 160 天,同时基础母羊生产周期变成 240 天。以交配期 20 天为参考对象,把基础母羊分为 12 个生产批次依次“投产”,于是空怀期、交配期、怀孕期和哺乳期分别容纳 1 个、1 个、8 个、2 个生产批次的基础母羊,再换算成占用的羊栏数。接着,再推导出种公羊和羔羊占用的羊栏数。把基础母羊、种公羊和羔羊占用的羊栏数作为总需求量,把 112 个羊栏作为总供给量,列出方程组(记作方程组 A),就可以估算基础母羊数量的上限。在估算下限时,设定一个最差的生产方案,列出方程组(记作方程组 B),就可以计算出下限。在每年出栏至少 1500 只的前提下,根据方程组 A 和方程组 B,就可以计算出羊栏数的上限和下限。

针对问题(2),以年化出栏羊只数量为目标函数求最大值,以基础母羊数、种公羊数为决策变量,以 112 个羊栏等资源为约束条件,建立优化模型,就可以获得最优生产方案。

针对问题(3),把不确定性因素作为随机变量,假设它们服从均匀分布,在优化模型的基础上建立随机优化模型,使用计算机仿真方法求解,就可以获得最优生产方案。

本文研究路径如图 9-1 所示。

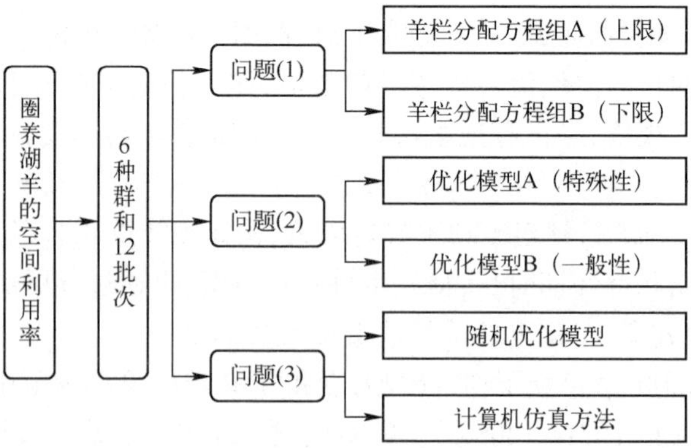

图 9-1 研究路径

9.3 符号说明

y——基础母羊数量(只);

x——种公羊数量(只);

a——养殖场现有的羊栏数(个);

z——年化出栏羊只数量(只);

t——1胎的生产周期(天);

c——每只母羊每胎产仔数(只);

e_c——羔羊出生后的死亡率;

h——羊栏总需求量(个);

f——羊栏损失值;

f_1——羊栏损失标识值;

y_0——一个批次的基础母羊数量(只);

u_k——第 k 种群的羊只数量(只),$k=1,2,\cdots,6$;

v_k——第 k 种群羊栏数量(个),$k=1,2,\cdots,6$;

m——种公羊与基础母羊的比例系数;

z_0——每年出栏羊只数量的计划值(只);

t_k——第 k 种群的天数,$k=1,2,\cdots,6$;

n_k——第 k 种群的羊栏容量(只),$k=1,2,\cdots,6$;

d——一个生产周期投入的基础母羊批次(个);

b——种公羊轮流进入交配期的批次数。

其余符号在文中给出。

9.4 模型假设

为了简化问题,作如下假设:

(1) 所有种群不考虑自然死亡或者瘟疫等情况。

(2) 处于交配期的基础母羊能够全部怀孕。

(3) 种公羊有一半被安排到交配期,另一半处于休整期。

(4) 同一批次的基础母羊尽可能同栏。

(5) 不考虑母羊流产、死亡以及羔羊在哺乳期或育肥期夭折和个体发育快慢等情况。

(6) 同一批次的羔羊尽可能同栏。

(7) 所有的不确定性因素(变量)均服从(离散型)均匀分布。

9.5 模型建立与求解

9.5.1 问题(1)——基础母羊的数量范围

问题描述:已知羊栏数112个,估计基础母羊、种公羊、年化出栏羊只数量的合理范围;在年化出栏羊只数量不低于1500只的条件下估计羊栏缺口。

问题分析:根据已知条件,画出湖羊生产过程示意图,如该图9-2所示。从该图中可知,湖羊生产由2个“车间”组成,第一车间是母羊繁殖车间,第二车间是羔羊育肥车间。母羊空怀期、交配期、哺乳期均为20天的整数倍,而怀孕期是149天,于是增加11天,使得怀孕期变成 160 天,同时母羊工作周期变成 240 天。如果把 20 天作为(基础母羊的)一个生产批次,一个生产周期(1 胎)就有 12 个批次。在实际生产过程中,增加的 11 天可以从怀孕期顺延到哺乳期,再顺延到空怀期,空怀期就变成了 31 天,这是因为空怀期可以人为控制,可长可短。

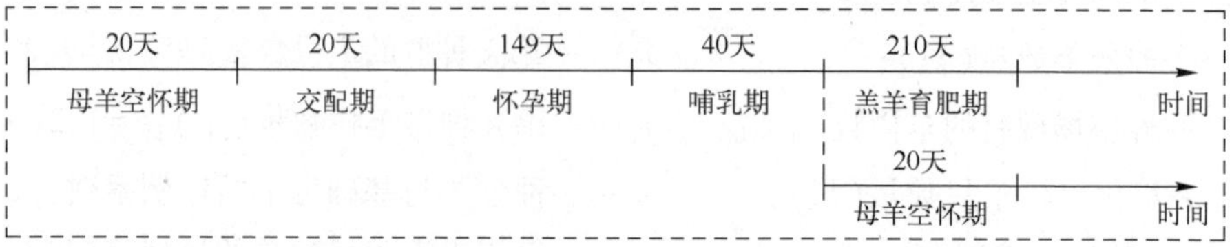

图 9-2 湖羊生产过程示意图

在连续生产的情况下,基础母羊经过 240 天完成 1 胎,虽然羔羊育肥期是 210 天,但羔羊生产周期必须与母羊繁殖周期同步,因此羔羊育肥周期也是 240 天,其中有 30 天需要空栏。

在连续生产的情况下,基础母羊在空怀期、交配期、怀孕期和哺乳期都有"值班",都要占用羊栏;羔羊在育肥期也有"值班",也要占用羊栏。根据假设,种公羊有一半被安排到交配期,另一半处于休整期,那么处于休整期的种公羊也要占用羊栏。于是需要把 112 个羊栏划分为 6 类,使得每一类种群都有足够的羊栏,如何划分才能使得羊栏利用率最大?

设养殖场有基础母羊 y 只,平均分配到 12 个批次,每个批次有 $y/12$ 只,记作 $y_0=y/12$。根据假设,所有种群不考虑自然死亡或者瘟疫等情况,于是空怀期和交配期分别有 y_0 只,怀孕期有 $8y_0$ 只、哺乳期有 $2y_0$ 只。

根据假设,处于交配期的基础母羊能够全部怀孕,于是在连续生产的情况下,一个生产周期(240 天)有 $2y$ 只羔羊。

接下来分析种公羊的数量。一般情况下种公羊与基础母羊是按照不低于 1∶50 的比例配置的,设种公羊有 x 只,则

$$50x \geqslant y \tag{9-1}$$

由于种公羊是四季发情的,根据假设,种公羊有一半被安排到交配期,另一半处于休整期,那么有 $x/2$ 只种公羊需要单独占用羊栏。

把基础母羊(包括 4 个阶段)、种公羊、羔羊占用的羊栏数作为总需求量,把 112 个羊栏作为总供应量,在"总需求量=总供应量"的条件下,就可以计算出基础母羊 y 的数量,进一步就可以计算出种公羊 x 以及年化出栏羊只的数量。

建模思路:①根据"羊栏的总需求量等于总供应量",列出方程。②使用 LINGO 软件求解,并进行检验。③进一步计算种公羊、年化出栏羊只的数量。④给定年化出栏羊只的数量,反推得出羊栏的缺口。

9.5.1.1 估计上限

为了估计基础母羊的上限,取

$$x=\frac{y}{m} \tag{9-2}$$

式中：m 为 1 只种公羊交配的基础母羊数，这样可以使得种公羊的利用率达到最大，同时种公羊占用的羊栏数达到最小。

设 u_k 表示基础母羊在第 k 阶段的数量（只），$k=1,2,\cdots,4$，则

$$\begin{cases} u_1 = y_0 \\ u_2 = y_0 \\ u_3 = 8y_0 \\ u_4 = 2y_0 \end{cases} \tag{9-3}$$

根据假设，同一批次的基础母羊尽可能同栏，基础母羊及其羔羊在分娩时不会死亡，于是各阶段基础母羊的羊栏数（个）为

$$\begin{cases} v_i = \dfrac{u_i}{n_i}, \quad i=1,3,4, \\ v_2 = \dfrac{u_2+0.5x}{n_2} \end{cases} \tag{9-4}$$

式中：n_k 为第 k 阶段羊栏的容量（只），$k=1,2,\cdots,4$。

对于种公羊来说，有

$$\begin{cases} u_5 = 0.5x \\ v_5 = \dfrac{u_5}{n_5} \end{cases} \tag{9-5}$$

式中：u_5、v_5 分别为处于休整状态的种公羊数量（只）、占用的羊栏数（个）。

根据假设，同一批次的羔羊尽可能同栏，于是有

$$\begin{cases} u_6 = 2y \\ v_6 = \dfrac{u_6}{n_6} \end{cases} \tag{9-6}$$

式中：u_6、v_6 分别为羔羊数量（只）、占用的羊栏数（个）。

设 a 表示养殖场现有的羊栏数（个），根据“羊栏的总需求量等于总供应量”，有

$$\sum_{i=1}^{6} v_i = a \tag{9-7}$$

由于是估算，所以对所有变量不必限制其为整数，只要在计算结果的基础上采用适当方法取整即可。

由式（9-2）~式（9-7）构成一个方程组（记作方程组 A），其解析解为

$$y = \frac{a}{\dfrac{1}{12n_1}+\dfrac{m+6}{12mn_2}+\dfrac{8}{12n_3}+\dfrac{2}{12n_4}+\dfrac{0.5}{mn_5}+\dfrac{2}{n_6}} \tag{9-8}$$

年化出栏羊只数量（只）为

$$z = \frac{365u_6}{t} \tag{9-9}$$

式中：t 为一个生产周期（天），这里 $t=240$。

已知 $(n_1,n_2,n_3,n_4,n_5,n_6)=(14,15,8,6,4,14)$，$a=112$，$m=50$，$t=240$，计算得，$y=$

416.9≈416，$x=8.3\approx9$，$z=1268.1\approx1268$。这里，对种公羊的数量向上取整，对基础母羊和年化出栏羊只的数量向下取整。

9.5.1.2 估计下限

在估计基础母羊数量下限时，只要针对最差的生产方案进行估计即可。而最差的生产方案，就是让所有的基础母羊同时配种，并且让种公羊与基础母羊同栏，在这种生产方案之下，一共有 2 个种群——基础母羊（含种公羊）和羔羊，它们分别对应 2 种羊栏。

基础母羊数量、占用的羊栏数（以哺乳期为准）分别为

$$\begin{cases}u_4=y\\ v_4=\dfrac{(u_4+x)}{n_4}\end{cases}\tag{9-10}$$

羔羊数量、占用的羊栏数分别为

$$\begin{cases}u_6=2y\\ v_6=\dfrac{u_6}{n_6}\end{cases}\tag{9-11}$$

供求方程为

$$v_4+v_6=a\tag{9-12}$$

由式（9-2）和式（9-10）～式（9-12）构成一个方程组（记作方程组 B），其解析解为

$$y=\frac{a}{\dfrac{m+1}{mn_4}+\dfrac{2}{n_6}}\tag{9-13}$$

已知$(n_4,n_6)=(6,14)$、$a=112$、$m=50$，计算得，$y=358.0\approx358$。

根据式（9-2），计算种公羊数量 $x=7.2\approx8$。

根据式（9-9），计算年化出栏羊只数 $z=1088.8\approx1088$ 只。

综上所述，如果养殖场的羊栏数量为 112 个，那么基础母羊数量为 358～416 只，种公羊数量为 8～9 只，年化出栏羊只 1088～1268 只。

9.5.1.3 估计羊栏缺口

在养殖场希望每年出栏羊只数量不少于 z_0 只的情况下，有

$$z\geqslant z_0\tag{9-14}$$

如果按照基础母羊的上限，则由式（9-6）、式（9-8）和式（9-9）得

$$a\geqslant\frac{tz_0}{730}\left(\frac{1}{12n_1}+\frac{m+6}{12mn_2}+\frac{8}{12n_3}+\frac{2}{12n_4}+\frac{0.5}{mn_5}+\frac{2}{n_6}\right)\tag{9-15}$$

已知$(n_1,n_2,n_3,n_4,n_5,n_6)=(14,15,8,6,4,14)$，$m=50$，$z_0=1500$，$t=240$，计算得 $a_{\min}\approx133$。与 112 个羊栏相比，缺口 21 个。

如果按照基础母羊的下限，则由式（9-9）、式（9-11）和式（9-13）得

$$a\geqslant\frac{tz_0}{730}\left(\frac{m+1}{mn_4}+\frac{2}{n_6}\right)\tag{9-16}$$

已知$(n_4,n_6)=(6,14)$，$m=50$，$z_0=1500$，$t=240$，计算得 $a_{\min}\approx155$。与 112 个羊栏相比，缺口 43 个。

综上所述，如果基础母羊数量保持在 358～416 只，那么羊栏缺口为 21～43 个。

9.5.2 问题(2)——制定最优生产方案

问题描述：已知有 112 个羊栏，给出具体的最优生产方案。

建模思路：首先，把基础母羊 y、种公羊 x 的数量作为决策变量，把现有羊栏数作为约束条件，把年化羔羊出栏数作为目标函数(求最大值)，建立优化模型。其次，使用 LINGO 软件求解，并进行检验。

9.5.2.1 模型建立

(1) 建立约束条件。种公羊与基础母羊的数量要满足

$$50x \geqslant y \tag{9-17}$$

各个阶段的基础母羊数为

$$\begin{cases} u_1 = y_0 \\ u_2 = y_0 \\ u_3 = 8y_0 \\ u_4 = 2y_0 \end{cases} \tag{9-18}$$

根据假设，有一半的种公羊处于交配期，则每一阶段的羊栏数要满足

$$\begin{cases} u_1 \leqslant n_1 v_1 \\ u_2 + 0.5x \leqslant n_2 v_2 \\ u_3 \leqslant n_3 v_3 \\ u_4 \leqslant n_4 v_4 \end{cases} \tag{9-19}$$

对于种公羊，其数量和羊栏需求量要满足

$$\begin{cases} u_5 = 0.5x \\ u_5 \leqslant n_5 v_5 \end{cases} \tag{9-20}$$

对于羔羊，其数量和羊栏需求量要满足

$$\begin{cases} u_6 = 2y \\ u_6 \leqslant n_6 v_6 \end{cases} \tag{9-21}$$

羊栏总数要满足

$$\sum_{k=1}^{6} v_k \leqslant a \tag{9-22}$$

变量约束为

$$\begin{cases} u_k, v_k \geqslant 0 \text{ 且为整数}, \quad k = 1, 2, \cdots, 6 \\ x, y \geqslant 0 \text{ 且为整数} \end{cases} \tag{9-23}$$

(2) 分析目标函数。把年化出栏羊只数量作为目标函数，并求最大值，即

$$\max z = \frac{365 u_6}{t} \tag{9-24}$$

把式(9-17)～式(9-24)汇总得

$$\max z=\frac{365u_6}{t}$$

$$\text{s.t.}\begin{cases}50x \geqslant y, \quad y=12y_0 \\ u_1=y_0, \quad u_2=y_0, \quad u_3=8y_0, \quad u_4=2y_0 \\ u_1 \leqslant n_1v_1, \quad u_2+0.5x \leqslant n_2v_2; \quad u_3 \leqslant n_3v_3; \quad u_4 \leqslant n_4v_4 \\ u_5=0.5x, \quad u_5 \leqslant n_5v_5 \\ u_6=2y, \quad u_6 \leqslant n_6v_6 \\ \sum_{k=1}^{6} v_k \leqslant a \\ u_k, v_k \geqslant 0 \text{ 且为整数}, \quad k=1,2,\cdots,6 \\ x, y \geqslant 0 \text{ 且为整数}\end{cases} \tag{9-25}$$

式(9-25)就是最优生产方案模型(记作模型 A)。

9.5.2.2 模型求解

模型 A 是整数线性规划模型,使用 LINGO 软件求解,获得最优解,年化出栏羊只数量 $z^* \approx 1204$,种公羊数量 $x=8$,其中有 4 只种公羊单独占用 1 个羊栏,育肥期有羔羊 792 只,占用羊栏 57 个,其余变量的取值如表 9-1 所示。

表 9-1 模型 A 的计算结果

阶 段	空 怀 期	交 配 期	怀 孕 期	哺 乳 期	合 计
基础母羊/只	33	33	264	66	396
羊栏需求量/栏	3	3	33	11	50

经过检验,计算结果符合实际,而且基础母羊数量、种公羊数量、年化出栏羊只数量均在问题(1)估算的范围内,因此结果有效。

由于剩余 5 个羊栏未利用,所以有资源浪费现象,一方面可能是凭空增加了 11 天,另一方面可能是把一些变量限制成整数了。

9.5.2.3 最优生产方案

下面对具体的最优生产方案加以说明。

把 396 只基础母羊平均分为 12 个批次,每个批次 33 只,每个批次的基础母羊依次经历空怀期(20 天,实际 31 天)、交配期(20 天)、怀孕期(160 天,实际 149 天)、哺乳期(40 天)。在空怀期,有 33 只基础母羊,占用 3 个羊栏,每个羊栏容纳 11 只;在每个批次的基础母羊处于交配期时,把 4 只种公羊加入交配,占用 3 个羊栏,每个羊栏容纳 12 只或 13 只;在怀孕期,有 264 只基础母羊,占用 33 个羊栏,每个羊栏容纳 8 只,同一批次的基础母羊尽可能同栏;在哺乳期,有 66 只基础母羊,占用 11 个羊栏,每个羊栏容纳 6 只基础母羊,基础母羊及其羔羊同栏;在羔羊育肥期,有 792 只羔羊,占用 57 个羊栏,每个羊栏容纳 13 只或 14 只,同一批次的羔羊尽可能同栏;种公羊一共有 8 只,有 4 只种公羊处于休整期,占用 1 个羊栏。每年出栏羊只数量 1204 只。

9.5.2.4 最优生产方案模型的推广

在模型 A 的基础上,对最优生产方案模型进行推广,形成一般性的最优生产方案模型(称为模型 B),具体如下:

$$\max z=\frac{365cy}{t}$$

$$\text{s. t.}\begin{cases}t=t_1+t_2+t_3+t_4\\ mx\geqslant y,\quad y=\dfrac{t}{t_2}y_0\\ u_1=\dfrac{t_1}{t_2}y_0,\quad u_2=y_0,\quad u_3=\dfrac{t_3}{t_2}y_0,\quad u_4=\dfrac{t_4}{t_2}y_0\\ u_1\leqslant n_1v_1,\quad u_2+\dfrac{1}{b}x\leqslant n_2v_2,\quad u_3\leqslant n_3v_3,\quad u_4\leqslant n_4v_4\\ u_5=\left(1-\dfrac{1}{b}\right)x,\quad u_5\leqslant n_5v_5,\\ u_6=cy,\quad u_6\leqslant n_6v_6\\ \sum\limits_{k=1}^{6}v_k\leqslant a\\ x,y\geqslant 0\text{ 且为整数}\end{cases}\tag{9-26}$$

式中:t_k 为第 k 种群的天数,$k=1,2,\cdots,4$;n_k 为第 k 种群的羊栏容量(只),$k=1,2,\cdots,6$;c 为每只基础母羊每胎生产的羔羊数(只);a 为养殖场现有的羊栏数(个);b 为种公羊轮流进入交配期的批次数,通常情况下 $b=1,b=2$ 或 $b=3$。

需要说明的是,为了保证存在最优解,不再限制 $u_k,v_k(k=1,2,\cdots,6)$ 必须为整数,如果此时仍然无解,还可以进一步放宽对 x,y 的整数限制,于是取消整数限制的变量将可能是近似解。

已知$(n_1,n_2,n_3,n_4,n_5,n_6)=(14,15,8,6,4,14)$,$(t_1,t_2,t_3,t_4,t_5,t_6)=(20,20,149,40,229,229)$,$m=50,b=2$,使用 LINGO 软件求解,获得最优解,年化出栏羊只数量 $z^*\approx 1326.1$,种公羊数量 $x=9$,其中有 4.5 只种公羊单独占用 1.1 个羊栏,育肥期有羔羊 832 只,占用羊栏 59.4 个,其余变量的取值如表 9-2 所示。

表 9-2 模型 B 的计算结果

阶 段	空怀期	交配期	怀孕期	哺乳期	合 计
基础母羊/只	36.33	36.33	270.67	72.66	416
羊栏需求量/栏	2.60	2.72	34.02	12.11	51.45

经过检验,计算结果符合实际,结果有效。基础母羊数量、种公羊数量已经达到问题(1)估算范围的上限。年化出栏羊只数量超出了问题(1)估算范围,是由于生产周期缩短了(变成了 229 天)。

模型 B 的生产方案一共占用羊栏 111 个,剩余 1 个羊栏未利用,相比于模型 A,羊栏利用率明显提高了。

9.5.3 问题(3)——随机优化模型与计算机仿真求解

问题描述:在考虑不确定性因素的情况下,制定具体的最优生产方案,使得整体方案的期望损失最小。所谓不确定性,具体包括:

(1) 基础母羊自然交配受孕率为 85%,在交配期结束后 30 天可识别出是否成功受孕。

(2) 在自然交配的 20 天中受孕母羊的受孕时间并不确知,而孕期会在 147~150 天内波动。

(3) 怀孕母羊分娩时一般每胎产羔 2 只,少部分每胎产羔 1 只或 3 只及以上,平均每胎产羔 2.2 只。羔羊出生时,有夭折的可能,多羔死亡率高于正常,平均死亡率 3%。

(4) 母羊哺乳期控制在 35~45 天内,以 40 天为基准,哺乳期每减少 1 天,羔羊的育肥期增加 2 天;哺乳期每增加 1 天,羔羊的育肥期减少 2 天。母羊的空怀休整期可在不少于 18 天的前提下灵活调控。

(5) 如有必要,允许分娩日期相差不超过 7 天的哺乳期母羊及所产羔羊同栏,允许断奶日期相差不超过 7 天的育肥期羔羊同栏,允许断奶日期相差不超过 7 天的休整期母羊同栏。

根据假设,不考虑母羊流产、死亡以及羔羊在哺乳期或育肥期夭折和个体发育快慢等情况。

问题分析:①题目已经给定了期望损失的测度方法,即整体方案的损失由羊栏使用情况决定,当羊栏空置时,每栏每天的损失为 1;当羊栏数量不够时,每栏每天的租用费为 3。②由于羊栏损失是随机变量,因此以它的期望值为目标函数,并求最小值,可建立随机优化模型。③使用计算机仿真(蒙特卡洛)方法求解随机优化模型,从而获得最优生产方案的各项参数。④最优生产方案以模型 B 为基础。⑤根据随机因素的特性,选择均匀分布产生随机数。

建模思路:以羊栏损失的期望值为目标函数并求最小值,决策变量和约束条件与模型 B 相同,建立随机优化模型,使用计算机仿真方法求解。

9.5.3.1 随机优化模型的建立

(1) 建立决策变量。决策变量是基础母羊数量 y 和种公羊数量 x,均为正整数,其关系为式(9-2)。

(2) 建立中间变量。在交配期,基础母羊数量及其羊栏需求量分别为

$$u_2=\frac{y}{d}+w_{32} \tag{9-27}$$

$$v_2=\frac{u_2+0.5x}{n_2} \tag{9-28}$$

$$w_{32}=(1-0.85)\frac{y}{d} \tag{9-29}$$

式中:d 为在一个生产周期内投入的基础母羊生产批次数量,$d=\frac{t}{t_2}$;w_{32} 为在怀孕期第 30 天经过鉴定后退回至交配期重新配种的基础母羊数量。

根据假设,所有的不确定性因素(变量)均服从(离散型)均匀分布。在怀孕期,基础母羊数量及其羊栏需求量分别为

$$u_3=\frac{t_3}{t_2}\left(\frac{y}{d}-w_{32}\right) \tag{9-30}$$

$$v_3=\frac{u_3}{n_3} \tag{9-31}$$

式中,t_3 服从 147~150 天的离散均匀分布。由于受孕时间无法确知,故不予考虑,取 $t_2=20$。

在哺乳期,基础母羊数量及其羊栏需求量分别为

$$u_4=\frac{t_4}{t_2}\left(\frac{y}{d}-w_{41}\right) \tag{9-32}$$

$$v_4=\frac{u_4}{n_4} \tag{9-33}$$

$$w_{41}=\frac{y}{d}e_c \tag{9-34}$$

式中:t_4 服从 35~45 天的离散均匀分布;w_{41} 为在分娩时由于羔羊死亡而转至空怀期的基础母羊数量;c 为每只母羊每胎产仔数(只),c 的概率分布如表 9-3 所示;e_c 为羔羊出生后的死亡率。

表 9-3　c 的概率分布及羔羊死亡率

c/只	1	2	3
概率	0.15	0.5	0.35
e_c	0	0.03	0.09

注:c 的期望是 2.2 只;e_c 的平均值是 3%。

在空怀期,基础母羊数量及其羊栏需求量分别为

$$u_1=\frac{t_1}{t_2}\left(\frac{y}{d}+w_{41}\right) \tag{9-35}$$

$$v_1=\frac{u_1}{n_1} \tag{9-36}$$

其中,t_1 服从 18~22 天的离散均匀分布。

处于休整期的种公羊,其数量和羊栏需求量分别为

$$u_5=0.5x \tag{9-37}$$

$$v_5=\frac{u_5}{n_5} \tag{9-38}$$

在羔羊育肥期,羔羊数量及其羊栏需求量分别为

$$u_6=c\left(\frac{y}{d}-w_{41}\right)\frac{t_6-2(t_4-40)}{t_2} \tag{9-39}$$

$$v_6=\frac{u_6}{n_6} \tag{9-40}$$

羊栏总需求量(个)为

$$h = \sum_{k=1}^{6} v_k \tag{9-41}$$

(3) 建立目标函数。根据已知条件,羊栏损失值为

$$f=\begin{cases} a-h, & h\leqslant a \\ 3(h-a), & h>a \end{cases} \tag{9-42}$$

羊栏损失标识值为

$$f_1=\begin{cases} 1, & h\leqslant a \\ 2, & h>a \end{cases} \tag{9-43}$$

年化出栏羊只数量为

$$z=\frac{365u_6}{t} \tag{9-44}$$

根据题意,目标函数求最小值,即

$$\min f \tag{9-45}$$

由式(9-2)、式(9-27)~式(9-45)构成随机优化模型(称为模型 C)。

9.5.3.2 模型求解

使用计算机仿真方法求解模型 C,求解步骤如下:

第 1 步,遍历基础母羊数量的取值范围 $y=300,301,\cdots,500$。

第 2 步,遍历 m 的取值范围 $m=30,31,\cdots,50$。

第 3 步,计算 x,并且向上取整。

第 4 步,赋值,$n_1=14,n_2=15,n_3=8,n_4=6,n_5=4,n_6=14,t_2=20,t_6=210,a=112$。

第 5 步,抽样,t_1 从 18~22 天里等概率抽样 1 个,t_3 从 147~150 天里等概率抽样 1 个,t_4 从 35~45 天里等概率抽样 1 个,c 按照表 9-3 的概率分布产生随机数 1 个,根据 c 的取值产生 e_c 的取值。

第 6 步,依次计算生产周期 t,生产批次 d;交配期变量 w_{32},u_2,v_2;怀孕期变量 u_3,v_3;哺乳期变量 w_{41},u_4,v_4;空怀期变量 u_1,v_1;单独圈养种公羊变量 u_5,v_5;羔羊变量 u_6,v_6。

第 7 步,依次计算羊栏总需求量 h,羊栏损失值 f,羊栏损失标识值 f_1,年化出栏羊只数量 z。

第 8 步,把第 5~7 步重复 10000 次,计算 f、f_1、z 的平均值 $\bar{f}$、$\bar{f}_1$、$\bar{z}$,以及 d、t 的平均值 $\bar{d}$、$\bar{t}$。

第 9 步,从第 1~2 步所遍历的生产方案中,计算 $\bar{f}$ 的最小值 $\bar{f}^*$,输出 $\bar{f}^*$ 对应的 y、x 和 $\bar{f}$、$\bar{f}_1$、$\bar{z}$、$\bar{d}$、$\bar{t}$,结束。

仿真历时大约 19min 结束,仿真结果如表 9-4 所示。从仿真结果可得出以下结论:

(1) 标识值的均值分别为 1.2,小于 1.5,说明大部分羊栏损失是由羊栏剩余造成的,少部分的羊栏损失是由租借造成的。

(2) 最优生产方案是,基础母羊 385 只,种公羊 10 只,生产周期 228.5 天,生产批次 11.4 个,使用羊栏 96.8 个,年化出栏 1182.8 只。

模型 C 的生产方案剩余 15.2 个羊栏未利用,相比于模型 B,羊栏利用率下降了,说明

在不确定性条件下,会造成羊栏利用率、基础母羊数量的下降,从而减少年化出栏羊只数量。

表 9-4　计算机仿真结果

最优值	标识值	年化出栏/只	生产批次/个	生产周期/天	占用羊栏/个	基础母羊/只	种公羊/只
17.4	1.2	1182.8	11.4	228.5	96.8	385	10

9.6　灵敏度分析

在模型 A、模型 B、模型 C 中,不同种群(基础母羊空怀期、交配期、怀孕期、哺乳期、种公羊、羔羊)羊栏的容量都是常数,它们的微小变化对计算结果是否存在显著影响呢? 这就需要做灵敏度分析。

以模型 B 为例,并且仅考查基础母羊数量的变化情况,分析结果如表 9-5 所示。

从表 9-5 中可得出以下结论:

(1) 在基础母羊的空怀期和交配期,以及处于休整期的种公羊,如果羊栏容量变化 1 只,那么基础母羊数量变化较小,说明基础母羊数量关于羊栏容量不敏感。

(2) 在基础母羊的怀孕期和哺乳期,以及羔羊育肥期,如果羊栏容量变化 1 只,那么基础母羊数量变化较大,说明基础母羊数量关于羊栏容量比较敏感。

表 9-5　基础母羊数量变化的绝对值和相对值

种　　群	n_1	n_2	n_3	n_4	n_5	n_6
羊栏容量不变	416	416	416	416	416	416
羊栏容量增加 1	(417,1)	(417,1)	(402,-14)	(422,6)	(416,0)	(431,15)
羊栏容量减少 1	(415,-1)	(415,-1)	(399,-17)	(407,-9)	(414,-2)	(361,-55)

注:(1) 416 是指在羊栏容量不变时的基础母羊数量;

(2)(402,-14)是指怀孕期羊栏容量增加 1 时,基础母羊数量是 402 只,相对于容量不变时减少了 14 只,其他情况类似。

9.7　稳健性分析

在模型 A、模型 B、模型 C 中,种公羊都被平均分成了 2 组,一组进入交配期,另一组进入休整期,相当于"两班倒"模式,如果采用"一班倒"或"三班倒"模式,对计算结果是否存在显著影响呢? 这就需要做稳健性分析。

以模型 B 为例,并且仅考查基础母羊数量的变化情况,分析结果如表 9-6 所示。从表中可知,把种公羊按照"一班倒"、"两班倒"或"三班倒"模式与基础母羊交配,基础母羊的数量变化很小,说明模型 B 关于种公羊的值班模式是比较稳健的。

表 9-6　稳健性分析结果

种公羊工作模式	一 班 倒	两 班 倒	三 班 倒
基础母羊数/只	419	416	415
基础母羊数的变化值/只	3	—	-1

9.8　模型的评价和推广

9.8.1　模型优点

(1) 基于圈养湖羊产仔原理合理设计了湖羊的生产流程,把确定基础母羊数量的问题巧妙地转化为资源分配问题,为建立优化模型打好了基础。

(2) 建立了估算圈养湖羊数量范围的模型,为下一步检验最优生产方案模型做好了准备。

(3) 建立了整数线性规划模型(模型 A),获得了最优解,即最优生产方案,具体包括生产环节的各项参数值。

(4) 把特殊情形下的模型 A 推广到了一般情形(模型 B),增强了模型的应用性和灵活性。

(5) 建立了随机优化模型(模型 C),并使用计算机仿真方法获得了最优解。

9.8.2　模型缺点

处于交配期的基础母羊的受孕及产仔情况是以整体为单位计算的,而不是以个体为单位计算的。举例来说,某一个批次有基础母羊 30 只,如果每只产仔 2 只,则一共产仔 60 只;如果每只产仔 1 只,则一共产仔 30 只。

9.8.3　模型推广

本文所建立的模型可以推广到圈养的、哺乳类动物的资源分配问题中,如牛栏、羊栏、猪舍的分配,动物园中老虎、狮子、熊猫活动场地的分配等,但不能应用到类似于兔子这种动物上,因为兔子与湖羊的产仔原理是不同的。

9.9　参 考 文 献

[1]　王正,谢晓敏．湖羊圈养空间利用率配置方案研究[J]．南通职业大学学报,2024,38(1):58-62.

[2]　朱莉．提高湖羊圈养空间利用率的建模方案优化设计[J]．南通职业大学学报,2024,38(1):53-57.

[3]　毛紫阳,王丹,吴孟达．“圈养湖羊的空间利用率”评阅综述[J]．数学建模及其应用,2024,13(2):73-79.

第 10 章 2023E 黄河水沙监测数据分析

摘 要

本文针对黄河小浪底水库水沙通量的变化规律和“调水调沙”效果开展了研究。

针对问题(1),①对附件 1 中含沙量缺失数据,使用分段线性插值方法进行填补。②计算了含沙量季节指数发现:含沙量每年 7 月、8 月为旺季,每年 1 月、2 月、12 月为淡季;每年 3 季度为旺季,每年 1 季度为淡季。③分别建立了含沙量与水位、含沙量与水流量的双对数回归方程发现:水位每增加 1%,含沙量增加 37.63%,含沙量对水位的变化非常敏感;水流量每增加 1%,含沙量增加 1.1%,含沙量对水位的变化不敏感。④估算出年均径流量 325 亿 m^3,年均排沙量 2 亿 t。

针对问题(2),①计算了水沙通量的季节指数发现:水通量每年 7 月、10 月是旺季,每年 1 月、2 月是淡季;沙通量每年 7 月—10 月是旺季,每年 11 月—次年 3 月是淡季。②分析了水沙通量的周期性,周期均为 12 月,并用正弦函数进行了拟合。③使用 M-K 检验法分析了水沙通量的突变点发现:水沙通量均在 2018 年 3 月出现了突变。

针对问题(3),①使用 R/S 分析法发现:水通量、沙通量在未来 2 年分别是增长、下降趋势。②建立了傅里叶级数加线性函数对未来 2 年的水沙通量进行了预测。③建立了 0-1 规划模型,对未来 2 年的水沙通量监测方案进行了优化,如 2022 年全年监测 260 次(天),减少监测次数 105 次(天)。

针对问题(4),①对附件 3 中测点水深存在的错误数据进行了纠正,对测点水流速、测点含沙量存在的缺失数据,通过建立回归方程进行了填补。②把每年 4 月作为比较对象,把每年 7 月作为观察对象,针对水通量、沙通量与河底高程的变化情况进行比较发现:7 月的水沙通量显著大于 4 月,河底高程逐年下降,说明“调水调沙”效果非常显著。③建立河底高程随年份变化的线性函数,得出结论:如果不实施“调水调沙”,那么 10 年后河底高程将累计上升 1.07m。

年均径流量关于水流量的微小变化不敏感,年均排沙量关于含沙量的微小变化不敏感。

对于水沙通量的突变性,使用最优分割法进行分析发现,水通量的突变点与 M-K 检验法的结果相同,沙通量的突变点与 M-K 检验法的结果基本相同,说明 M-K 检验法得出的结论是非常稳健的。

使用小波变换分析法对水沙通量的周期性和突变点进行了进一步分析,水沙通量均以 18 月为周期振荡,均呈现了 5 次正负循环交替,正负交替时刻就是突变点。

本文优点是:双对数回归方程的拟合精度很高,M-K 检验法得出的水沙通量突变点准确而稳健,R/S 分析法预测了水沙通量趋势性,用傅里叶级数叠加线性函数预测了水沙通量,用 0-1 规划模型优化了未来的监测方案。不足之处是所建立的傅里叶级数在极大值点处误差较大,并且难以拟合水沙通量的双峰特征。

本文所建立的模型可以推广到水文、气象、地质等领域的演变规律研究中。

关键词:双对数回归;M-K 检验;小波变换;R/S 分析;傅里叶级数;0-1 规划

10.1 问题重述

黄河是中华民族的母亲河。研究黄河水沙通量的变化规律对沿黄流域的环境治理、气候变化和人民生活的影响,以及对优化黄河流域水资源分配、协调人地关系、调水调沙、防洪减灾等方面都具有重要的理论指导意义。

根据附件中的数据,建立数学模型,解决下列问题:

(1) 研究含沙量与时间、水位、水流量的关系,并估算近 6 年的年径流量和年排沙量。

(2) 分析水沙通量的突变性、季节性和周期性等特性,研究水沙通量的变化规律。

(3) 根据水沙通量的变化规律,预测该水文站未来 2 年水沙通量的变化趋势,并为该水文站制定未来两年最优的采样监测方案,使其既能及时掌握水沙通量的动态变化情况,又能最大程度地减少监测成本资源。

(4) 分析每年 6—7 月小浪底水库进行"调水调沙"的实际效果。如果不进行"调水调沙",10 年以后该水文站的河底高程将会带来什么结果和影响。

10.2 问题分析

10.2.1 研究现状综述

对于黄河水沙通量的变化特征分析已有许多研究成果,主要集中于 3 个方面。

(1) 从水文学角度对我国河流的入海水沙通量进行研究。程天文和赵楚年[1]根据水文实测资料估算得出,由我国沿岸每年输送入海的径流量为 18152.44 亿 m^3,悬移质输沙量为 20.4 亿 t。

(2) 运用多种方法对黄河水沙通量的特性进行识别[2-5]。运用 Mann-Kendall 及 Spearman 方法分析水沙通量的趋势特征;采用小波分析和有序聚类法分析水沙通量的突变点;利用小波变换分析水沙通量的周期性。

(3) 针对河口泥沙建立数学模型进行模拟和研究。刘卓等[6]将自适应网格用于长江口水动力和泥沙模拟;周济福等[7]建立二维泥沙模型分析了径流和潮流的不同组合对长江口泥沙输运的影响。

综上所述,在针对水沙通量的研究方面学术界虽然取得了大量的成果,但在优化黄河小浪底水库泥沙监测方案,以及"调水调沙"效果分析方面还存在不足。例如,黄河小浪底水库水沙通量的季节性、周期性、突变点、趋势性如何?"调水调沙"效果如何?怎样优化泥沙监测方案?等等。

10.2.2 本文研究思路

先对原始数据进行整理，主要是对空缺数据进行填补。

针对问题(1)，该问题分为两个方面，一是研究水位、水流量、时间与含沙量的关系，二是估算近6年该水文站的年径流量和年排沙量。对于含沙量与时间的关系，可以通过时序图、季节指数、时间趋势等方法来描述。对于含沙量与水位的关系，可以通过相关分析、回归分析来解决。然后定义年径流量和年排沙量，并计算6年的数值结果。

针对问题(2)，水通量就是径流量（亿 m^3），沙通量就是排沙量（亿 t），研究其变化规律，需要从统计特征、季节性、周期性和突变性4个方面入手。季节性可通过季节指数来描述，周期性可通过时序图、建立三角函数来解决，突变性可通过 M-K 检验法来解决，周期性和突变性还可以使用小波变换来研究。

针对问题(3)，该问题分为3个方面：一是预测未来2年水沙通量的趋势，二是建立傅里叶级数拟合水沙通量并进行预测，三是制定采样监测方案，可以建立0-1规划模型来解决。

针对问题(4)，该问题分为两个方面：一是评估"调水调沙"的实际效果，可以通过比较"调水调沙"前后水沙通量、河底高程等指标的变化情况来解决；二是在不实施"调水调沙"情况下预测未来10年的河底高程，可以建立线性方程来预测。

针对本文建立的模型，还需要进行敏感性分析和稳健性分析。

本文研究路径如图10-1所示。

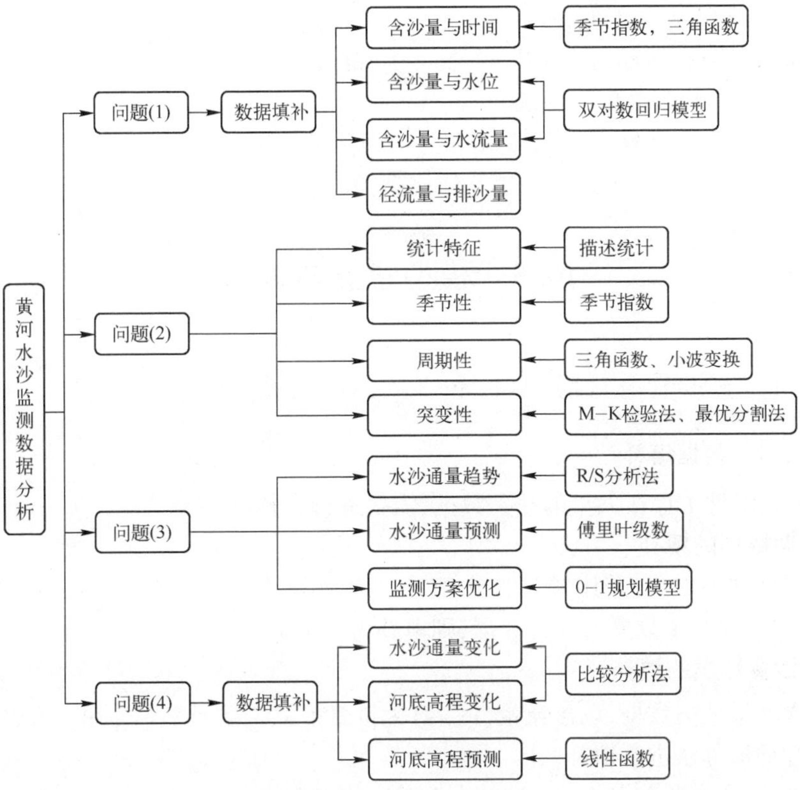

图10-1 本文研究路径

10.3 符号说明

x_t——t 时刻的水通量（或沙通量）；

$f(t)$——t 时刻水通量（沙通量）周期性部分；

$g(t)$——t 时刻水通量（沙通量）线性部分；

$h_{0.0}, h_{0.2}, h_{0.6}, h_{0.8}, h_{1.0}$——水深 0.0、0.2、0.6、0.8、1.0 处的测点水深（m）；

$v_{0.0}, v_{0.2}, v_{0.6}, v_{0.8}, v_{1.0}$——$h_{0.0}, h_{0.2}, h_{0.6}, h_{0.8}, h_{1.0}$ 处的水流速（m/s）；

UF、UB——M-K 检验的统计量；

h——水深（m）；

ε——残差；

s_y——估计的残差标准差；

σ——残差的标准差；

R^2——拟合优度；

H——Hurst 指数。

其余符号在文中给出。

10.4 模型假设

为了简化问题，作如下假设：

（1）水位和河底高程均以海拔 72.26m 为基准面。

（2）$f(t)$ 满足狄利赫里（Dirichlet）条件。

（3）除干旱年份之外，正常年份每年 6—7 月“调水调沙”一次。

（4）如果不实施“调水调沙”，那么河底高程以线性趋势增长。

10.5 模型建立与求解

10.5.1 含沙量与时间、水位和水流量的关系

10.5.1.1 数据填补

2023E 题附件 1 存在大量的缺失数据，需要进行填补。

1. 日期数据的填补

对于日期缺失数据，采用顺延方法填补。以 2016 年的“年份”为例，第 1 个数据为“2016”，第 2~2380 个数据为缺失数据，则填补为“2016”。

2. 含沙量数据的填补

对于含沙量缺失数据，以水流量（m^3/s）为自变量 x，以含沙量（kg/m^3）为因变量 y，使用分段线性插值方法进行填补。

设 $y=f(x)$ 在离散节点 $x_0<x_1<\cdots<x_n$ 上对应的函数值为 $y_0, y_1, \cdots, y_n$，分段线性插值函

数为

$$\varphi(x)=\frac{x-x_{k+1}}{x_k-x_{k+1}}y_k+\frac{x-x_k}{x_{k+1}-x_k}y_{k+1},\quad x\in[x_k,x_{k+1}] \tag{10-1}$$

以 2016 年部分“含沙量”为例,如表 10-1 第 3 行所示,第 1 个数据为 0.796,第 8 个数据为 0.84,第 2~7 个数据为缺失数据,根据式(10-1)计算得,第 2~7 个数据如表 10-1 第 4 行所示。

表 10-1　分段线性插值举例

序号	1	2	3	4	5	6	7	8
水流量	363	368	384	363	346	351	346	351
填补前	0.796	缺失	缺失	缺失	缺失	缺失	缺失	0.84
填补后	0.796	0.692	0.807	0.796	0.734	0.740	0.734	0.840

10.5.1.2　含沙量与时间的关系

1. 含沙量的时序图

画出含沙量的时序图,如图 10-2 所示。从该图中可知,有一些离群点,这些离群点大多分布在每年的 6—7 月,即“调水调沙”阶段。从图 10-2 中可得出以下结论:

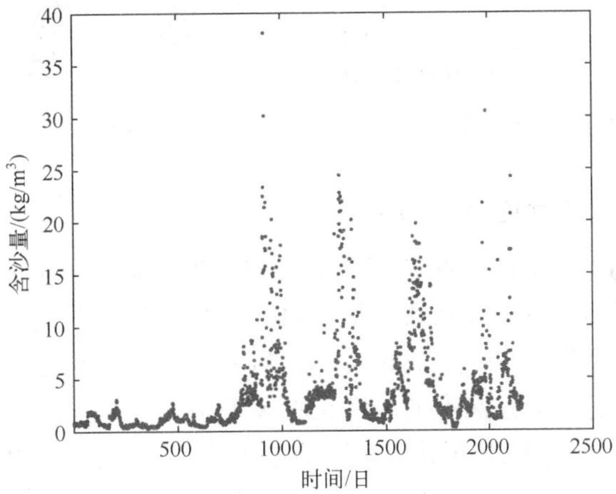

图 10-2　含沙量时序图

(1) 2016 年和 2017 年的含沙量较小,但从 2018 年开始大幅度增长。由此可以推断:2016 年和 2017 年没有实施“调水调沙”(可能是由于气候干旱导致黄河断流的缘故),而 2018—2021 年实施了“调水调沙”。

(2) 含沙量随着年份存在周期性波动。

关于离群点,在作分析时,有时候需要剔除,有时候需要保留。离群点的定义如下:设 q_1,q_3 分别表示一列数的下四分位数(25%)和上四分位数(75%),$q=q_3-q_1$,则处于 $[q_1-1.5q,q_3+1.5q]$ 之外的数据都是异常值(离群点)。

2. 含沙量的季节指数

含沙量的季节指数为

$$\lambda_t = \frac{y_t}{\bar{y}}, \quad t = 1,2,\cdots,n \tag{10-2}$$

式中：y_t 为第 t 月份（或季度）的含沙量（kg/m^3），$\bar{y} = \frac{1}{n}\sum_{t=1}^{n} y_t$；$n$ 为月份或季度的个数。

当 $\lambda_t \in (0, 0.5)$ 时，表示第 t 月份（或季度）为淡季；当 $\lambda_t \in (1.5, +\infty)$ 时，为旺季。当 $\lambda_t \in [0.5, 1.5]$ 时，为平季。

分别计算 12 个月的月份指数和 4 个季度的季度指数（此时保留离群点），月份指数如图 10-3 所示，季度指数如图 10-4 所示，由此得出以下结论：

（1）每年 7—8 月为旺季，每年 1 月、2 月、12 月为淡季。

（2）每年 3 季度为旺季，每年 1 季度为淡季。

究其原因，可能是每年的 7 月执行"调水调沙"措施所致。

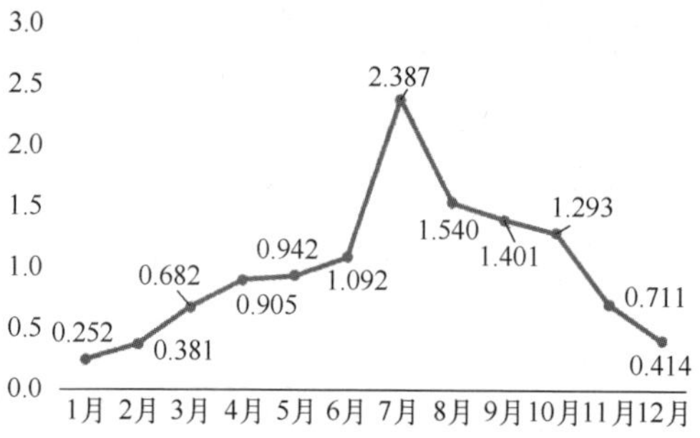

图 10-3　含沙量的月份指数

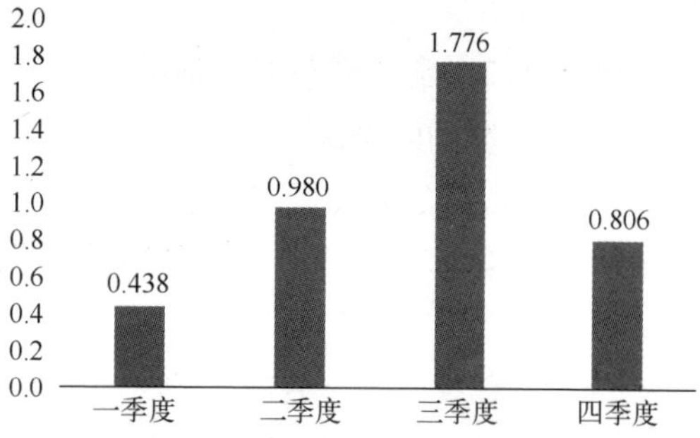

图 10-4　含沙量的季度指数

10.5.1.3　含沙量与水位、水流量的关系

画出水位、水流量、含沙量两两之间的散点图（此时剔除离群点），如图 10-5 所示。进一步计算它们之间的线性相关系数[8]得，水位与水流量、水位与含沙量、水流量与含沙量的线性相关系数分别为 0.979、0.796、0.797，因此得出以下结论：

（1）水位与水流量之间是高度的线性正相关关系。

（2）水位与含沙量之间、水流量与含沙量之间是显著的线性正相关关系。

基于以上结论，可分别建立含沙量与水位、含沙量与水流量的回归方程，但不能以水位、水流量为自变量建立多元回归模型，这是因为水位与水流量高度相关的缘故。

从图 10-5 还可以看出，含沙量与水位的散点图、含沙量与水流量的散点图均呈现扇形发散状态，因此在选择回归模型时，选择双对数回归模型，这是由于较大的数据经过对数变换之后会出现被压缩变小的效果。

1. 含沙量与水位的回归方程

设 y 表示含沙量（kg/m^3），x_1 表示水位（m），y 和 x_1 的双对数回归模型为

$$\ln y = \beta_0 + \beta_1 \ln x_1 + \varepsilon \tag{10-3}$$

式中：β_1 为回归系数；β_0 为回归常数；$\varepsilon \sim N(0, \sigma^2)$，$\varepsilon_i$ 相互独立。

给定显著性水平 0.05，使用最小二乘法进行参数估计，结果如表 10-2 所示。

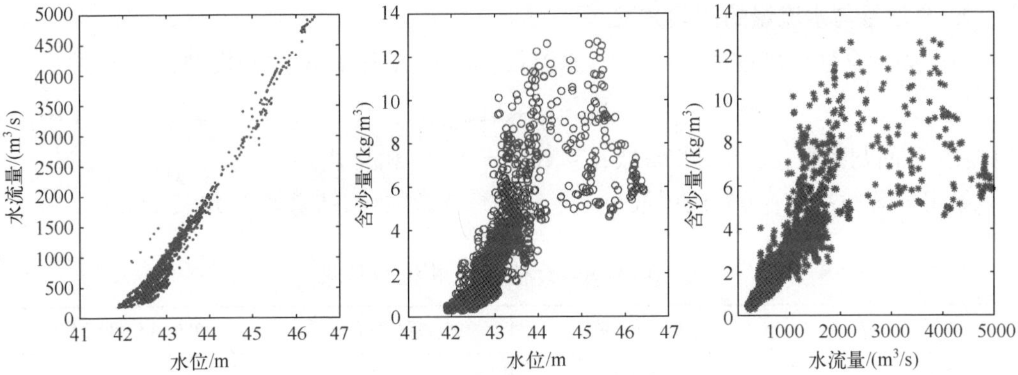

图 10-5　水位、水流量、含沙量的散点图

表 10-2　参数估计及其检验结果

系　　数	估　计　值	95%置信区间下限	95%置信区间上限
β_0	-140. 91	-145. 71	-136. 12
β_1	37. 63	36. 36	38. 91
$R^2=0.6215$, $p'=0.0000$, $s=0.28$			

从表 10-2 可知，2 个回归系数的 95%置信区间均不包含 0，故回归系数检验通过。拟合优度 $R^2=0.6215$，表明拟合精度尚可；F 检验的相伴概率 $p'=0.0000<0.05$，表明 $\ln y$ 与 $\ln x_1$ 的线性关系显著成立。于是有

$$\ln y=-140.91+37.63\ln x_1,\quad x_1\in(0,+\infty) \tag{10-4}$$

画出带有正态分布概率曲线的标准化残差直方图，如图 10-6 所示，从图中可知，残差服从均值为 0 的正态分布。

以标准化预测值为横坐标，以标准化残差为纵坐标，画散点图，如图 10-7 所示，从图中可知，残差随机分布在$\pm3\sigma$以内（有个别残差离群点），且没有明显的趋势，表明残差的标准差是常数，且相互独立。

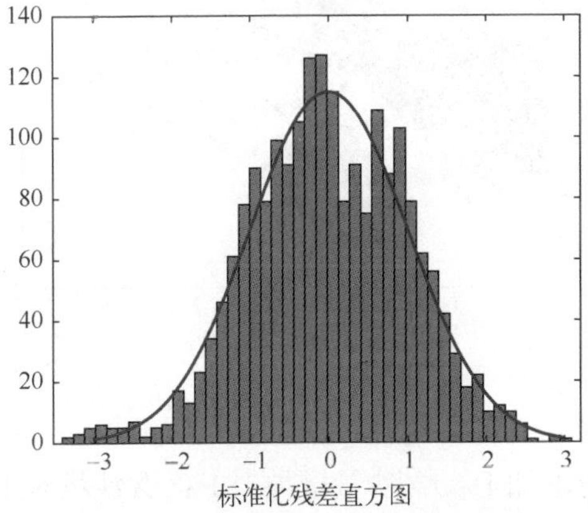

图 10-6　标准化残差直方图

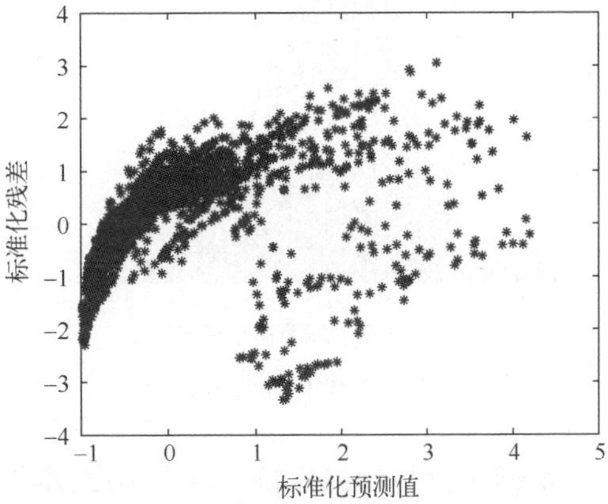

图 10-7　标准化残差与标准化预测值的散点图

根据式（10-4）可以得出结论：水位每增加 1%，含沙量增加 37.63%，含沙量对水位的变化非常敏感。

2. 含沙量与水流量的回归方程

设 y 表示含沙量(kg/m^3),x_2 表示水流量(m^3/s),y 和 x_2 的回归模型为

$$\ln y=\beta_0+\beta_1\ln x_2+\varepsilon \tag{10-5}$$

式中:β_1 为回归系数;β_0 为回归常数;$\varepsilon \sim N(0,\sigma^2)$,$\varepsilon_i$ 相互独立。

给定显著性水平 0.05,使用最小二乘法进行参数估计,结果如表 10-3 所示。

表 10-3　参数估计及其检验结果

系　　数	估 计 值	95%置信区间下限	95%置信区间上限
β_0	-6.60	-6.72	-6.47
β_1	1.10	1.08	1.12
$R^2=0.8606$,　$p'=0.0000$,　$s=0.1019$			

从表 10-3 可知,2 个回归系数的 95%置信区间均不包含 0,故回归系数检验通过。拟合优度 $R^2=0.8606$,表明拟合精度较高;F 检验的相伴概率 $p'=0.0000<0.05$,表明 $\ln y$ 与 $\ln x_2$ 的线性关系显著成立。于是有

$$\ln y=-6.60+1.10\ln x_2,\quad x_2\in(0,+\infty) \tag{10-6}$$

画出带有正态分布概率曲线的标准化残差直方图,如图 10-8 所示,从图中可知,残差服从均值为 0 的正态分布。

以标准化预测值为横坐标,以标准化残差为纵坐标,画散点图,如图 10-9 所示,从图中可知,大多数残差随机分布在 $\pm 3\sigma$ 以内(有个别残差离群点),且没有明显的趋势,表明残差的标准差是常数,且相互独立。

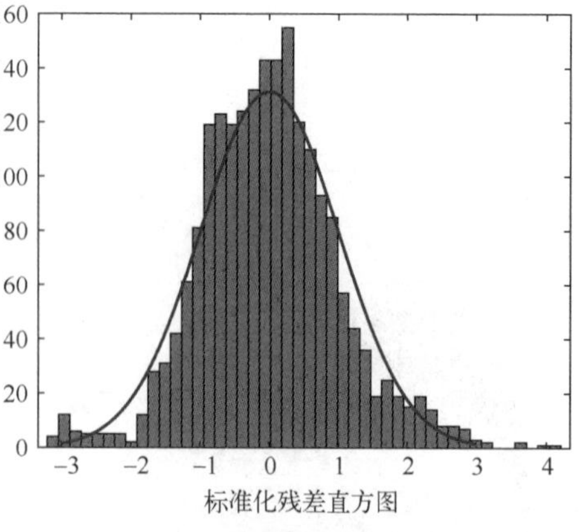

图 10-8　标准化残差直方图

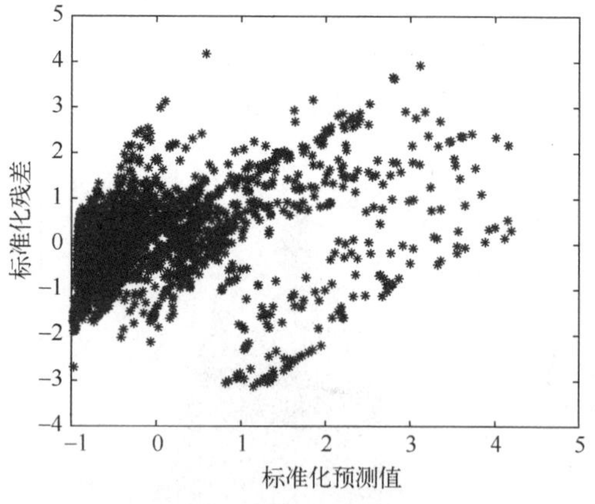

图 10-9　标准化残差与标准化预测值的散点图

根据式(10-6)可以得出以下结论:水流量每增加 1%,含沙量增加 1.1%,含沙量对水流量的变化不敏感。

10.5.1.4　估算年径流量和年排沙量

设 x_t 表示某年 t 时刻(日)的水流量(m^3/s),z 表示年径流量(亿 m^3),则年径流量为

$$z = \frac{24 \times 3600}{10^8}\sum_{t=1}^{365} x_t = 0.000864\sum_{t=1}^{365} x_t \tag{10-7}$$

设 y_t 表示 t 时刻(日)的含沙量(kg/m^3),z_t 表示 t 时刻的水流量(m^3/日),u 表示某年排沙量(亿 t),则

$$u = \frac{1}{10^{11}}\sum_{t=1}^{365} y_t z_t \tag{10-8}$$

计算结果如表 10-4 所示(此时保留离群点)。

表 10-4　年径流量与年排沙量

年　份	2016	2017	2018	2019	2020	2021	平均
年径流量/亿 m^3	141.28	151.53	383.43	382.48	424.80	467.70	325.20
年排沙量/亿 t	0.17	0.18	2.87	2.90	3.34	2.43	1.98

10.5.2　水沙通量的变化规律

10.5.2.1　数据整理

把 2023E 题附件 1 的数据整理成以“月”为时间点的时间序列,并且保留离群点。此时,水通量的单位是“亿 m^3”,沙通量的单位是“亿 t”。

10.5.2.2　水沙通量的统计特征

对水通量、沙通量进行统计描述,结果如表 10-5 所示,从表中可以得出以下结论:

(1) 各月径流量分化严重,最大径流量 105.85 亿 m^3,最小径流量 5.05 亿 m^3。

(2) 各月排沙量分化不严重,最大排沙量 1.05 亿 t,最小排沙量 0。

表 10-5　水沙通量的统计特征

指　标	平　均　值	标　准　差	最　小　值	最　大　值	极　差
径流量/亿 m^3	27.10	20.66	5.05	105.85	100.80
排沙量/亿 t	0.17	0.25	0.00	1.05	1.05

10.5.2.3　水沙通量的季节性

计算水沙通量的月份指数,如表 10-6 所示。

表 10-6　水沙通量的月份指数

月份	1 月	2 月	3 月	4 月	5 月	6 月	7 月	8 月	9 月	10 月	11 月	12 月
水通量	0.322	0.423	0.733	0.935	0.999	1.337	1.843	1.202	1.397	1.537	0.744	0.528
沙通量	0.049	0.112	0.312	0.535	0.627	1.148	3.338	1.866	1.761	1.610	0.492	0.150

根据表 10-6 可得出以下结论:

(1) 水通量每年 7 月和 10 月是旺季,每年 1 月和 2 月是淡季。

（2）沙通量每年 7 月—10 月是旺季，每年 11 月—次年 3 月是淡季。

10.5.2.4 水沙通量的周期性

画出水沙通量的时序图，如图 10-10 和图 10-11 所示，从图中可得出以下结论：

（1）水通量具有周期性，周期为 12 个月，2018 年有突变现象，且 2018 年之后呈上升趋势。

（2）沙通量具有周期性，周期为 12 个月，2018 年有突变现象，且 2018 年之后呈下降趋势。

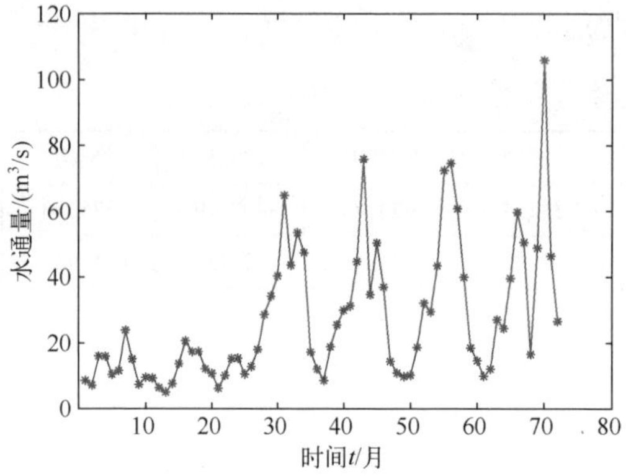

图 10-10 水通量的时序图

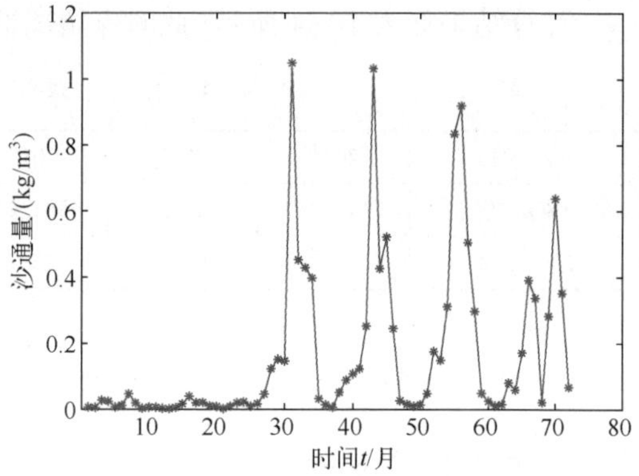

图 10-11 沙通量的时序图

设 p 表示水通量（亿 m^3），t 表示时间（月），p 和 t 的函数关系为

$$p=A\sin\left(\frac{2\pi}{12}t+\phi\right)+C \tag{10-9}$$

根据实际情况，可直接从第 2 阶段（2018—2021 年）拟合（此时保留离群点），结果如下：

$$p=22.75\sin\left(\frac{2\pi}{12}t-2.44\right)+34.55 \tag{10-10}$$

同理，设 q 表示沙通量（亿吨），t 表示时间（月），q 和 t 的函数关系为

$$q=0.29\sin\left(\frac{2\pi}{12}t-2.49\right)+0.24 \tag{10-11}$$

拟合效果如图 10-12 和图 10-13 所示，从图中可知，拟合效果较好，但在最大值点处仍然难以拟合，究其原因，一方面是由于每年 6 月和 7 月“调水调沙”所致，另一方面是由于仅仅选择单一的正弦函数难以达到更高的拟合效果，改善的方法是使用更复杂的三角函数组合来提高拟合效果。

10.5.2.5 水沙通量的突变性

为判定水沙通量的突变性，使用 M-K 检验法[9]来判定。

1. 模型建立

设具有 n 个样本量的水通量（或沙通量）时间序列 $X=\{x_i\}$，$i=1,2,\cdots,n$，构造一秩序列为

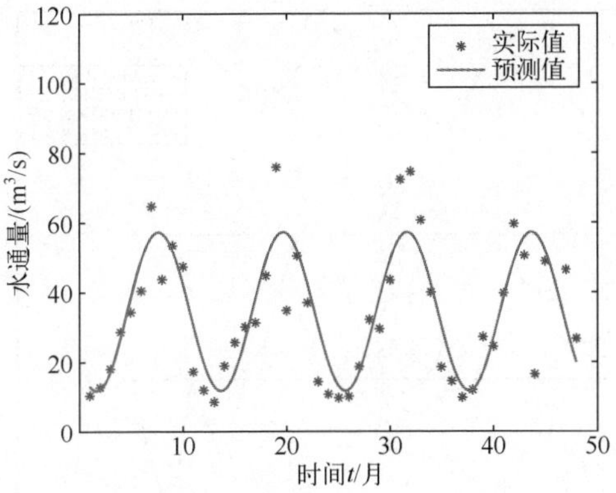

图 10-12　水通量的拟合效果比较

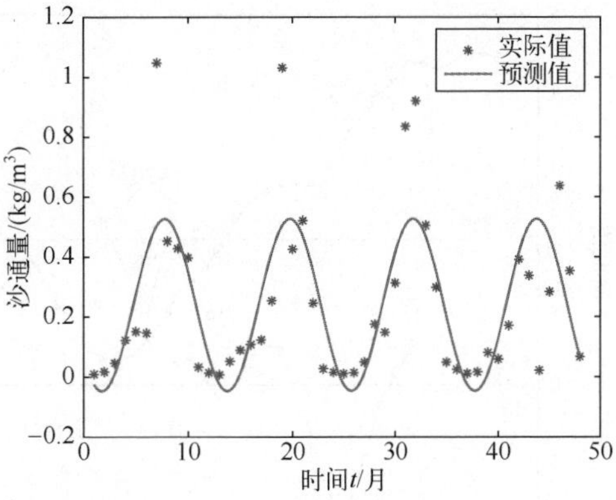

图 10-13　沙通量的拟合效果比较

$$s_k = \sum_{i=1}^{k} R_i, \quad k = 1,2,\cdots,n \tag{10-12}$$

其中,

$$R_i = \sum_{j=1}^{i} r_{ij}, i = 1,2,\cdots,n \tag{10-13}$$

$$r_{ij} = \begin{cases} 1, & x_i > x_j \\ 0, & x_i \leqslant x_j \end{cases}, \quad i=1,2,\cdots,n; \quad j=1,2,\cdots,i \tag{10-14}$$

可见,秩序列 R_i 是 i 时刻的数值大于 j 时刻数值个数的累计数。易知 $k=1$ 时,$s_1=0$。在时间序列随机独立的假定下,定义统计量:

$$\mathrm{UF}_k = \frac{s_k - E(s_k)}{\sqrt{\mathrm{Var}(s_k)}}, \quad k=1,2,\cdots,n \tag{10-15}$$

式中:$\mathrm{UF}_1=0$,$E(s_k)$,$\mathrm{Var}(s_k)$ 为 s_k 的均值和方差,在 $x_1, x_2,\cdots,x_n$ 相互独立,且有相同的连续分布时,有

$$\begin{cases} E(s_k) = \dfrac{k(k-1)}{4} \\ \mathrm{Var}(s_k) = \dfrac{k(k-1)(2k+5)}{72} \end{cases}, \quad k=2,3,\cdots,n \tag{10-16}$$

UF_k 服从标准正态分布,它是按时间序列 X 的顺序 $x_1,x_2,\cdots,x_n$ 计算出的统计量序列。

按时间序列 X 逆序 $x_n,x_{n-1},\cdots,x_1$,再重复上述过程得到 UF_k 序列,令 $\mathrm{UB}_k=-\mathrm{UF}_k$,再将 UB_k 序列还原为顺序,此时有 $\mathrm{UB}_n=0$。

在同一个坐标系中画出 UF_k 和 UB_k 时序图,若 $\mathrm{UF}_k>0$,则表明序列呈上升趋势;若 $\mathrm{UF}_k<0$,则表明序列呈下降趋势;若 $\mathrm{UF}_k=0$,则表明序列没有趋势。给定显著性水平 α,对应的分位数为 Z_α(当 $\alpha=0.05$ 时,$Z_\alpha=1.96$),若 $|\mathrm{UF}_k|\leqslant Z_\alpha$,则表明序列上升或下降趋势不显著;否则,上升或下降趋势显著。如果 UF_k 和 UB_k 两条曲线出现交点,且交点在临界线 $Z=\pm1.96$ 之间,那么交点对应的时刻便是突变开始的时刻。

2. 水通量的突变性

水通量(此时保留离群点)的突变性分析结果如图 10-14 所示,从图中可得出以下结论:

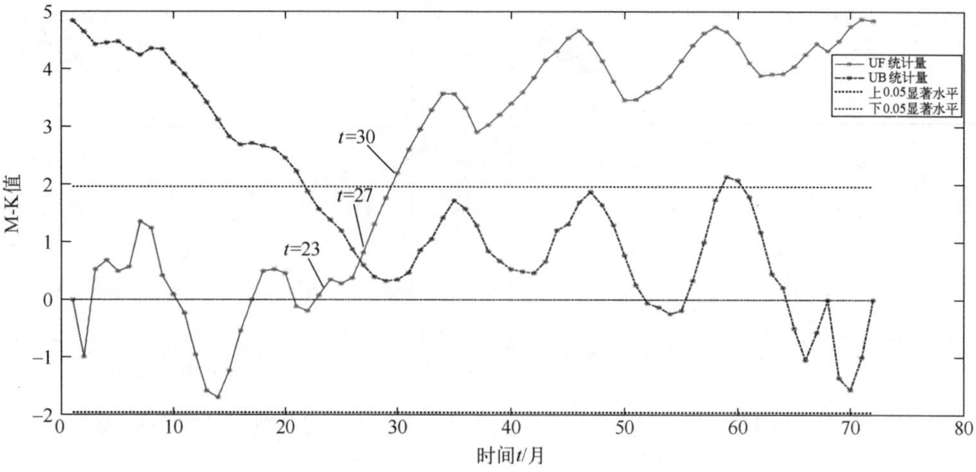

图 10-14 水通量的突变性分析结果

UF 值从 $t=23$ 开始大于 0，表明序列呈上升趋势。从 $t=30$ 开始超过临界线（显著性水平为 0.05），表明上升趋势显著，UF 和 UB 两条曲线在 $t=27$ 时（2018 年 3 月）出现交点，且交点在临界线之间，于是此时刻便是突变开始的时刻。

3. 沙通量的突变性

沙通量（此时保留离群点）的突变性分析结果如图 10-15 所示，从图中可得出以下结论：

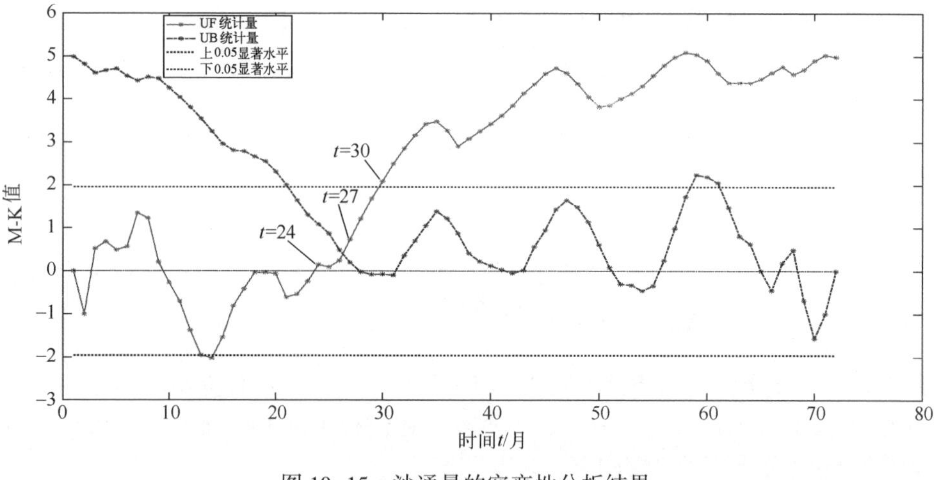

图 10-15 沙通量的突变性分析结果

UF 值从 $t=24$ 开始大于 0，表明序列呈上升趋势。从 $t=30$ 开始超过临界线（显著性水平为 0.05），表明上升趋势显著，UF 和 UB 两条曲线在 $t=27$ 时出现交点，且交点在临界线之间，于是此时刻便是突变开始的时刻。

10.5.3 水沙通量的未来趋势与采样监测优化方案

建模思路：①使用 R/S 分析法研究水沙通量在未来 2 年是否存在相同趋势、反转趋势或者随机趋势。②建立傅里叶级数，预测未来 2 年的水沙通量。③建立 0-1 规划模型,获得最优的采样监测方案。

10.5.3.1 水沙通量的未来变化趋势

为分析水沙通量未来是否存在相同趋势、反转趋势或者随机趋势,需要使用 R/S 分析法[10-11]。

1. 模型建立

已知水通量(或沙通量)的时间序列$\{x_t\}$,$t=1,2,\cdots,N$,Hurst 指数的计算步骤如下。

(1) 将时间序列$\{x_i\}$均分为 m 个长度为 n 的子区间,即 $m\times n=N$,标记每一个子区间为 T_i,$i=1,2,\cdots,m$,每一个子区间中的元素为 T_{ji},$j=1,2,\cdots,n$;$i=1,2,\cdots,m$,于是每个区间的平均值为

$$\bar{T}_i=\frac{1}{n}\sum_{j=1}^{n}T_{ji},\quad i=1,2,\cdots,m \tag{10-17}$$

(2) 定义子区间 T_i 对于对应均值的累计离差,

$$L_{ki}=\sum_{j=1}^{k}(T_{ji}-\bar{T}_i),\quad k=1,2,\cdots,n;\quad i=1,2,\cdots,m \tag{10-18}$$

每个子区间的极差为

$$R_i=\max_{1\leqslant k\leqslant n}\{L_{ki}\}-\min_{1\leqslant k\leqslant n}\{L_{ki}\},\quad i=1,2,\cdots,m \tag{10-19}$$

(3) 每个子空间的标准差为

$$S_i=\sqrt{\frac{1}{n-1}\sum_{j=1}^{n}(T_{ji}-\bar{T}_i)^2},\quad i=1,2,\cdots,m \tag{10-20}$$

(4) 把 R_i 与 S_i 综合成 $\frac{1}{m}\sum_{i=1}^{m}\frac{R_i}{S_i}$,称为重标极差,又由于其与 n 有关,故记作 $\mathrm{RS}(n)$,即

$$\mathrm{RS}(n)=\frac{1}{m}\sum_{i=1}^{m}\frac{R_i}{S_i} \tag{10-21}$$

再令

$$\mathrm{RS}(n)=cn^H \tag{10-22}$$

其中,$c>0$ 为常数,两边取对数,有

$$\ln\mathrm{RS}(n)=\ln c+H\ln n \tag{10-23}$$

式(10-23)为 $\ln\mathrm{RS}(n)$ 关于 $\ln n$ 的一次函数,通过回归分析,如果二者线性关系成立,那么 H 就是 Hurst 指数。H 为 R-S 分析法的统计量,$0\leqslant H\leqslant 1$。H 能揭示出时间序列中的趋势性成分,同时可以根据 H 的大小来判断趋势性成分的强弱。

Hurst 指数的判别准则如下:当 $H=0.5$ 时,说明时间序列为独立同分布的随机序列,即现在的变化对未来没有影响;当 $0\leqslant H<0.5$ 时,表明该过程具有反持续性,未来变化将与过去总体趋势相反,H 越接近于 0,反持续性越强;当 $0.5\leqslant H\leqslant 1$ 时,时间序列具有长程依赖性,即未来与过去具有相同的变化趋势,H 越接近于 1,持续性越强。

2. 模型求解

针对水通量和沙通量,取时间段 28~72 月,计算结果如表 10-7 所示。

从表 10-7 中可以得出以下结论:

(1) 对于水通量来说,目前阶段直线斜率 0.19>0,是增长趋势,根据 $H=0.82>0.5$ 得

出，水通量在未来阶段将与目前阶段的趋势相同，即水通量在未来 2 年也是增长趋势。

(2) 对于沙通量来说，目前阶段直线斜率-0.0011<0，是下降趋势，根据 $H=0.76>0.5$ 得出，沙通量在未来阶段将与目前阶段的趋势相同，即沙通量在未来 2 年也是下降趋势。

表 10-7　R/S 分析法的结果

水通量				沙通量			
时间段	直线斜率	直线截距	Hurst 指数	时间段	直线斜率	直线截距	Hurst 指数
28~72 月	0.19	31.61	0.82	28~72 月	-0.0011	0.28	0.76

10.5.3.2　水沙通量的预测

基于上文的分析，由于水通量（沙通量）不但具有周期性，而且具有增长（下降）趋势，故周期性部分可使用傅里叶级数去逼近，增长（下降）性部分可使用线性方程去拟合。

预测水沙通量的目的是制定最优监测方案，于是为方便起见，把水通量（沙通量）整理成以“日”为时间点的时间序列，作为函数拟合和预测的依据，也为下文制定最优监测方案做好数据准备。此时，水通量的单位是“亿 m^3”，但沙通量的单位改为“万 t”。

1. 预测函数的建立

设 $g(t)$ 表示 t 时刻（日）的水通量（沙通量）的线性增长（下降）性部分，则

$$g(t)=\beta_0+\beta_1 t \tag{10-24}$$

设 $f(t)$ 表示 t 时刻（日）的水通量（沙通量）周期性部分，假设其满足狄利赫里（Dirichlet）条件，那么 $f(t)$ 的傅里叶级数处处收敛[12]，于是

$$f(t)=\frac{a_0}{2}+\sum_{n=1}^{\infty}(a_n\cos nt+b_n\sin nt) \tag{10-25}$$

由于水通量（沙通量）的周期为 365 天，于是水通量（沙通量）$f(t)$ 的 k 阶函数逼近解析式为

$$\begin{aligned}f(t)\approx&\frac{a_0}{2}+\left(a_1\cos\frac{2\pi}{365}t+b_1\sin\frac{2\pi}{365}t\right)+\\&\left(a_2\cos\frac{2\pi}{365}2t+b_2\sin\frac{2\pi}{365}2t\right)+\cdots+\left(a_{10}\cos\frac{2\pi}{365}kt+b_{10}\sin\frac{2\pi}{365}kt\right)\end{aligned} \tag{10-26}$$

设 y 表示 t 时刻（日）的水通量（沙通量），则水通量（沙通量）函数为

$$y=f(t)+g(t) \tag{10-27}$$

使用平均误差对拟合函数的精度进行评估，有

$$e=\frac{1}{n}\sum_{t=1}^{n}\left|\hat{y}_t-y_t\right| \tag{10-28}$$

式中：$\hat{y}_t$，y_t 分别为模拟值和实际值；n 为时间点个数。

2. 预测函数的拟合

取 2018—2020 年（3 年）的水沙通量数据作拟合，再对 2021 年（1 年）的水沙通量数据进行预测，接着作预测误差估计，最后对今后 2 年（2022—2023 年）的水沙通量数据作预测。

参数估计过程如下：

(1) 确定线性部分 $g(t)$ 的参数,使用"最大化最小误差法"进行拟合。

(2) 令 $f(t)=y-g(t)$,得到周期性部分。

(3) 在拟合傅里叶级数之前,要对数据进行平滑,这里使用移动平均法进行数据平滑,移动步长取 30。

(4) 确定傅里叶级数的系数,使用"肘形法则"确定傅里叶级数的阶数。

(5) 对未来 2 年的数据进行预测。

1) 水通量函数的拟合

以傅里叶级数的阶数为横坐标,分别以模拟误差和预测误差为纵坐标,画散点图,如图 10-16 和图 10-17 所示,从图中可知,傅里叶级数的阶数取 5 阶为宜。

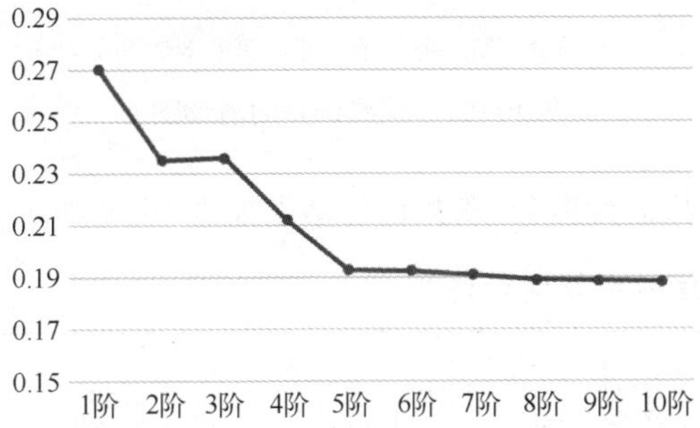

图 10-16 模拟误差的肘形图

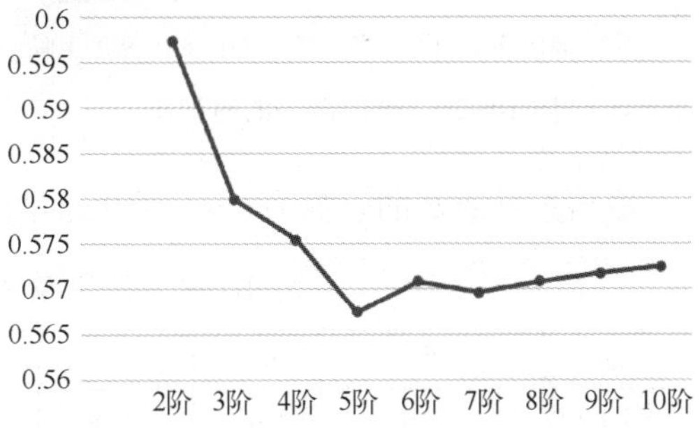

图 10-17 预测误差的肘形图

取傅里叶级数的阶数为 5 阶,对水通量函数进行拟合,系数估计结果如表 10-8 所示。

表 10-8 水通量函数的系数估计结果

β_1	β_0	a_0	a_1	b_1	a_2	b_2	a_3	b_3	a_4	b_4	a_5	b_5
4. 19E-04	0. 87	0. 00	-0. 61	-0. 50	-0. 13	0. 14	-0. 05	-0. 04	0. 03	0. 21	0. 10	-0. 11

拟合效果如图 10-18 所示,从图中可知,拟合效果较好。

为了比较水通量的预测效果,画出全部 4 年数据与未来 2 年数据的时序图,如图 10-19 所示,从图中可知,未来 2 年的预测值也具有相同的周期性和增长趋势,说明预测效果较好。

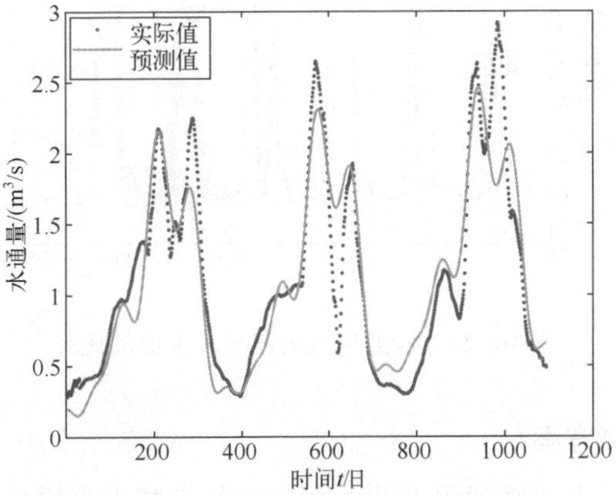

图 10-18 水通量的拟合效果比较

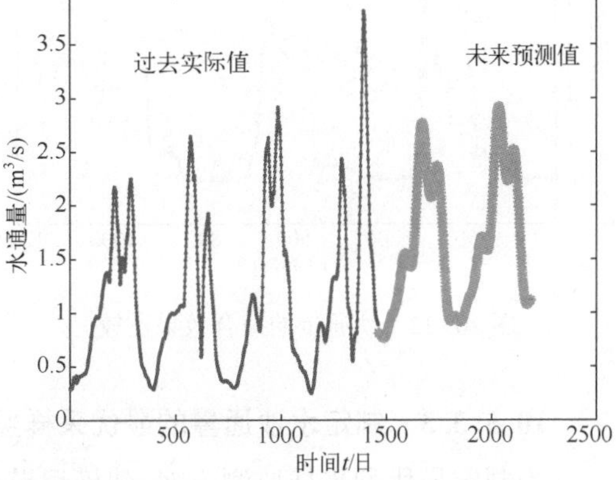

图 10-19 水通量过去值与未来值的比较

2) 沙通量函数的拟合

以傅里叶级数的阶数为横坐标,分别以模拟误差和预测误差为纵坐标,画散点图,如图 10-20 和图 10-21 所示,从图中可知,傅里叶级数的阶数取 6 阶为宜。

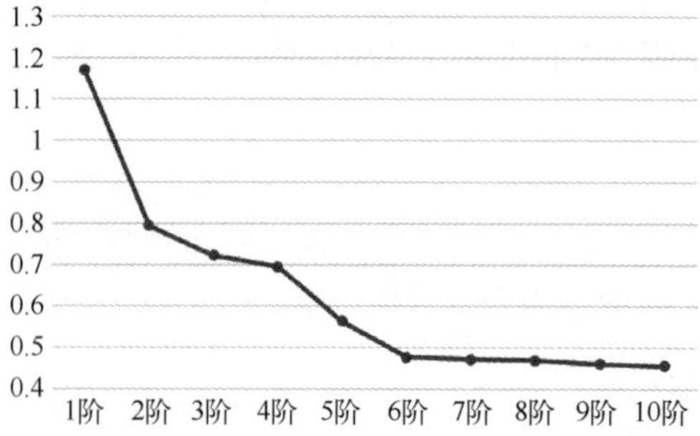

图 10-20　模拟误差的肘形图

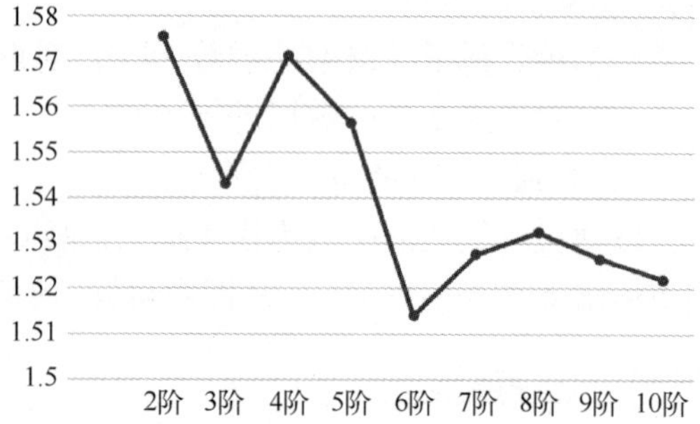

图 10-21　预测误差的肘形图

取傅里叶级数的阶数为 6 阶,对沙通量函数进行拟合,系数估计结果如表 10-9 所示。

表 10-9　沙通量函数的系数估计结果

β_1	β_0	a_0	a_1	b_1	a_2	b_2	a_3	b_3
-1. 20E-06	4. 31	-5. 47	-1. 54	-1. 89	-0. 29	1. 23	0. 22	-0. 45
—	—	—	a4	b4	a5	b5	a6	b6
—	—	—	-0. 16	0. 60	0. 49	-0. 36	-0. 32	-0. 04

拟合效果如图 10-22 所示,从图中可知,拟合效果较好。

为了比较沙通量的预测效果,画出全部 4 年数据与未来 2 年数据的时序图,如图 10-23 所示,从图中可知,未来 2 年的预测值也具有相同的周期性和下降趋势,说明预测效果较好。

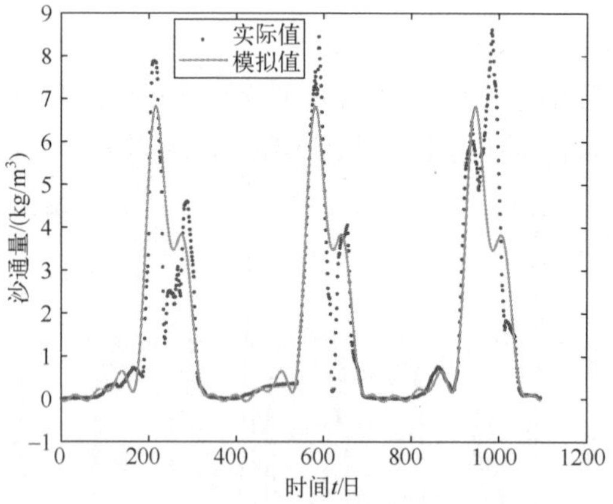

图 10-22　沙通量的拟合效果比较

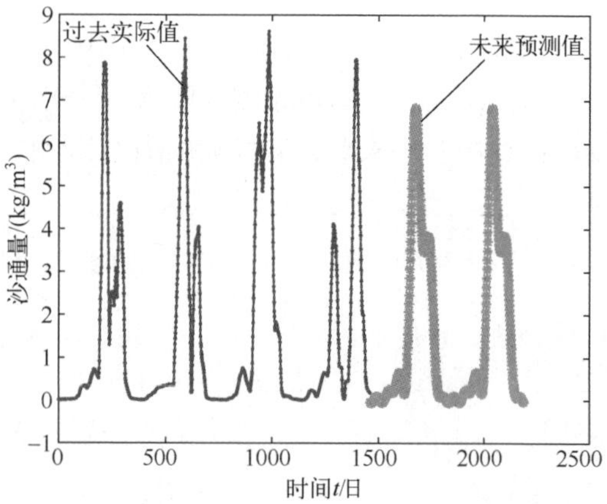

图 10-23　沙通量过去值与未来值的比较

10. 5. 3. 3　制定水沙通量的最优采样监测方案

为制定最优的采样监测方案,建模思路是:在水沙通量变化平缓的时间点减少采样次数,相反,在水沙通量变化急剧的时间点增加采样次数。

1. 模型建立

问题分析：基于对水沙通量的分析和预测，要制定监测方案，所追求的目标是既要节约监测成本（监测次数），又要及时掌握水沙通量的动态变化。该问题可以转化为背包问题来解决，把水沙通量的动态变化信息看作物品的价值，把监测次数看作物品的成本，在价值一定的情况下，如何监测才能使得成本最小。

下面开始建模。以未来 1 年（2022 年）1 月份的沙通量监测为例。

设 x_t 表示 t 时刻的沙通量，$t=1,2,\cdots,31$，t 时刻沙通量所携带的动态信息由变化值来体现，如果变化值越剧烈，则越值得监测；反之，如果变化值越平缓，则越不值得监测。

令

$$\begin{cases} y_{t+1}=|x_{t+1}-x_t|, & t=1,2,\cdots,31 \\ y_1=y_2 \end{cases} \tag{10-29}$$

式中：y_t 为 t 时刻沙通量所携带的信息，$y_t \geqslant 0$。

设 $z_t=1$ 表示 t 时刻监测，$z_t=0$ 表示 t 时刻不监测。目标函数为

$$f=\sum_{t=1}^{31} z_t \tag{10-30}$$

目标函数求最小值，即

$$\min f \tag{10-31}$$

约束条件为

$$\sum_{t=1}^{31} z_t y_t \geqslant \lambda \sum_{t=1}^{31} y_t \tag{10-32}$$

式中：λ 为过滤系数，$\lambda \in (0,1)$，它表示监测获得的信息量占总信息量的比例。通过设置这一比例，就可以把信息量小的那些时刻过滤掉。

汇总得

$$\min f=\sum_{t=1}^{31} z_t$$

$$\text{s. t.}\begin{cases} \sum_{t=1}^{31} z_t y_t \geqslant \lambda \sum_{t=1}^{31} y_t, \\ z_t \in \{0,1\} \end{cases} \tag{10-33}$$

2. 模型求解

下面开始参数估计。根据 2022 年 1 月每天的沙通量 x_t 计算出 y_t，再取 $\lambda=0.9$，计算结果如表 10-10 所示，最优值 $f=23$。

表 10-10　针对 1 月份沙通量的计算结果

时刻/日	1	2	3	4	5	6	7	8	9	10	11	12	…	30	31
最优解	1	1	1	1	0	0	0	0	0	0	1	1	…	0	0

未来 1 年（2022 年）12 个月的监测次数，如表 10-11 所示，全年监测 260 次。

表 10-11　各月监测次数

月份	1 月	2 月	3 月	4 月	5 月	6 月	7 月	8 月	9 月	10 月	11 月	12 月	合计
监测天数	23	19	23	20	23	20	26	22	22	21	18	23	260

10.5.4　“调水调沙”效果分析

问题分析:为了评估“调水调沙”的实际效果,需要可以比较“调水调沙”前后水沙通量、河底高程等指标的变化。

定义 1:河道断面左侧为起点桩位置,把断面上某测点与起点桩的距离称为起点距[13]。河道断面如图 10-24 所示。

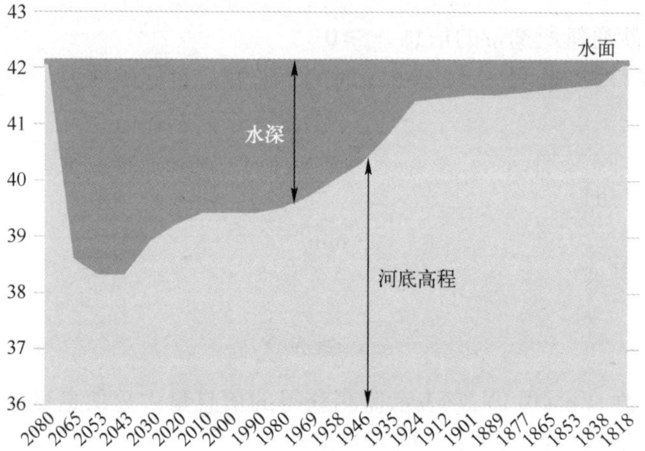

图 10-24　河道断面示意图

10.5.4.1　数据整理

对于 2023E 题附件 3 中的缺失数据,需要进行填补。

1. 日期、起点距、水位和水深的填补

对于日期、起点距、水位、水深,使用顺延方法填补。

2. 测点水深的填补

对于测点水深(实质上是测点位置),采用下面的测点位置公式计算[14],通过计算,把测点水深中存在错误的数据进行纠正。

如果测点数有 1 个,测点位置公式为

$$h_{0.6}=0.6h \tag{10-34}$$

如果测点数有 2 个,测点位置公式为

$$\begin{cases}h_{0.2}=0.2h\\h_{0.8}=0.8h\end{cases} \tag{10-35}$$

如果测点数有 5 个,测点位置公式为

$$
\begin{cases}
h_{0.0}=0 \\
h_{0.2}=0.2h \\
h_{0.6}=0.6h \\
h_{0.8}=0.8h \\
h_{1.0}=h
\end{cases}
\tag{10-36}
$$

式中：h 为水深(m)；$h_{0.0}$，$h_{0.2}$，$h_{0.6}$，$h_{0.8}$，$h_{1.0}$为测点水深(m)。

3. 测点水流速的填补

当某垂线只有一个测点时，测点水流速是缺失的，需要进行估计。把测点有 5 个且测点水深为 $h_{0.6}$所对应的记录筛选出来，通过画散点图，发现只有 2 个自变量与测点水流速有关，即起点距和测点水深，其散点图如图 10-25 和图 10-26 所示，从图中可知，测点水流速与起点距是二次函数关系，测点水流速与测点水深是一次函数关系，于是建立拟合函数为

$$
y=\beta_0+\beta_1x_1+\beta_2x_2+\beta_3x_1^2+\beta_4x_1x_2 \tag{10-37}
$$

式中：y 为测点水流速(m/s)；x_1 为起点距(m)；x_2 为测点水深(m)。

参数估计得

$$
y=-84.68+0.0859x_1+7.722x_2-2.158\times10^{-5}x_1^2-0.003587x_1x_2 \tag{10-38}
$$

修正的 $R^2=0.9669$，拟合精度很高，可以进行预测。

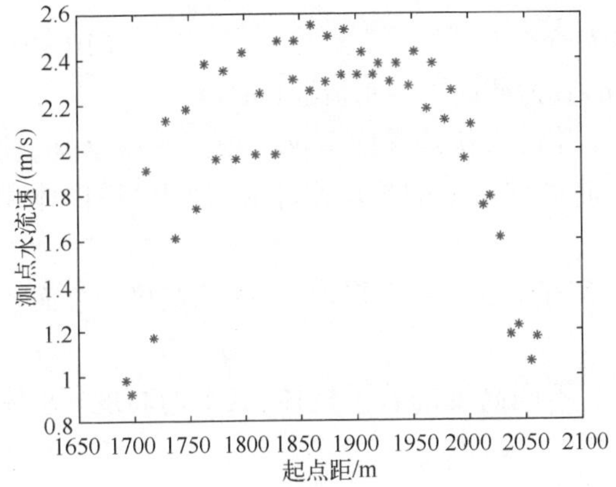

图 10-25　测点水流速与起点距的散点图

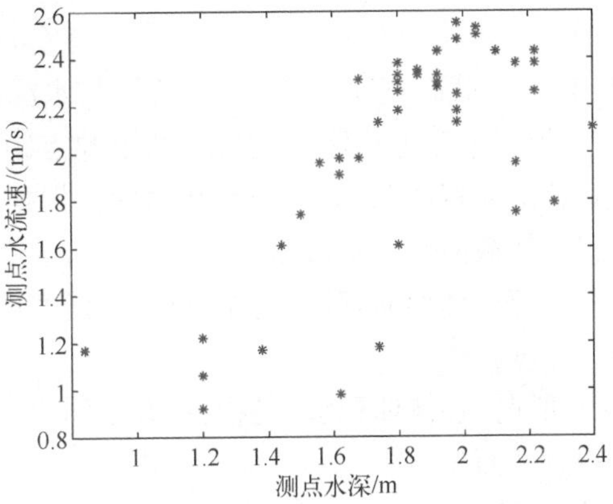

图 10-26　测点水流速与测点水深的散点图

4. 测点含沙量的填补

有大量的测点含沙量是缺失的，需要进行估计。测点含沙量与起点距、测点水深、测点水流速有关，建立二次拟合函数为

$$
\begin{aligned}
y=&\beta_0+\beta_1x_1+\beta_2x_2+\beta_3x_3+\beta_4x_1^2+\beta_5x_2^2+\beta_6x_3^2+\\
&\beta_7x_1x_2+\beta_8x_1x_3+\beta_9x_2x_3+\beta_{10}x_1x_2x_3
\end{aligned}
\tag{10-39}
$$

式中：y 为测点含沙量(kg/m^3)；x_1 为起点距(m)；x_2 为测点水深(m)；x_3 为测点水流速(m/s)。

参数估计结果及对应的拟合优度如表 10-12 所示。从该表中可知，拟合精度较高，可以进行预测。

在预测时，如果出现预测值为负值，则用含沙量的最小值代替，以保证含沙量为正。

表 10-12　二次函数系数及其拟合优度的估计结果

测点水深/m	0.0	0.2	0.6	0.8	1.0
β_0	1288.8739	500.8487	1178.3996	336.3339	-313.4302
β_1	-1.3042	-0.4490	-1.1726	-0.2568	0.4973
β_2	-26.0010	-188.7718	-71.3403	-59.5518	-82.2615
β_3	-209.5970	-219.4290	-243.1173	-264.9732	-340.9043
β_4	0.0003	9.65736E-05	0.0003	4.05104E-05	-0.0002
β_5	2.0404	7.4575	2.2376	10.0793	7.9381
β_6	2.0903	-5.1581	-3.4439	-2.4268	9.1098
β_7	0.0139	0.0989	0.0404	0.0244	0.0354
β_8	0.1177	0.1285	0.1472	0.1679	0.2043
β_9	58.8669	343.2350	123.8153	105.5561	109.0958
β_{10}	-0.0338	-0.1818	-0.0693	-0.0654	-0.0692
R^2	0.60	0.88	0.87	0.73	0.74

10.5.4.2 “调水调沙”对水通量的影响

1. 模型建立

设截面每秒水通量(m^3/s)为 u,则

$$u=a\bar{h}\bar{v} \tag{10-40}$$

式中:a 为截面宽度(m);$\bar{h}$为截面平均水深(m);$\bar{v}$为截面平均水流速(m/s)。

根据水深为 0 处(岸边)的两个起点距,二者相减就是截面宽度。根据垂线水深,使用“梯形面积法”计算截面平均水深。根据小曲边梯形上的平均水流速,使用“柱体体积法”计算截面平均水流速。

所谓“梯形面积法”是指,已知不同宽度、不同高度的若干矩形,其平均高度=总面积÷总宽度。

所谓“柱体体积法”是指,已知不同底面积、不同高度的若干柱体,其平均高度=总体积÷总底面积。

垂线平均水流速的计算方法如下[14]:

如果测点数有 1 个,则垂线平均水流速(m/s)为

$$v=v_{0.6} \tag{10-41}$$

如果测点数有 2 个,则垂线平均水流速(m/s)为

$$v=0.5(v_{0.2}+v_{0.8}) \tag{10-42}$$

如果测点数有 5 个,则垂线平均水流速(m/s)为

$$v=0.1v_{0.0}+0.3v_{0.2}+0.3v_{0.6}+0.2v_{0.8}+0.1v_{1.0} \tag{10-43}$$

式中:v 为垂线平均水流速(m/s);$v_{0.0}$,$v_{0.2}$,$v_{0.6}$,$v_{0.8}$,$v_{1.0}$ 为测点水深为 0、0.2m、0.6m、0.8m、1.0m 处的水流速(m/s)。

小曲边梯形上的平均水流速的计算方法如下[14]:

两条垂线之间的小曲边梯形上的平均水流速(m/s)的计算方法为

$$\bar{v}=0.5(v_{i-1}+v_i),\quad i=1,2,\cdots,n \tag{10-44}$$

靠岸边的曲边三角形上的平均水流速的计算方法为

$$\bar{v}=0.5v \tag{10-45}$$

2. 模型求解

根据 2023E 题附件 3 提供的数据,截面每秒水通量的计算结果如表 10-13 所示。

表 10-13 每秒水通量的汇总结果

年	2018	2019	2020	2020	2021	2021	2022	2022	2023
月	4	4	4	7	4	7	4	7	2
每秒水通量/(m^3/s)	32.46	71.45	89.73	206.55	58.53	246.70	72.21	265.25	45.45

根据表 10-13,把每年 4 月作为"调水"的比较对象,把每年 7 月作为"调水"的观察对象,针对每秒水通量画图比较,如图 10-27 所示,从图中可知:

(1) 2020—2022 年,"调水"中的每秒水通量呈现逐年上升趋势。

(2) 2020—2022 年,"调水"中的每秒水通量显著大于"调水"前,其中,2021 年"调水"中的每秒水通量是"调水"前的 4 倍。

10.5.4.3 "调水调沙"对沙通量的影响

设截面每秒沙通量(kg/s)为 w,则

$$w=u\bar{s} \tag{10-46}$$

式中:u 为截面每秒水通量(m^3/s);$\bar{s}$为截面平均含沙量(kg/m^3)。

根据 2023E 题附件 3 提供的数据,使用"柱体体积法"估计截面平均含沙量(kg/m^3),计算结果如表 10-14 所示。

表 10-14 每秒沙通量的汇总结果

年	2018	2019	2020	2020	2021	2021	2022	2022	2023
月	4	4	4	7	4	7	4	7	2
每秒沙通量/(t/s)	0.41	0.81	1.06	3.19	0.65	3.77	0.87	4.66	0.78

根据表 10-14,针对每秒沙通量画图比较,如图 10-28 所示,从图中可知:

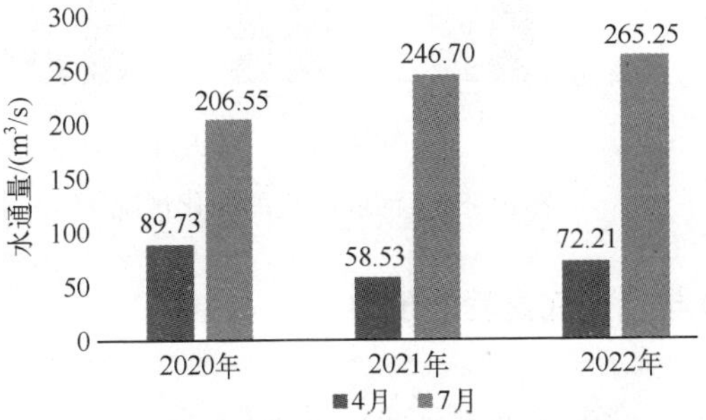

图 10-27 每秒水通量的比较

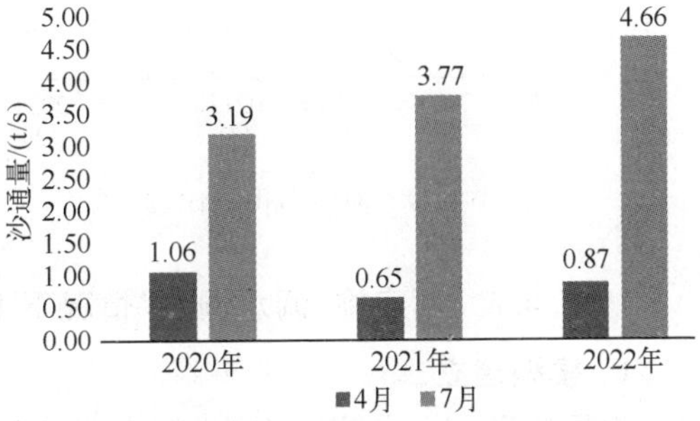

图 10-28 每秒沙通量的比较

(1) 2020—2022 年,"调沙"中的每秒沙通量呈现逐年上升趋势。

(2) 2020—2022 年,"调沙"中的每秒沙通量显著大于"调沙"前,其中,2021 年"调

沙”中的每秒沙通量是“调沙”前的 5.8 倍。

10.5.4.4 “调水调沙”对河底高程的影响

设截面平均河底高程(m)为 $\bar{q}$,则

$$\bar{q}=g-\bar{h} \tag{10-47}$$

式中:g 为截面水位(m);$\bar{h}$为截面平均水深(m)。

根据 2023E 题附件 3 提供的数据,截面水位就是当天的水位,计算结果如图 10-29 所示,从图中可知,河底高程逐年下降,表明“调水调沙”效果较好。2023 年 2 月河底高程更低,是由于与往年相比少了 2 个月所致。

10.5.4.5 进一步分析“调水调沙”对河底高程的影响

根据 2023E 题附件 2 的数据,使用“梯形面积法”估计平均河底高程(m),计算结果如表 10-15 所示。

表 10-15 平均河底高程

日期	2016/6/8	2016/10/20	2017/5/11	2017/9/5	2018/9/13	2019/4/13	2019/10/15	2020/3/19	2021/3/14
平均河底高程/m	44.98	45.14	45.19	45.25	45.31	45.00	44.77	44.93	44.95

由于每年 6、7 月份“调水调沙”,故把 2016 年、2017 年、2019 年“调水调沙”前后的河底高程作对比,如图 10-30 所示,由此得出以下结论:

(1) 2016—2017 年“调水调沙”前后河底高程呈现上升趋势,进一步验证了如下推断:这 2 年未实施“调水调沙”。

(2) 2019 年“调水调沙”前后河底高程下降了 23cm,说明 2019 年“调水调沙”效果较好。

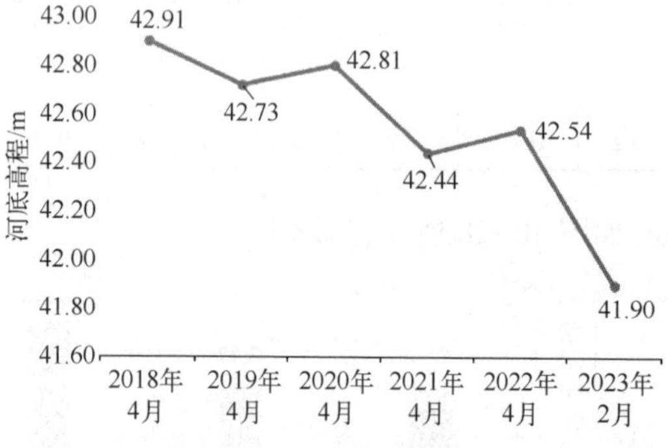

图 10-29 河底高程的比较

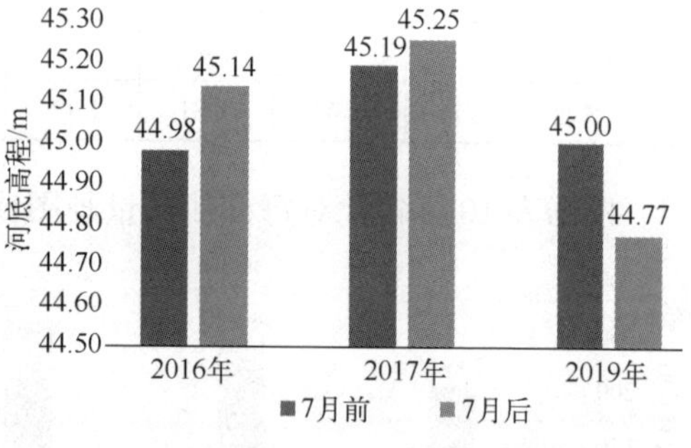

图 10-30 河底高程的变化情况

10.5.4.6 不实施“调水调沙”情况下 10 年后河底高程的预测

1. 模型建立

根据假设(4),如果不实施“调水调沙”,那么河底高程以线性趋势增长。

设河底高程(m)随年数的变化关系式为

$$h=\beta_1 t+\beta_0,\quad t=0,1,2,\cdots \tag{10-48}$$

式中:β_1 为河底高程的年增量(m);β_0 为起点年份的河底高程(m)。

2. 数据准备

根据表 10-15 的河底高程，为了排除每年 6、7 月份“调水调沙”的影响，把本年度排沙前的河底高程减去上年度排沙后的河底高程，再标准化到 12 个月（1 年），形成河底高程的年增量，如表 10-16 所示。

表 10-16 河底高程的年增量

日期	2016/10/20	2017/5/11	2018/9/13	2019/4/13	2019/10/15	2020/3/19
河底高程	45.14	45.19	45.31	45.00	44.77	44.93
增量/m	—	0.05	—	-0.31	—	0.15
月数/个	—	7	—	7	—	5
年增量/m	—	0.09	—	-0.54	—	0.37

由于年增量个数太少，所以从表 10-15 中把 2016 年、2017 年（这 2 年未实施调水调沙）的年增量也加入进来，如表 10-17 所示。

表 10-17 2016—2017 年河底高程的年增量

日期	2016/6/8	2016/10/20	2017/5/11	2017/9/5
平均河底高程/m	44.98	45.14	45.19	45.25
增量/m	—	0.16	0.05	0.06
相隔天数/天	—	134	203	117
年增量/m	—	0.44	0.09	0.19

3. 参数估计

下面进行参数估计。把 2021 年（3 月）作为起点年份，记作 $t=0$，则根据表 10-15 得，$\beta_0=44.95$。

根据表 10-16 和表 10-17 得

$$\beta_1=(0.09-0.54+0.37+0.44+0.09+0.19)\div 6\approx 0.107$$

于是河底高程（m）随年数的变化关系式为

$$h=0.107t+44.95,\quad t=0,1,2,\cdots \tag{10-49}$$

4. 模型预测

当 $t=10$ 时，$h=46.02$，即 10 年后河底高程将达到 46.02m，累计上升了 1.07m。

10.6 灵敏度分析

2023E 题附件 1 中水流量、含沙量数据具有一定的随机误差，对年径流量和年排沙量具有一定的影响，需要进行灵敏度分析。

10.6.1 针对水流量的灵敏度分析

令水流量增加 1%、减少 1%，观察年均径流量的变化，结果如表 10-18 所示。

表 10-18　年均径流量关于水流量的灵敏度分析结果

水流量/(m^3/s)	增加 1%	不变	减少 1%
年均径流量/亿 m^3	328.45	325.20	321.95
相对误差/%	0.9994	—	-0.9990

从表 10-18 可知,年均径流量关于水流量的微小变化不敏感。

10.6.2　针对含沙量的灵敏度分析

令含沙量增加 1%、减少 1%,观察年均排沙量的变化,结果如表 10-19 所示。

表 10-19　年均排沙量关于含沙量的灵敏度分析结果

含沙量/(kg/m^3)	增加 1%	不变	减少 1%
年均排沙量/亿 t	2.00	1.98	1.96
相对误差/%	1.01	—	-1.01

从表 10-19 可知,年均排沙量关于含沙量的微小变化不敏感。

10.7　稳健性分析

对于水沙通量的突变性,还可以使用最优分割法进行分析,以验证 M-K 检验法的准确性。

仍然以 M-K 检验法的数据为分析依据。

10.7.1　最优分割法简介

最优分割法也称有序聚类分析[15],是多元统计分析中针对有序样品的一种统计分类方法. 对有序样品分类,实际上就是要将这些样品组成的有序序列进行分段,每个分段为一类,这种分类称为分割。Fisher 曾给出了一个求最优分类的算法,其基本思想是:寻找一个分割使类内样品间的差异最小,而类间样品的差异最大。

使用最优分割法来判定水通量(或沙通量)是否存在突变点的方法是:把水通量(或沙通量)时间序列 x_t 按照时间点 t 从小到大排序成为一个有序序列,再使用最优分割法进行分类(此时取 2 类),就可以获得突变点。

10.7.2　水通量的突变性

水通量的突变点检验结果如图 10-31 所示,从图中可得出以下结论:在 $t=27$ 时水通量被分为 2 类,说明此时为突变点,这个结论与 M-K 检验法一致。

10.7.3　沙通量的突变性

沙通量的突变点检验结果如图 10-32 所示,从图中可得出以下结论:在 $t=28$ 时沙通量被分为 2 类,说明此时为突变点,这个结论与 M-K 检验法基本一致。

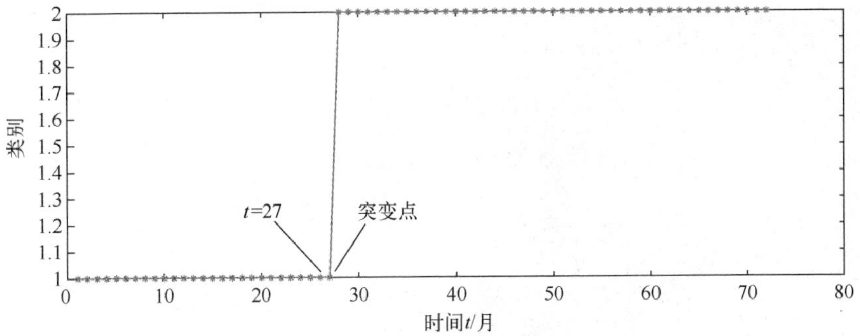

图 10-31　水通量的突变点

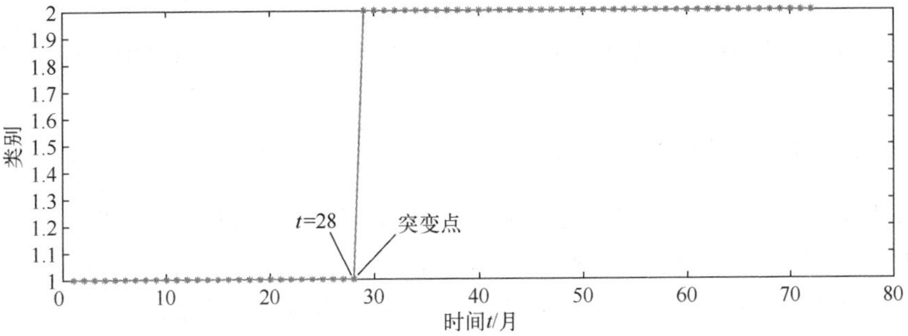

图 10-32　沙通量的突变点

综上所述,使用 M-K 检验法分析水沙通量的突变性,得出的结论是非常稳健的。

10.8　进一步研究

为了更精细地分析水沙通量的周期性和突变点,需要使用小波变换分析法[5]。小波变换是窗口大小固定但形状可改变、时间窗和频率窗都可改变的时-频局域化分析法,被誉为数学显微镜,在降水和水文资料的研究中得到了广泛的应用。

仍然以 M-K 检验法的数据为分析依据。

10.8.1　针对水通量的分析

画出水通量的小波等值线图,如图 10-33 所示,从图中可得出以下结论:

(1) 水通量在 50~60 月的时间尺度上振荡明显,呈现了 3 次正负循环交替,但振幅较平缓,丰水期在 1、35、70 月附近,枯水期在 18、54 月附近,相应地,突变点在 9、27、45、62 月附近。

(2) 水通量在 15~25 月的时间尺度上振荡明显,呈现了 5 次正负循环交替,振幅陡峭,丰水期在 18、32、44、56、72 月附近,枯水期在 12、25、38、50、64 月附近,相应地,突变点在 15、22、29、35、42、47、53、60、66 月附近。

画出水通量的小波方差分析图,如图 10-34 所示,从图中可得出以下结论:水通量的主周期在 18 月附近,次周期在 55 月附近。

综合而言,水通量以 18 月为周期振荡,且振荡幅度陡峭;以 55 月为周期振荡,但振荡幅度平缓。

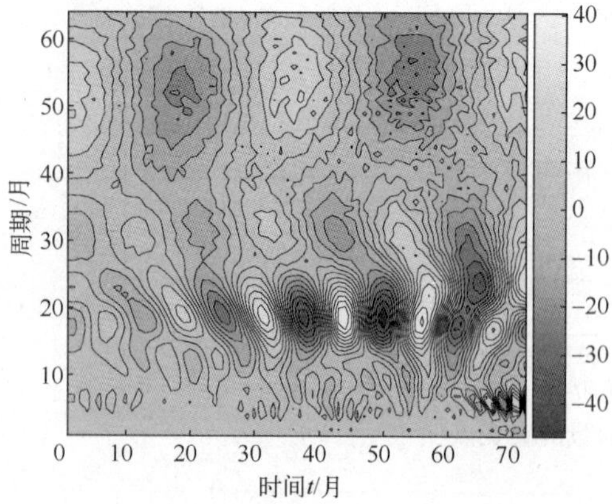

图 10-33　水通量小波等值线图

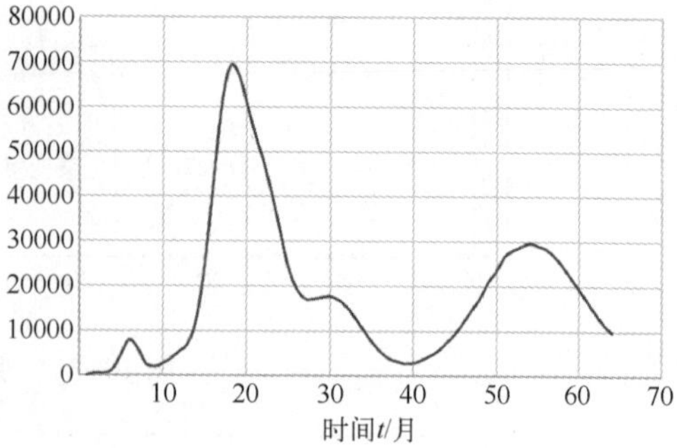

图 10-34　水通量小波方差分析图

10.8.2　针对沙通量的分析

画出沙通量的小波等值线图,如图 10-35 所示,从图中可得出以下结论:

沙通量在 15~25 月的时间尺度上振荡明显,呈现了 5 次正负循环交替,振幅陡峭,丰沙期与水通量相同,枯沙期也与水通量相同,突变点也与水通量相同。

画出沙通量的小波方差分析图,如图 10-36 所示,从图中可得出以下结论:沙通量的主周期在 18 月附近。

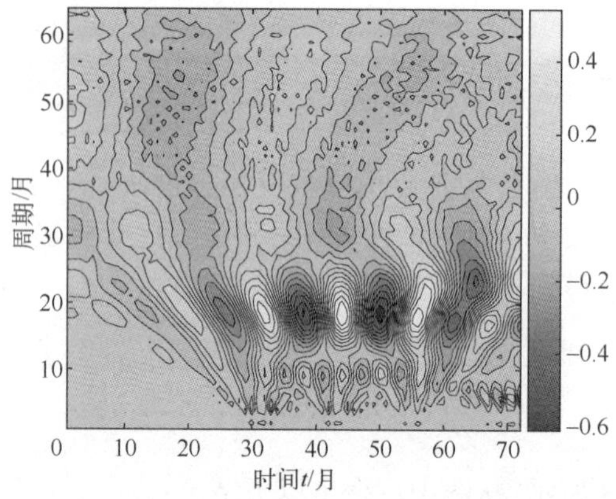

图 10-35　沙通量小波等值线图

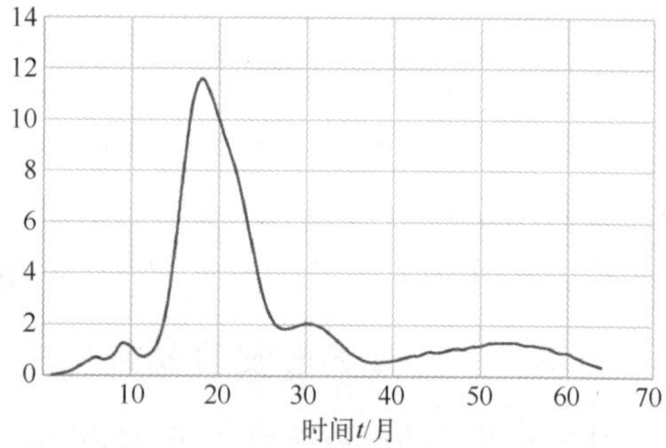

图 10-36　沙通量小波方差分析图

综合而言,沙通量以 18 月为周期振荡,且振荡幅度陡峭,与水通量相同。

10.9　模型的评价和推广

10.9.1　模型优点

(1) 对于 2023E 题附件 1、附件 3 的缺失数据,使用恰当的方法进行了填补,诸如分段线性插值方法、回归方法等,为后续研究奠定了基础。

(2) 在研究含沙量与水位、水流量的关系时,建立了双对数回归方程,精度很高,而且顺带进行了弹性分析。

(3) 在研究水沙通量的季节性时,使用了季节指数;在研究周期性时,建立了正弦函数;在研究突变点时,使用了 M-K 检验法,这些方法的选择很恰当,得出的结论非常符合实际。

(4) 使用 R/S 分析法预测了水沙通量在未来 2 年的趋势,为预测函数取何种形式提供了依据。

(5) 使用"肘形法则"确定傅里叶级数的阶数,不但具有客观性,而且提高了预测精度。

(6) 建立 0-1 规划模型对未来 2 年的采样监测方案进行优化,达到了减少监测次数的目的。

(7) 通过建立多元非线性回归方程对测点水流速、测点含沙量的缺失数据进行了填补,精度较高。

(8) 使用"梯形面积法"计算了截面平均水深;使用"柱体体积法"计算了截面平均水流速和截面平均含沙量,方法科学。

10.9.2 模型缺点

(1) 在水沙通量的极大值点处,所建立的傅里叶级数误差较大,难以很好地拟合。

(2) 水沙通量具有双峰特征,所建立的傅里叶级数难以拟合双峰特征。

10.9.3 模型推广

本文所建立的诸多模型可以推广到有关水文数据的季节性、周期性、突变性、趋势性等研究问题中,还可以推广到气象、地质等领域的演变规律研究中。

10.10 参考文献

[1] 程天文,赵楚年. 我国沿岸入海河川径流量与输沙量的估算[J]. 地理学报,1984,39(4):418-427.

[2] 范明元,李福林,仕玉治,等. 黄河下游利津站入海水沙通量时序变化特征识别[J]. 水资源保护,2012,28(1):5-8,28.

[3] 任惠茹,李国胜,崔林林,等. 近 60 年来黄河入海水沙通量变化的阶段性与多尺度特征[J]. 地理学报,2014,69(5):619-631.

[4] 丁艳峰,潘少明. 黄河入海水沙通量年内变化规律分析[J]. 海洋通报,2008,27(3):49-56.

[5] 卢晗,王昱,李小宁,等. 黑河流域水沙通量多尺度变化特征及影响因素[J]. 泥沙研究,2023,48(2):59-66,50.

[6] 刘卓,郭冬建,朱江,等. 长江口水流和泥沙冲淤的数值模拟的初步研究: Ⅰ. 自适应网格的构造和水流计算[J]. 自然科学进展,1999,9(1):64-70.

[7] 周济福,王涛,李家春,等. 径流与潮流对长江口泥沙输运的影响[J]. 水动力学研究与进展:A 辑,1999,14(1):90-100.
[8] 王积建. 全国大学生数学建模竞赛试题研究:第 3 册[M]. 北京:国防工业出版社,2019.
[9] 胡琦,马雪晴,胡莉婷,等. Matlab 在气象专业教学中的应用:气象要素的 M-K 检验突变分析[J]. 实验室研究与探索,2019,38(12):48-51,107.
[10] 赵嘉阳. 中国 1960-2013 年气候变化时空特征,突变及未来趋势分析[D]. 福州:福建农林大学,2017.
[11] 宋传旺,于广明,李亮. 基于 R/S 分析法的尾矿坝坝体位移趋势研究[J]. 矿业研究与开发,2014,34(6):41-43.
[12] 同济大学应用数学系. 高等数学:上册[M]. 5 版. 北京:高等教育出版社,2002.
[13] 百度百科. 起点距[EB/OL]. (2023-08-12)[2023-12-20]. https://baike.baidu.com/item/起点距/12014829.
[14] 水测家科技. 水位流量的率定. (2022-12-26)[2023-11-20]. https://www.sohu.com/a/621264807_121327707.
[15] 王积建,陈笑缘,茹永梅. 历届全国大学生数学建模竞赛专科组试题的最优分类[J]. 深圳职业技术学院学报,2013,12(1):38-43.

附录　2019—2023 年专科组赛题

说明：这里只列出了赛题的主干部分，而附件部分的数据量过大所以没有给出，有兴趣的读者，可从全国大学生数学建模网站下载所有赛题及其附件，网址为 http://www.mcm.edu.cn。

2019 年 D 题，空气质量数据的校准

空气污染对生态环境和人类健康危害巨大，通过对“两尘四气”（PM2.5、PM10、CO、NO_2、SO_2、O_3）浓度的实时监测可以及时掌握空气质量，对污染源采取相应措施。虽然国家监测控制站点（国控点）对“两尘四气”有监测数据，且较为准确，但因为国控点的布控较少，数据发布时间滞后较长且花费较大，无法给出实时空气质量的监测和预报。某公司自主研发的微型空气质量检测仪（图 1）花费小，可对某一地区空气质量进行实时网格化监控，并同时监测温度、湿度、风速、气压、降水等气象参数。

图 1　微型空气质量检测仪

由于所使用的电化学气体传感器在长时间使用后会产生一定的零点漂移和量程漂移，非常规气态污染物（气）浓度变化对传感器存在交叉干扰，以及天气因素对传感器的影响，在国控点近邻所布控的自建点上，同一时间微型空气质量检测仪所采集的数据与该国控点的数据值存在一定的差异，因此，需要利用国控点每小时的数据对国控点近邻的自建点数据进行校准。

附件 1. CSV 和附件 2. CSV 分别提供了一段时间内某个国控点每小时的数据和该国控点近邻的一个自建点数据（相应于国控点时间且间隔在 5 分钟内），各变量单位见附件 3。请建立数学模型研究下列问题：

1. 对自建点数据与国控点数据进行探索性数据分析。
2. 对导致自建点数据与国控点数据造成差异的因素进行分析。
3. 利用国控点数据，建立数学模型对自建点数据进行校准。

2019 年 E 题，“薄利多销”分析

“薄利多销”是通过降低单位商品的利润来增加销售数量，从而使商家获得更多盈利的一种扩大销售的策略。对于需求富有弹性的商品来说，当该商品的价格下降时，如果需求量（从而销售量）增加的幅度大于价格下降的幅度，将导致总收益增加。在实际经营管理中，“薄利多销”原则被广泛应用。（https://baike.baidu.com/item/薄利多销）

附件 1 和附件 2 是某商场自 2016 年 11 月 30 日起至 2019 年 1 月 2 日的销售流水记录,附件 3 是折扣信息表,附件 4 是商品信息表,附件 5 是数据说明表。请根据这批数据,建立数学模型解决下列问题:

1. 计算该商场从 2016 年 11 月 30 日到 2019 年 1 月 2 日每天的营业额和利润率(注意:由于未知原因,数据中非打折商品的成本价缺失。一般情况下,零售商的利润率在 20%~40%之间)。

2. 建立适当的指标衡量商场每天的打折力度,并计算该商场从 2016 年 11 月 30 日到 2019 年 1 月 2 日每天的打折力度。

3. 分析打折力度与商品销售额以及利润率的关系。

4. 如果进一步考虑商品的大类区分,打折力度与商品销售额以及利润率的关系有何变化?

附件 1、附件 2:销售流水记录。

附件 3:折扣信息表。

附件 4:商品信息表。

附件 5:数据说明表。

2020 年 D 题,接触式轮廓仪的自动标注

轮廓仪是一种两坐标测量仪器(图 2),它由工作平台、夹具、被测工件、探针、传感器和伺服驱动等部件组成(图 3)。

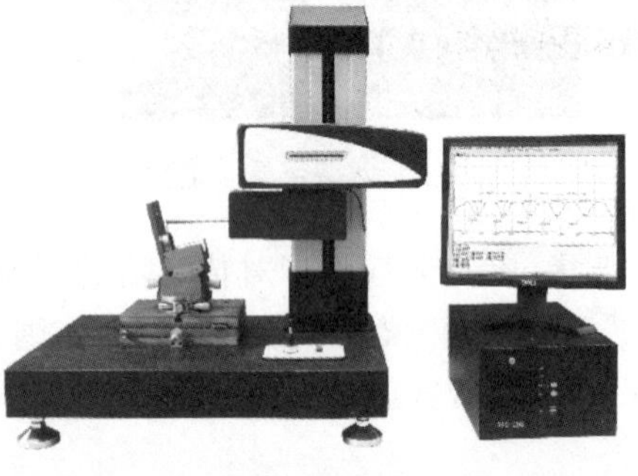

图 2　某种型号的接触式轮廓仪

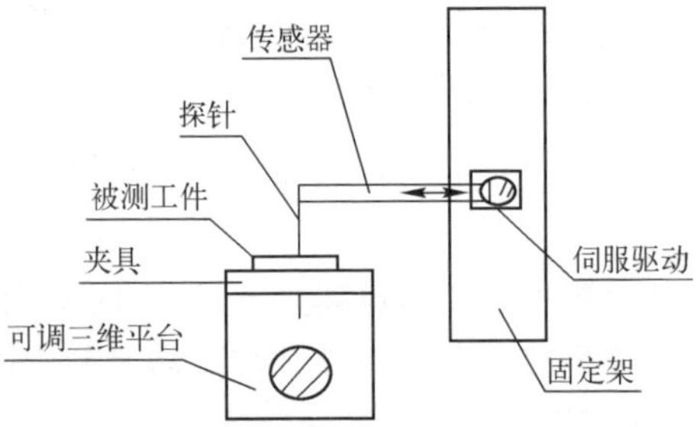

图 3　接触式轮廓仪的示意图

接触式轮廓仪的工作原理是,探针接触到被测工件表面并匀速滑行,传感器感受到被测表面的几何变化,在 X 和 Z 方向分别采样,并转换成电信号。该电信号经放大等处理,转换成数字信号储存在数据文件中(图 4)。

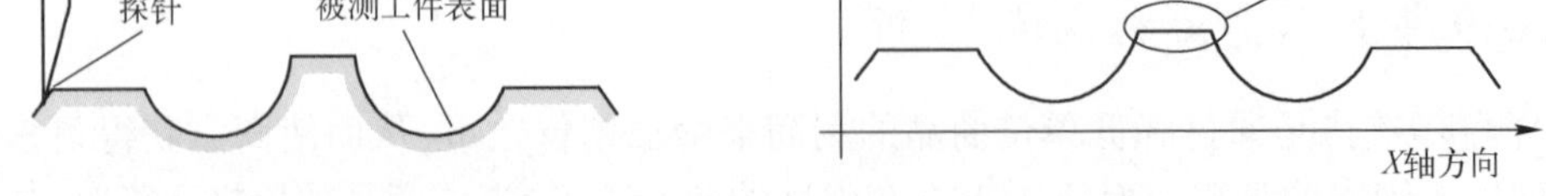

(a) 接触式轮廓仪测量示意图　　(b) 数据文件中的数字信号

图 4　接触式轮廓仪的工作原理

在理想状况下，轮廓曲线应该是光滑的，但由于接触式轮廓仪存在探针沾污、探针缺陷、扫描位置不准等问题，检测到的轮廓曲线呈现出粗糙不平的情况(图3(b)中的局部放大图)，这给工件形状的准确标注带来影响。

为了简化问题，假设被测工件的轮廓线是由直线和圆弧构成的平面曲线(图5)。请建立数学模型，并根据附件1(工件1的水平和倾斜测量数据)、附件2~4(工件2的多次测量数据)所提供的轮廓仪测量数据，研究下列问题：

问题1 附件1中的表level是工件1在水平状态下的测量数据，其轮廓线如图5所示，请标注出轮廓线的各项参数值：槽口宽度(如x_1，x_3等)、圆弧半径(如R_1，R_2等)、圆心之间的距离(如c_1，c_2等)、圆弧的长度、水平线段的长度(如x_2，x_4等)、斜线线段的长度、斜线与水平线之间的夹角(如∠1，∠2等)和人字形线的高度(z_1)。

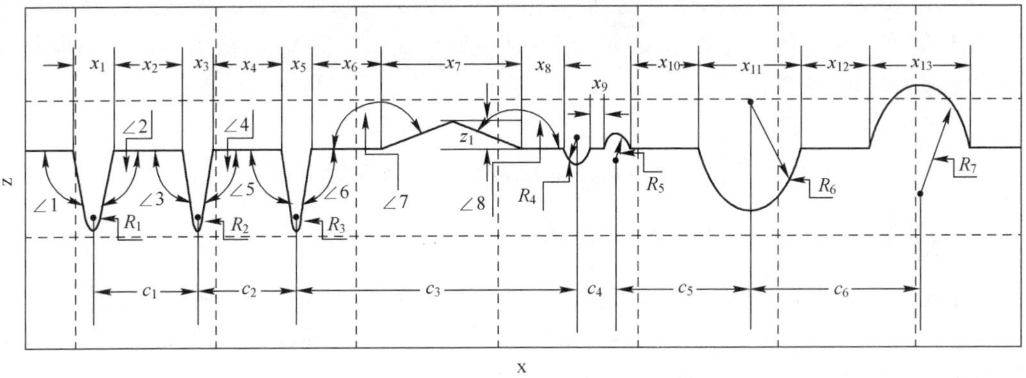

图5 工件1在水平状态下测量的轮廓线

问题2 同一工件在不同次测量时，由于工件放置的角度和位置不同，轮廓线参数的计算值也会存在差异。附件1中的表down给出了工件1在倾斜一个角度和有一些水平位移状态下轮廓线的测量数据。请计算该工件测量时的倾斜角度，并作水平校正。在数据校正后，完成问题1的任务，并比较两种测量状态下工件1各项参数计算值之间的差异。

问题3 在对工件作多次检测时，工件每次放置的角度、测量的起点和终点都会有偏差，这导致了每次测量实际是对整个工件中的某一部分进行检测。附件2提供了对工件2的10次测量数据，请基于这些数据完成：(1) 每次测量时工件2的倾斜角度；(2) 标注出工件2轮廓线的各项参数值(同问题1)；(3) 画出工件2的完整轮廓线。

问题4 为了更准确地标注出工件2的各项参数值，附件3和附件4分别提供了工件2关于圆和角的9次局部测量数据，请利用这些数据修正问题3的结论，并对该工件的完整轮廓线作进一步修正。

2020年E题，校园供水系统智能管理

校园供水系统是校园公用设施的重要组成部分，学校为了保障校园供水系统的正常运行需要投入大量的人力、物力和财力。随着科学技术的发展，校园内已经普遍使用了智能水表，从而可以获得大量的实时供水系统运行数据。后勤部门希望基于这些数据，通过数学建模和数据挖掘及时发现和解决供水系统中存在的问题，提高校园服

务和管理水平。

附件是某校区水表层级关系以及所有水表4个季度的读数(以一定时间为间隔,如15min)与相应的用水数据。请利用这些信息和数据,建立数学模型,讨论以下问题:

1. 统计、分析各个水表数据的变化规律,并给出校园内不同功能区(宿舍、教学楼、办公楼、食堂等)的用水特征。

2. 结合校区水表层级关系,建立水表数据之间的关系模型,并利用已有数据分析模型误差。

3. 输水管网的漏损是一个严重问题。资料显示,在维护良好的公共供水网络中,平均失水在5%左右;而在比较老旧的管网中,失水则会更多。请利用附件提供的数据,建立数学模型,分析该校园供水管网的漏损情况。

4. 地下水管暗漏不容易被发现,需要花费大量人力对供水管道的漏损进行检测及定位,如果能够从水表的实时数据及时发现并确定发生漏损的位置,将极为有益。请帮助学校解决这个问题。

5. 管网维修需要一定的人工费和材料费,但同时可以降低管网漏损程度。请根据以上结果和你了解的水价及维修成本确定管网漏损的最优维修决策方案。

2021年D题,连铸切割的在线优化

连铸是将钢水变成钢坯的生产过程,具体流程如下(图6)。钢水连续地从中间包浇入结晶器,并按一定的速度从结晶器向下拉出,进入二冷段。钢水经过结晶器时,与结晶器表面接触的地方形成固态的坯壳。在二冷段,坯壳逐渐增厚并最终凝固形成钢坯。然后,按照一定的尺寸要求对钢坯进行切割。

在连铸停浇时,会产生尾坯,尾坯的长度与中间包中剩余的钢水量及其他因素有关。因此,尾坯的切割也是连铸切割的组成部分。

切割机在切割钢坯时,有一个固定的工作起点,钢坯的切割必须从工作起点开始。在切割过程中,切割机骑在钢坯上与钢坯同步移动,保证切割线与拉坯的方向垂直。在切割结束后,再返回到工作起点,等待下一次切割。

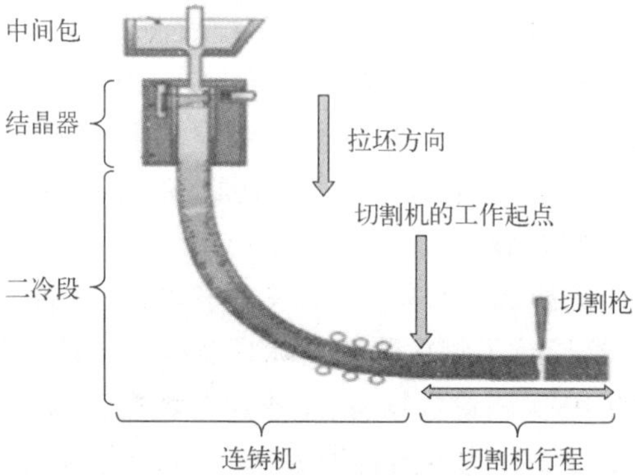

图6 连铸工艺的示意图

在切割方案中,优先考虑切割损失,要求切割损失尽量小,这里将切割损失定义为报废钢坯的长度;其次考虑用户要求,在相同的切割损失下,切割出的钢坯尽量满足用户的目标值。

在浇钢过程中,结晶器会出现异常。这时,位于结晶器内部的一段钢坯需要报废,称此段钢坯为报废段(图7)。当结晶器出现异常时,切割工序会马上知道,以便立即调整切割方案。

切割后的钢坯在进入下道工序时不能含有报废段。当钢坯出现报废段时,先通过切割机切断附着有报废段的钢坯,然后通过离线的二次切割,使余下的钢坯符合下道工序要

求的长度;其他进入下道工序的钢坯也必须满足下道工序的长度要求。

图 7　钢坯出现报废段的示意图

现请你们团队建立数学模型或设计算法,解决以下问题:

问题 1　在满足基本要求和正常要求的条件下,依据尾坯长度制定出最优的切割方案。假定用户目标值为 9.5 米,目标范围为 9.0~10.0 米,对以下尾坯长度:109.0、93.4、80.9、72.0、62.7、52.5、44.9、42.7、31.6、22.7、14.5 和 13.7(单位:米),按"尾坯长度、切割方案、切割损失"等内容列表给出具体的最优切割方案。

问题 2　在结晶器出现异常时,给出实时的最优切割方案:(1)在钢坯第 1 次出现报废段时,给出此段钢坯的切割方案;(2)在出现新的报废段后(图 7),给出新一段钢坯的切割方案和当前段钢坯切割的调整方案,或声明不作调整。

假设结晶器出现异常的时刻在 0.0、45.6、98.6、131.5、190.8、233.3、266.0、270.7 和 327.9(单位:分钟),用户目标值是 9.5 米,目标范围是 9.0~10.0 米。在满足基本要求和正常要求的条件下,按"初始切割方案、调整后的切割方案、切割损失"等内容列表给出这些时刻具体的最优切割方案。

问题 3　假设实时最优切割方案和结晶器出现异常的时刻均与问题 2 相同,在满足基本要求和正常要求的条件下,对(1)用户目标值是 8.5 米,目标范围是 8.0~9.0 米,(2)用户目标值是 11.1 米,目标范围是 10.6~11.6 米两种情况分别按"初始切割方案、调整后的切割方案、切割损失"等内容给出具体的最优切割方案。

附录:参数与要求

工艺参数:切割机切断一块钢坯的时间为 3 分钟,切割后,返回到工作起点的时间为 1 分钟。从结晶器中心到切割机工作起点处钢坯的长度是 60.0 米,连铸拉坯的速度为 1.0 米/分钟。当结晶器出现异常时,报废段的长度是 0.8 米。

基本要求:切割后的钢坯长度必须在 4.8~12.6 米之间,否则无法运走,阻碍生产。下道工序能够接受的钢坯长度是 8.0~11.6 米,如果不在此范围内,可以将钢坯运走进行二次离线切割,但切割下的部分报废,从而产生损失。例如,12.6 米的钢坯切掉 1.0 米变成 11.6 米,切下来的 1.0 米报废;而小于 8.0 米的钢坯只能全部报废。

正常要求:正常切割是按照用户要求的长度进行切割。用户要求包含目标值和目标范围,钢坯的切割长度应尽量满足目标值,而在目标范围内的长度也是可以接受的。例如,目标值是 9.5 米,目标范围是 9.0~10.0 米,则切割长度尽量是 9.5 米,而在 9.0~10.0 米之间的长度是允许的。当钢坯长度不在目标范围内时,会产生损失。例如,钢坯长度是 11.6 米,多出来的 1.6 米报废。

2021 年 E 题,中药材的鉴别

不同中药材表现的光谱特征差异较大,即使来自不同产地的同一药材,因其无机元素

的化学成分、有机物等存在的差异性，在近红外、中红外光谱的照射下也会表现出不同的光谱特征，因此可以利用这些特征来鉴别中药材的种类及产地。

中药材的种类鉴别相对比较容易，不同种类的中药材呈现的光谱的区别比较明显。图 8 为两种不同药材的中红外光谱数据曲线图，容易看出两者的差异比较大。

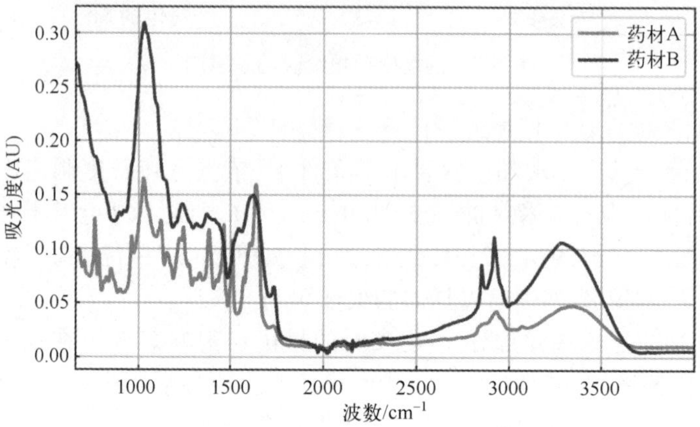

图 8　两种不同中药材的中红外光谱曲线图

中药材的道地性以产地为主要指标，产地的鉴别对于药材品质鉴别尤为重要。然而，不同产地的同一种药材在同一波段内的光谱比较接近，使得光谱鉴别的误差较大。另外，有些中药材的近红外区别比较明显，而有些药材的中红外区别比较明显（图 9 和图 10 所给出的来自某药材 5 个不同产地的近红外和中红外光谱数据曲线图）。当样本量不够充足时，我们可以通过近红外和中红外的光谱数据相互验证来对中药材产地进行综合鉴别。

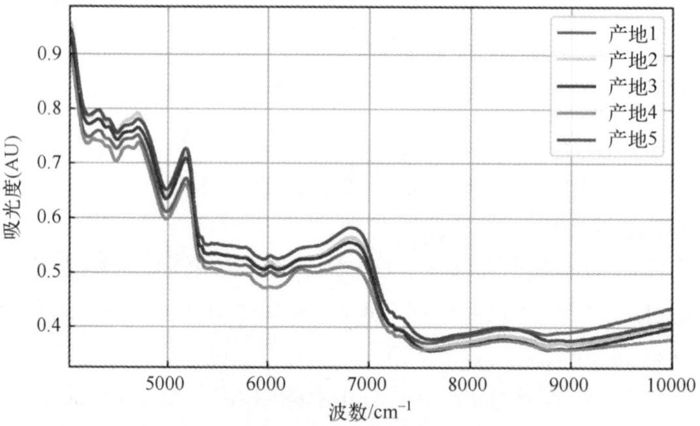

图 9　某种中药材不同产地的近红外光谱图

附件 1~4 是一些中药材的近红外或中红外光谱数据，其中 No 列为药材的编号，Class 行表示中药材的类别，OP 行表示该种药材的产地，其余各列第一行的数据为光谱的波数（单位 cm^{-1}）、第二行以后的数据表示该行编号的药材在对应波段光谱照射下的吸光度（注：该吸光度为仪器矫正后的值，可能存在负值）。试建立数学模型，研究解决以下问题。

问题 1　根据附件 1 中几种药材的中红外光谱数据，研究不同种类药材的特征和差异性,并鉴别药材的种类。

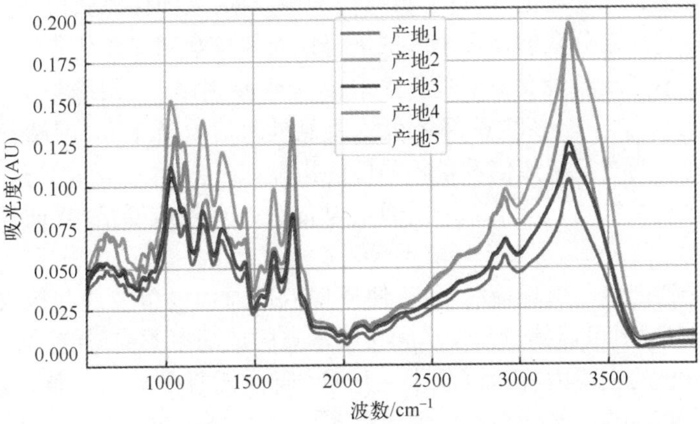

图 10　某种中药材不同产地的中红外光谱图

问题 2　根据附件 2 中某一种药材的中红外光谱数据,分析不同产地药材的特征和差异性,试鉴别药材的产地,并将表 1 中所给出编号的药材产地的鉴别结果填入表格中。

表 1

No	3	14	38	48	58	71	79	86	89	110	134	152	227	331	618
OP															

问题 3　根据附件 3 中某一种药材的近红外和中红外数据,试鉴别该种药材的产地,并将表 2 中所给出编号的药材产地的鉴别结果填入表中。

表 2

No	4	15	22	30	34	45	74	114	170	209
OP										

问题 4　附件 4 给出了几种药材的近红外光谱数据,试鉴别药材的类别与产地,并将表 3 中所给出编号的药材类别与产地的鉴别结果填入表格中。

表 3

No	94	109	140	278	308	330	347
Class							
OP							

说明 1　道地药材的信息可参阅百度百科(https://baike.baidu.com/item/道地药材/1950482?fr=aladdin)。

说明 2　红外光谱分析的信息可参阅百度百科(https://baike.baidu.com/item/红外光谱分析)。

2022 年 D 题,气象报文信息卫星通信传输

在某些紧急救援任务中,需要进行物资空投。在地面通信系统瘫痪的情形下,为了更

好地获得准确完整的地面气象观测信息，通常对任务区域的重要目标点采用派遣气象分队的方式来获取实时气象数据，通过卫星通信传输数据，从而保障救援任务的顺利完成。

现需派遣多支气象分队前往多个区域进行地面气象观测保障任务。一支气象分队在一个区域的三个不同地点设立 1 个观测主站，2 个观测副站（主站编号 1,2,3,…；副站编号 1a,1b,2a,2b,3a,3b,…）。主站部署车载型卫星通信设备 1 套，副站各部署便携型卫星通信设备 1 套。两类卫星通信设备相关性能指标如下：

（1）所有观测站之间只能依靠卫星通信设备进行点到点通信，且通信不受空间距离的限制。

（2）由于受到周边电磁环境的干扰，便携型卫星通信设备发送和接收消息的成功率均为 80%，但车载型卫星通信设备发送和接收消息的成功率不受影响，均为 100%。

（3）收发消息的主要内容为气象报文信息（简称气象报文），一条气象报文内容（含所属站点编号）包含 100 个字符，每条消息最多可包含 158 个字符。同一条气象报文可分割成上下两个半段分别传输。

（4）每部卫星通信设备每次只能发送一条消息，发送两条消息的时间间隔不能小于 1 分钟；收发通道相互独立，在发送消息时，可同时接收任意多条消息；发送和接收消息的时间非常短，可忽略。

（5）副站不知道本站所发送消息是否被成功接收。

现拟派遣 N 支分队执行任务，要求每小时各分队所属主、副站对所在地点的气象信息进行一次采集，并按下列要求通过卫星通信设备进行气象报文的信息共享，这里，气象报文的信息共享是指任意一个观测站采集的气象信息应被成功转发到其他所有观测站。

问题 1 （1）要求在 K 分钟内完成 $N(\geq 5)$ 支分队主站间气象报文的信息共享，请研究 K 的最小值与 N 的关系，并建立 K 分钟内实现 N 个主站间气象报文信息共享的一般传输模型。

（2）在上述模型中，取 $N=9$，给出 K 的相应最小值，并根据一般传输模型给出此时主站间气象报文的信息共享方案，将结果按表 4 的格式填报。填报结果时，注意消息的完整性，例如：在“发送信息所属站点序号”一栏中填写“5”，表示本轮所发送消息来自于第 5 号主站，是一条完整气象信息；而填写“5(1)”“5(2)” 则分别表示本轮所发送消息来自于第 5 号主站的上半段与下半段气象信息。

表 4　主站气象报文的传输方案（$N=\cdots,K=\cdots$）

传输轮数序号	发送站点序号	接受站点序号	发送信息所属站点序号（含信息完整性）	此轮后接收站点已有信息所属站点序号（含信息完整性）
1	1			
…	…	…	…	…
1	N			
…	…	…	…	…
K	1			
…	…	…	…	…
K	N			

问题 2 为了提高气象信息的地理密度，除了实现主站间气象报文的信息共享外，还需要使用副站气象信息加以补充。

(1) 若要求在 K 分钟内完成 N 个主站间气象报文的信息共享，且每个主站满足条件：对每支分队，成功接收该分队至少一个副站的气象报文的概率不低于 0.9。请就 $K(\geq 5)$ 的情形，研究 N 的最大值与 K 的关系，并建立 K 分钟内满足以上条件的信息传输的一般模型。若主站间气象报文信息共享的传输方案与问题 1 相同，则只需给出副站气象报文的传输方案。

(2) 对于 $K=7$，给出 N 的最大值，并根据一般传输模型给出此时副站气象报文的传输方案，将结果按表 5 的格式填报。求出在你们的传输方案下平均有多少个主站能成功接收每支分队至少一个副站的气象报文，以及任一主站平均能成功接收多少个副站的气象报文。

表 5　副站气象报文的传输方案($N=\cdots,K=\cdots$)

传输轮数序号	发送站点序号	接受站点序号	发送信息所属站点序号（含信息完整性）
1	1		
…	…	…	…
1	N		
…	…	…	…
K	1		
…	…	…	…
K	N		

问题 3 若要求在 $K=8$ 分钟内完成 N 个主站间气象报文的信息共享，且每个主站满足条件：对每支分队，成功接收该分队至少一个副站的气象报文的概率不低于 0.97，请给出 N 的最大值，并给出此时主站间气象报文信息共享的传输方案与副站气象报文信息的传输方案，将前者按表 1 的格式填报，后者按表 2 的格式填报。求出在你们的传输方案下平均有多少个主站能成功接收每支分队至少一个副站的气象报文，以及任一个主站平均能成功接收多少个副站的气象报文。

2022 年 E 题，小批量物料的生产安排

某电子产品制造企业面临以下问题：在多品种小批量的物料生产中，事先无法知道物料的实际需求量。企业希望运用数学方法，分析已有的历史数据，建立数学模型，帮助企业合理地安排物料生产。

问题 1 请对附件中的历史数据进行分析，选择 6 种应当重点关注的物料（可从物料需求出现的频数、数量、趋势和销售单价等方面考虑），建立物料需求的周预测模型（即以周为基本时间单位，预测物料的周需求量，见附录(1)），并利用历史数据对预测模型进行评价。

问题 2 如果按照物料需求量的预测值来安排生产，可能会产生较大的库存，或者出现较多的缺货，给企业带来经济和信誉方面的损失。企业希望从需求量的预测值、需求特

征、库存量和缺货量等方面综合考虑,以便更合理地安排生产。

请提供一种制定生产计划的方法,从第 101 周(见附录(1))开始,在每周初,制定本周的物料生产计划(见附录(2)),安排生产,直至第 177 周为止,使得平均服务水平不低于 85%(见附录(3))。这里假设:本周计划生产的物料,只能在下周及以后使用。为便于统一计算结果,进一步假设第 100 周末的库存量和缺货量均为零,第 100 周的生产计划数恰好等于第 101 周的实际需求数。

请在问题 1 选定的 6 种物料中选择一种物料,将其第 101~110 周的生产计划数、实际需求量、库存量、缺货量(见附录(4))和服务水平按表 6 的形式填写,放在正文中。

表 6　××××物料第 101~110 周的生产计划、实际需求、库存、缺货量及服务水平

周	生产计划/件	实际需求量/件	库存量/件	缺货量/件	服务水平
101					
…					

请将问题 1 中选定的 6 种物料的全部计算结果(第 101~177 周)按表的形式填写在 Excel 文件中,通过支撑材料提交。请将 6 种物料的综合结果(第 101~177 周的平均值)按表 7 的形式填写,放在正文中。

表 7　6 种物料的综合结果

周	平均生产计划数/(件/周)	平均实际需求量/(件/周)	平均库存量/(件/周)	平均缺货量/(件/周)	平均服务水平
××××					
…					

问题 3　考虑到物料的价格,物料的库存需要占用资金。为了在库存量与服务水平之间达到某种平衡,如何调整现有的周生产计划,并说明理由。请根据新的周生产计划,对问题 1 选定的 6 种物料重新计算,并将全部计算结果以表 6 的形式填写在 Excel 表中,通过支撑材料提交,将综合结果按表 7 的形式填写,放在正文中。对问题 2 选择的 1 种物料,将其第 101~110 周的生产计划数、实际需求量、库存量、缺货量和服务水平按表 6 的形式填写,放在正文中。

问题 4　如果本周计划生产的物料只能在两周及以后使用,请重新考虑问题 2 和问题 3。能否将你们的方法推广到一般情况,即如果本周计划生产的物料只能在 $k(\geqslant 2)$ 周及以后使用,应如何制定生产计划。

附件 2019—2022 年的需求数据

附录　说明

(1) 将附件数据第 1 次出现的时间(2019 年 1 月 2 日)所在的周设定为第 1 周,以后的每周从周一开始至周日结束,例如,2019 年 1 月 7 日至 13 日为第 2 周,以此类推。

(2) 在制定本周的生产计划时,可以使用任何历史数据、需求特征以及预测数据,但不能使用本周及本周以后的实际需求数据。

(3) 服务水平=1-缺货量/实际需求量。

(4) 库存量和缺货量分别指物料在周末的库存量和缺货量。

2023 年 D 题,圈养湖羊的空间利用率

规模化的圈养养殖场通常根据牲畜的性别和生长阶段分群饲养,适应不同种类、不同阶段的牲畜对空间的不同要求,以保障牲畜安全和健康;与此同时,也要尽量减少空间闲置所造成的资源浪费。在实际运营中,还需要考虑市场上饲料价格和产品销售价格的波动以及气候、疾病、种畜淘汰、更新等诸多复杂且关联的因素,但空间利用率是相对独立并影响养殖场经营效益的重要问题。

湖羊是国家级绵羊保护品种,具有早期生长快、性成熟早、四季发情并且可以圈养等优良特性。湖羊养殖场通常建有若干标准羊栏,每一标准羊栏所能容纳的羊只数量由羊的性别、大小、生长阶段决定。

湖羊养殖的生产过程主要包括繁殖和育肥两大环节。人工授精技术要求高,因此湖羊繁殖大多采用种公羊和基础母羊自然交配的方式。怀孕母羊分娩后给羔羊哺乳,羔羊断奶后独立喂饲,育肥长成后出栏。自然交配时将若干基础母羊与一只种公羊关在一个羊栏中,自然交配期约为 3 周,然后将种公羊移出。受孕母羊的孕期约为 5 个月,每胎通常产羔 2 只。母羊分娩后哺乳期通常控制在 6 周左右,断奶后将羔羊移至育肥羊栏喂饲。一般情况下,羔羊断奶后经过 7 个月左右育肥就可以出栏。母羊停止哺乳后,经过约 3 周的空怀休整期,一般会很快发情,可以再次配种。按上述周期,正常情况下,每只基础母羊每 2 年可生产 3 胎。在不考虑种公羊配种能力差异的情况下,种公羊与基础母羊一般按不低于 1∶50 的比例配置。种公羊和母羊在非交配期原则上不关在同一栏中。

某湖羊养殖场设置标准羊栏,规格是:空怀休整期每栏基础母羊不超过 14 只;非交配期的种公羊每栏不超过 4 只;自然交配期每栏 1 只种公羊及不超过 14 只基础母羊;怀孕期每栏不超过 8 只待产母羊;分娩后的哺乳期,每栏不超过 6 只母羊及它们的羔羊;育肥期每栏不超过 14 只羔羊。原则上不同阶段的羊只不能同栏。

养殖场的经营管理者为保障效益,需要通过制定生产计划来优化养殖场的空间利用率。这里的生产计划,主要是决定什么时间开始对多少可配种的基础母羊进行配种,控制羊只的繁育期,进而调节对羊栏的需求量,以确保有足够多的羊栏,同时尽量减少羊栏闲置。当羊栏不够时,可以租用其他场地。

请建立数学模型讨论并解决以下问题:

问题 1　不考虑不确定因素和种羊的淘汰更新,假定自然交配期 20 天,母羊都能受孕,孕期 149 天,每胎产羔 2 只,哺乳期 40 天,羔羊育肥期 210 天,母羊空怀休整期 20 天。该湖羊养殖场现有 112 个标准羊栏,在实现连续生产的条件下,试确定养殖场种公羊与基础母羊的合理数量,并估算年化出栏羊只数量的范围。若该养殖场希望每年出栏不少于 1500 只羊,试估算现有标准羊栏数量的缺口。

问题 2　在问题 1 的基础上,对 112 个标准羊栏给出具体的生产计划(包括种公羊与基础母羊的配种时机和数量、羊栏的使用方案、年化出栏羊只数量等),使得年化出栏羊只数量最大。

问题 3　问题 1 和问题 2 中用到的数据都没有考虑不确定性,一旦决定了什么时间开始对多少可配种的基础母羊进行配种,后续对羊栏的安排和需求也就随之确定。例如,用 3 个羊栏给 42 只母羊进行配种,孕期需要 6 个羊栏,哺乳期需要 7 个羊栏给怀孕母羊

分娩和哺乳,哺乳期结束就需要给 84 只断奶羔羊和 42 只母羊共安排 9 个羊栏进行育肥和休整。但实际情况并非如此,配种成功率、分娩羔羊的数目和死亡率等都有不确定性,哺乳时间也可以调控,这些都会影响空间需求。

现根据经验作以下考虑:

(1) 母羊通过自然交配受孕率为 85%,交配期结束后 30 天可识别出是否成功受孕。

(2) 在自然交配的 20 天中受孕母羊的受孕时间并不确知,而孕期会在 147~150 天内波动,这些因素将影响到预产期范围。

(3) 怀孕母羊分娩时一般每胎产羔 2 只,少部分每胎产羔 1 只或 3 只及以上,目前尚没有实用手段控制或提前得知产羔数。羔羊出生时,有夭折的可能,多羔死亡率高于正常。通常可以按平均每胎产羔 2.2 只、羔羊平均死亡率 3%估算。

(4) 母羊哺乳期过短不利于羔羊后期的生长,通常是羔羊体重达到一定标准后断奶;而哺乳期过长,母羊的身体消耗就越大,早点断奶,有利于早恢复、早发情配种。一种经验做法是将哺乳期控制在 35-45 天内,以 40 天为基准,哺乳期每减少 1 天,羔羊的育肥期增加 2 天;哺乳期每增加 1 天,羔羊的育肥期减少 2 天。除此之外,母羊的空怀休整期可在不少于 18 天的前提下灵活调控。

此外,如有必要,允许分娩日期相差不超过 7 天的哺乳期母羊及所产羔羊同栏,允许断奶日期相差不超过 7 天的育肥期羔羊同栏,允许断奶日期相差不超过 7 天的休整期母羊同栏。为简化问题,不考虑母羊流产、死亡以及羔羊在哺乳期或育肥期夭折和个体发育快慢等情况。

在以上不确定性的考虑下,生产计划的制定与问题 1 和问题 2 将有较大的不同:一旦作出了“什么时间开始对多少可配种的基础母羊进行配种”的决定,后续羊栏的需求和安排不再是随之确定的,而是每一步都会出现若干种可能的情况需要作相应的并遵从基本规则的安排处理,但无法改变或调整上一步。因此,某种意义上,本问题要讨论研究的生产计划将是一个应对多种可能情况的“预案集”。

请综合考虑可行性和年化出栏羊只数量,制定具体的生产计划,使得整体方案的期望损失最小。其中整体方案的损失由羊栏使用情况决定,当羊栏空置时,每栏每天的损失为 1;当羊栏数量不够时,所缺的羊栏每栏每天的损失(即租用费)为 3。

2023 年 E 题,黄河水沙监测数据分析

黄河是中华民族的母亲河。研究黄河水沙通量的变化规律对沿黄流域的环境治理、气候变化和人民生活的影响,以及对优化黄河流域水资源分配、协调人地关系、调水调沙、防洪减灾等方面都具有重要的理论指导意义。

附件 1 给出了位于小浪底水库下游黄河某水文站近 6 年的水位、水流量与含沙量的实际监测数据,附件 2 给出了该水文站近 6 年黄河断面的测量数据,附件 3 给出了该水文站部分监测点的相关数据。请建立数学模型研究以下问题:

问题 1 研究该水文站黄河水的含沙量与时间、水位、水流量的关系,并估算近 6 年该水文站的年总水流量和年总排沙量。

问题 2 分析近 6 年该水文站水沙通量的突变性、季节性和周期性等特性,研究水沙通量的变化规律。

问题3 根据该水文站水沙通量的变化规律，预测分析该水文站未来两年水沙通量的变化趋势，并为该水文站制订未来两年最优的采样监测方案(采样监测次数和具体时间等)，使其既能及时掌握水沙通量的动态变化情况，又能最大程度地减少监测成本资源。

问题4 根据该水文站的水沙通量和河底高程的变化情况，分析每年6—7月小浪底水库进行“调水调沙”的实际效果。如果不进行“调水调沙”，10年以后该水文站的河底高程会如何?

附件1 2016—2021年黄河水沙监测数据。

附件2 黄河断面的测量数据。

附件3 黄河部分监测点的监测数据。

附录 说明

(1) “水位”和“河底高程”均以“1985 国家高程基准”(海拔72.26米)为基准面。

(2) 附件中的“起点距离”以河岸边某定点作为起点。